이제라도!
전기문명

이제라도! 전기문명

1판 1쇄 인쇄 2021년 3월 29일 **1판 1쇄 펴냄** 2021년 4월 5일

지은이 곽영직
펴낸이 이희주 **편집** 이희주 **교정** 김란영 **디자인** 전수련
펴낸곳 도서출판 세로 **출판등록** 제2019-000108호(2019.8.28.)
주소 서울시 송파구 백제고분로 7길 7-9, 1204호 **전화** 02-6339-5260
팩스 0504-133-6503 **전자우편** serobooks95@gmail.com

이제라도!
전기문명

곽영직 지음

씨아일

전기 문명과 함께한 우리 모두의 자서전

1800년대 초에 전류의 자기작용과 전자기 유도 법칙이 발견된 이후 인류는 불과 200년 동안에 놀라운 전기 문명을 발전시켰다. 19세기에 태동하여 20세기에 본격적으로 꽃을 피운 전기 문명은 사람들이 살아가는 방법을 완전히 바꾸어 놓았고, 자연에 대한 생각과 가치관을 크게 변화시켰다. 따라서 21세기를 살아가는 우리는 이전 세대는 상상도 할 수 없었던 세상에 살게 되었다.

인류는 이러한 변화를 길게 보면 400년, 짧게 보면 200년 동안에 이루어 냈다. 그러나 우리나라에서는 그 변화가 과거 100년도 안 되는 짧은 기간 동안 일어남으로써 저자 세대의 사람들은 불과 50년 동안에 이러한 전기 문명의 발전 과정을 모두 경험할 수 있었다. 이 책의 저자는 등잔불에 의존해 살아가던 시골에서 태어나 읍내로, 서울로 그리고 미국으로 진출했으며, 대학에서 오랫동안 물리학을 강의하면서 전기 문명의 급속한 발전을 최전선에서 체험했다.

전기 문명에 물들어 가는 자신의 이야기, 전기 문명을 발전시켜 온 과학자들의 이야기 그리고 전기 문명을 받아들이며 빠르게 발전해 온 우리나라의 이야기가 어우러진 이 책은 전기 문명 발달의 역사와 그에 따라 변화해 온 우리 삶의 모습 그리고 전기 문명의 바탕을 이루고 있는 과학과 기술의 내용까지도 한꺼번에 알 수 있도록 구성되어 있다.

저자의 삶이 녹아 있는 이야기들이 역사적 사실과 과학적 설명에 생생한 재미와 따뜻한 온기를 더한다. 이들 이야기는 저자만의 이야기가 아니라 1900년대 후반을 살아온 사람들이 모두 함께 겪은 이야기이다. 따라서 이 책은 1900년대 후반을 살아온 우리 모두의 자서전이며, 인류가 일군 전기 문명의 자서전이라고 할 수 있을 것이다.

전자공학을 전공하는 교수로서 오랫동안 저자와 가깝게 지내면서 일찍부터 저자의 학문적인 열정과 깊이를 알고 있던 터라 이 책을 읽으면서도 방대한 학문적·역사적 자료에 '역시!' 하고 감탄했다. 전자기학의 기본 이론에서부터 전자공학의 최신 기술에 이르기까지 과학과 기술의 많은 내용을 다루면서도 흡사 소설처럼 술술 읽히고 흥미롭게 전개되어 전공 분야 교수인 필자조차도 읽는 내내 '아!' 하면서 머릿속의 상식이 하나씩 늘어 가는 즐거움을 느낄 수 있었다.

전기 문명의 한가운데 살고 있는 현대인으로서 그 바탕을 이루는 기본적인 이론과 기술에 대한 상식을 넓히고 호기심을 충족시키고 싶은 사람, 우리 세대가 가지는 인류 문명사적인 의미를 다시 생각해 보고 싶은 사람은 물론, 전기·전자 기술 분야의 개념을 쉽고 깔끔하게 정리하고자 하는 전공자들에게도 필독서로 추천하고 싶은 책이다.

정종대
한국기술교육대학교 전기전자통신공학부 교수

전기 문명을 살다

33년 동안 대학에서 물리학을 가르치다 정년퇴직을 하고 농부로서의 새로운 생활을 시작한 지도 벌써 3년이 되었다. 퇴직하기 전부터 고향 근처에 작은 밭을 하나 마련하고 농사 지을 준비를 해 왔기 때문에 정년퇴직을 하고는 곧바로 농부가 될 수 있었다. 농장이라고는 하지만 빙 돌아가면서 여러 가지 과일나무를 심어 놓은 작은 밭에 옥수수와 고구마 농사를 지으면서 수박, 참외, 호박, 오이, 고추 등의 채소를 심고 가꾸는 것이 전부다.

그래도 밭을 정리하고 씨를 뿌려야 하는 봄에는 할 일이 제법 많다. 밭 주위에 울타리를 만들고 울타리를 따라 촘촘하게 과일나무를 심은 뒤로는 트랙터가 진입할 수 없어, 일일이 삽과 괭이로 땅을 파 고랑을 만들고 씨를 뿌리거나 모종을 옮겨 심어야 한다. 밭에 심은 작물이 자라기 시작하면 잡초를 제거하는 일 또한 만만치 않다. 아침 밭일은 날이 훤히 밝을 때 시작해 아침 식사 때까지 하고, 농장에 산그늘이 드리워질 무렵 시작하는 오후 밭일은 어두워질 때까지 한다. 하루에 네 시간 정도 농사일을 하는 셈이다. 다른 직장에 다니는 것도 아니므로 법적으로 현재 나는 50년 전 아버지와 마찬가지로 전업 농부이다. 그러나 나는 50년 전 아버지 세대와는 전혀 다른 세상에 살고 있다.

내게 아침 밭일은 준비 운동에 불과하다. 본격적인 하루 일과는 아침 식사를 한 후에 시작된다. 아침을 먹은 다음 따뜻한 차를 마시면서 스마트폰으로 인터넷에 접속하여 메일을 확인하고 뉴스를 검색하는 것이 가장 먼저 하는 일이다. 농장이 마을에서 1킬로미터 정도 떨어진 산골짜기에 있어 랜선이 연결되어 있지 않아 스마트폰을 이용하여 인터넷에 연결하고 있다.

랜선은 연결되어 있지 않지만 위성안테나가 설치되어 있어 텔레비전을 시청하는 데는 아무 문제가 없다. 텔레비전에는 음성 인식 시스템도 달려 있어 일일이 어느 채널에서 무슨 프로그램을 하는지 기억할 필요가 없다. 프로그램 이름만 대면 음성 인식 시스템이 원하는 채널을 찾아 준다. 국내 방송은 물론 미국의 CNN이나 영국의 BBC 방송 같은 외국 방송도 시청할 수 있다.

나는 정치 관련 뉴스나 연예 프로그램보다는 야구, 골프, 바둑 같은 스포츠 프로그램을 주로 본다. 야구나 골프 시즌에는 중계방송도 자주 본다. 다른 사람들이 일하는 시간에도 스포츠 중계를 볼 수 있다는 것이 나의 자랑이다. 그것도 작은 텔레비전으로 보는 것이 아니다. 미니 빔프로젝터를 이용하면 농막의 한쪽 벽 전체가 스크린으로 변한다. 소리까지 크게 틀어 놓고 보면 현장에서 경기를 관람하는 것 같은 착각에 빠질 때도 있다.

그러나 스마트폰으로 인터넷을 검색하고 텔레비전을 보는 것이 나의 일과는 아니다. 나의 주요 일과는 과학과 관련된 원고를 쓰는 일이다. 퇴직한 후에도 원고를 써 달라거나, 번역을 의뢰하는 출판사들이 있어서 한가하게 텔레비전만 볼 수는 없다. 처음 글을 쓰기 시작한 30년 전에는 필요한 자료를 보려면 도서관에 가서 책을 찾아야 했다. 그러나 지금은 스마트폰으로 필요한 자료를 대부분 찾아볼 수 있다. 따라서 농장에서도 원고 쓰는 데 불편함을 별로 느끼지 못한다.

원고 작업을 하다가 휴식이 필요할 때는 가끔 영화를 감상하기도 한다. 컴퓨터나 텔레비전의 작은 화면을 생각하면 오산이다. 가상현실 헤드셋 하나면 작은 농막은 대형 스크린을 갖춘 영화관으로 변한다. 가상현실 헤드셋을 통해 보면 액션 연기를 훨씬 실감나게 감상할 수 있다. 커다란 우퍼가 달려 있는 블루투스 스피커까지 연결하면 농막은 나만의 전용 극장이 된다.

하루 일과가 끝나고 저녁 식사를 마친 후에는 스마트폰으로 가족이나 지인들의 소식을 확인한다. 20여 개나 되는 카톡방에는 하루에도 많은 글과 영상물이 쌓인다. 카톡방에 글 올리는 것을 좋아하지 않는 나는 쭉 훑어보는 것으로 카톡방 순례를 마친다. 그러나 거의 매일 올라오는 손자들의 사진과 동영상은 그냥 지나칠 수 없다. 사진과 동영상을 확인한 뒤에는 손자들과 영상 통화까지 하는 경우가 많다. 아침저녁으로 밭일을 하는 것을 빼면 이곳의 생활은 도시의 생활과 별로 다를 것이 없다. 지난 50년 동안, 내가 초등학교를 다니던 때에는 상상도 할 수 없었던 다른 세상이 된 때문이다.

나는 6·25 전쟁으로 모든 것이 어렵던 1952년에 태어났다. 내가 태어나 자란 곳은 농장 앞을 흐르는 강을 따라 20킬로미터 정도 올라간 곳에 있는 산골 마을이다. 내가 초등학교에 다닐 때는 전쟁으로 황폐해진 도시에서 일자리를 찾을 수 없었던 많은 사람들이 농촌으로 몰려들어 화전을 일구며 살았다. 외국에서 원조로 보내 준 옥수수 가루를 풀어 쑨 죽과 구워서 돌같이 단단해진 분유 덩어리를 학교에서 나누어 주던 일이 아직도 생생하게 기억난다.

그때 내가 살던 마을은 전기가 들어오지 않아 저녁이면 등잔으로 불을 밝혔다. 나무로 만든 등잔대 위에 올려놓고 쓰던 등잔에는 등유를 사용했다. 따라서 저녁에 늦게까지 켜 놓기라도 하면 등유가 탈 때 나오는 그을음 때문에 콧구멍이 까맣게 되었다. 희미한 등잔불로는 겨우 얼굴을 구별할 수 있을 뿐이었다.

몸이 아파도 병원에 갈 생각을 못 했던 당시에는 아픈 사람이 생기면 이웃집 할아버지를 모셔 왔다. 그 할아버지는 쟁반 위에 쌀밥 한 그릇과 칼을 올려놓고 주문 비슷한 것을 외운 다음, 귀신을 향해 "빨리 나와 밥을 먹고 가지 않으면 칼로 혼찌검을 내겠다"고 호통을 쳤다. 그러고는 밥을 밭에 내다 버리고 당신 집으로 돌아가셨다. 가실 때는 귀신이 다시 따라 들어올지도 모른다는 생각에 집 밖에서 "갑니다" 하고 소리치고 가셨다. 글만 읽는 선비였던 그 할아버지는 마을의 퇴마사 역할도 했다. 그때 우리는 전기 문명과는 거리가 먼 전통 농경사회에 살고 있었다.

나는 초등학교를 졸업하고 중학교에 진학하면서 고향을 떠났다. 그리고 50년이 지나 다시 고향으로 돌아와 아버지처럼 농부가 되었다. 그러나 50년 전의 전통 농경사회로 돌아온 것은 아니다. 50년 동안에 눈부시게 발전한 전기 문명과 함께 돌아왔다. 내가 고향을 떠나 있는 동안 마을도 크게 바뀌었다. 좁은 농로까지 포장도로가 되었고, 힘든 농사 일은 모두 농기계가 하게 되었다. 농가에 전기가 들어오는 것은 물론이고, 도시와 마찬가지로 농촌에서도 집집마다 갖가지 전자 제품을 사용하고 있다. 내가 고향으로 돌아오면서 몇 가지 전자 제품을 가지고 왔지만 더 이상 신기할 것도 없고, 따라서 마을 사람들의 관심거리도 되지 않는다.

유럽에서는 전통 농경사회에서 고도 전기 문명사회로의 변화가 훨씬 오랜 기간에 걸쳐 일어났다. 따라서 서양 사람들은 전기 문명의 발전 과정을 우리처럼 한 세대가 모두 경험할 수는 없었다. 미래에는 더 많은 변화가 더 빨리 일어날 것이다. 그러나 미래를 살아갈 우리 후손들은 우리처럼 전기와 전혀 관계가 없던 세상에서 고도 전기 문명에 이르는 변화를 경험할 수는 없을 것이다. 우리나라에서 지난 50년 동안 우리 세대가 겪은 전기 문명의 발전 과정은 인류 역사상 유례가 없는 빠른 사회 변화이며, 우리 세대만 경험할 수 있었던 특별한 경험이다.

지난 50년 동안에 우리 세대는, 살아가는 방법이 바뀌고 사람들이 가지고 있던 자연에 대한 생각과 가치관 그리고 인생관이 바뀌어 가는 것을 지켜보았다. 이러한 변화가 우리를 예전보다 더 행복하게 했는지에 대해서는 여러 가지 다른 의견이 있을 것이다. 그러나 나는 그런 가치 판단과는 별개로, 나와 우리 세대가 겪었던 경험 자체를 소중하게 생각한다. 우리 세대는 인류가 농경 생활을 시작한 이후 겪었던 변화보다 더 많은 변화를 직접 경험했다. 우리는 변화의 현장에 있었고, 변화를 만들어 내는 데 동참했다. 우리 세대가 경험한 전기 문명의 발전 과정과 우리 삶의 모습이 변화해 온 이야기를 하려는 것은 이 때문이다.

이 책에는 총 12장에 걸쳐 전기 문명의 발달 과정과 전기 문명의 바탕이 된 과학 이론이 싹트고 발전해 온 과정이 담겨 있다. 1장에서 6장까지는 전기·자기와 관련된 현상을 처음 발견하기 시작할 때부터 1800년대 말에 전자기학이 성립될 때까지의 이야기이다. 이 부분에서는 전기에 대한 이해가 깊어져 온 과정과 함께, 오늘날 우리가 누리는 전기 문명을 이해하고 다가올 새로운 문명을 받아들이기 위해 꼭 알아야 할 전자기학의 기본 법칙들도 소개했다. 7장부터 12장까지는 전자공학의 발전과 이를 통한 기술 혁신으로 우리가 살아가는 방법과 삶의 모습이 변해 가는 과정을 다루었다. 반도체 소자 개발이 전자공학 기술의 혁신을 가져오고, 그 결과로 등장한 전자 제품과 컴퓨터가 우리의 생활을 어떻게 바꾸었는지 살펴본다.

우리 세대가 경험한 전기 문명 이야기는 각 장의 도입 부분에 담겨 있다. 전기가 없는 전통 농경사회에서 태어난 내가 전기 문명으로 진입하기까지의 이야기지만, 이것은 나 개인만의 이야기가 아니다. 그래서 가능한 한 나의 경험 중에서 전기 문명과 관련된 내용만을 뽑아 전기 문명의 발전 과정을 조명한다는 본래의 의도에서 멀리 벗어나지 않으려 노력했다. 지명이나 학교 이름, 내가 근무하던 직장 이름을 글에 포함시키지 않은 것도 나의 경험을 같은 시대를 살아온 우리 세대 모두와 공유하고 싶었기 때문이다.

모쪼록 이 책을 통해 고도 전기 문명을 살아가고 있는 모든 사람들이 전기 문명의 바탕이 되는 전자기학의 기초 이론과 전자공학의 발전 과정을 이해하는 기쁨을 맛보길 바란다. 그리고 나와 같은 시대를 살며 1900년대 후반의 변화를 경험한 세대들이 오래된 추억을 되새겨 보는 즐거움을 느낄 수 있으면 좋겠다.

원주 세심 농장에서 **곽영직**

1

전자가 세상을 움직인다

서낭당에서 과학으로

1950년대에 내가 다니던 국민학교(지금의 초등학교) 앞에는
서낭당이 있었다. 두 사람이 겨우 들어설 수 있을 정도로 조그만
초가집이었던 서낭당 안에는 쌀을 담은 그릇을 엎어 두는 상만
하나 덩그러니 놓여 있었다. 허름한 곳이었지만 마을에서 일어나는
크고 작은 일들이 이 서낭당과 연결되었다. 학교 이름도 서낭당이
있는 벌판(당평)이라는 뜻이었고, 교가에도 '당벌판 위에 무궁화 향기
뿜는'이라는 구절이 들어가 있었다.

내가 초등학교 1학년 때, 읍내에 다녀오던 마을 사람이 홍수로
불어난 냇물을 건너다 물에 빠져 죽는 사고가 있었다. 마을
사람들은 그해 봄에 있었던 장례식 때 상여가 서낭당 뒤로 돌아가지
않고 앞으로 지나가 그런 사고가 났다며, 장례를 치렀던 집에
몰려가 항의를 했다. 결국 신을 달래는 굿을 하고서야 그 일이
마무리되었다.

나는 서낭당이 무서웠다. 서낭당 안에 쌀을 담아 놓은 그릇이
귀신처럼 보였다. 그래서 가능하면 혼자서는 서낭당 앞을 지나가려

18

당시에는 마을에서 일어나는 크고 작은 일들이 서낭당과 연결되었다.

아직도 우리나라 곳곳에 서낭당이 보존되어 있지만

서낭당은 이제 박물관의 도자기 같은 전통 유물이 되어 버렸다.

위쪽 사진은 원주 신림면 성황림 서낭당. 2021년 저자 촬영.
아래쪽 사진은 초등학교 1학년이던 1958년의 저자.

하지 않았고, 혼자 가야 할 때는 앞만 보고 냅다 뛰어서 지나갔다.
그러나 이제 서낭당은 흔적도 없이 사라졌고, 그곳에 서낭당이
있었다는 것을 기억하는 사람조차 찾아보기 어렵다.

아직도 우리나라 곳곳에 서낭당이 보존되어 있고, 그곳에서 매년
사람들이 모여 제사를 지내거나 전통 민속놀이 공연을 펼치기도
한다. 그러나 제사도 민속놀이 공연도 겉모습만 남아 있을 뿐이다.
구성지게 축문을 읽어 내려가던 사람이나, 예를 갖추어 서낭당을
향해 절을 하던 사람이나, 제사와 민속놀이가 끝나면 모두 곧바로
스마트폰을 꺼내들고 전기 문명 속으로 돌아가 다음 해 행사 때까지
서낭당을 까맣게 잊고 살아간다. 마을에 사고가 생기거나 홍수가
나 집들이 떠내려가도 그것을 서낭당과 관련짓는 사람은 찾아볼
수 없다. 서낭당은 이제 박물관의 도자기 같은 전통 유물이 되어
버렸다.

오늘날 사람들의 생활 중심에는 서낭당 대신 과학과 전기 문명이
자리 잡고 있다. 과학은 우주에 대해, 지구에 대해, 그리고 우리
자신에 대해 많은 것을 알려 주었고, 전기 문명은 우리가 살아가는
방법을 완전히 바꿔 놓았다. 만약 서낭당이 국가 권력에 의해
강제로 철거되었다면 반발이 만만치 않았을 것이다. 그러나 과학은
아무런 반발 없이 서낭당을 마을에서 사라지게 했고, 사람들의
마음속에서도 밀어냈다.

인류가 살아오면서 경험을 통해 알게 된 것 중 객관적이고 재현성
있는 사실들만 모아 과학이라는 지식 체계를 만들기 시작한 것은
약 2500년 전부터였다. 2500년 전에 과학을 시작한 고대 그리스의

철학자들은 자연에 대해 세 가지 의문을 가지고 있었다. 첫째는 '물질은 무엇으로 구성되어 있으며 어떻게 상호작용하는가', 둘째는 '우주는 어떻게 구성되어 있으며 어떻게 운행되고 있을까', 마지막은 '생명은 어떻게 시작되었고, 어떻게 생명을 이어 가는가'가 그것이다. 이 질문들은 모두 내가 누구인가 하는 문제와 연결되어 있다.

지난 2500년 동안 인류는 이 세 가지 질문과 관련하여 참으로 많은 것을 알아냈다. 우주가 어떻게 시작되어 어떤 과정을 밟아 현재의 상태로 진화해 왔는지를 밝혀냈고, 생명체의 등장과 진화 과정도 알아냈다. 또한 현대 과학은 물질이 원자와 분자로 이루어져 있으며, 원자 안에는 양성자와 전자가 들어 있다는 것도 알아냈다. 전기 문명이 비약적으로 발전할 수 있었던 것은 양성자와 전자에 대한 이해 덕분이었다. 따라서 우리 세대가 경험한 전기 문명 이야기도 원자와 전자 이야기로 시작하는 것이 좋을 것이다.

전자의 발견과 양자역학의 탄생

전기 문명 이야기의 주인공은 전자다. 모든 전자 제품에서 실제로 일을 하는 것은 전자들이기 때문이다. 스마트폰으로 전화를 걸거나 인터넷 검색을 할 수 있고 음성 인식 시스템이 내 말을 알아듣고 음악을 틀어 주거나 날씨를 알려 주는 것도 모두 전자들이 일을 하는 덕분이다. 우리가 전기 문명을 발전시킬 수 있었던 것은 전자를 마음대로 부릴 수 있게 되었기 때문이다. 그렇다면 전자는 무엇일까?

전자가 무엇인지 알기 위해서는 우선 물질이 어떻게 구성되어 있는지 알아야 한다. 고대 그리스 철학자들은 물질이 얼마든지 작게 쪼갤 수 있는 물, 불, 공기 그리고 흙의 네 가지 원소로 이루어져 있다고 주장했다. 이러한 '4원소론'은 원자론이 나타날 때까지 물질의 조성을 설명하는 기초 이론이었다.

세상을 이루고 있는 기본 원소들이 얼마든지 작게 쪼갤 수 있는 물질이 아니라, 더 이상 쪼갤 수 없는 작은 알갱이인 원자로 이루어져 있다는 '원자론'이 등장한 것은 1800년대 초였다. 영국의 존 돌턴John Dalton, 1766~1844은 1808년에 출판한 『화학의 새로운 체계』라는 책에서 모든 물질이 더 이상 쪼갤 수 없는 원자로 이루어져 있다고 주장했다. 돌턴의 원자론에는 원자보다 작은 알갱이인 전자는 아직 없었다. 그러나 1800년대 중반, 기체를 태우면 원소의 종류에 따라 달라지는 고유한 선스펙트럼이 나온다는 것과 원소들을 원자량 순서로 배열하면 화학적 성질이 주기적으로 반복된다는 것이 밝혀졌다. 그러자 원자도 더 작은 알갱으로 이루어져 있는 것이 아닐까 생각하는 사람들이

음극선관에 장애물을
설치하면 뒤쪽에 그림자가
생기는 것으로 보아
음극선은 작은 입자들의
흐름인 것으로 보였다.

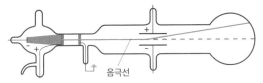

톰슨의 실험. 전기장과
자기장 안에서 음극선이
휘는 것을 관찰하고 그
입자가 전자라는 것을
밝혀냈다.

음극선

나타나기 시작했다. 1890년대에는 원자에서 방사선이 나오는 현상도
발견되었다.

1897년에 음극선관(크룩스관) 실험을 통해 전자를 처음 발견한 사람
은 영국 케임브리지 대학의 캐번디시 연구소 소장이던 조지프 존 톰
슨Joseph John Thomson, 1856~1940이었다. 진공으로 만든 유리관 양 끝에
전극을 설치하고 전압을 걸어 주면 음극에서 무언가가 나와 양극으
로 흐른다는 것은 전부터 알려져 있었다. 과학자들은 이 흐름을 음극
선이라고 불렀지만 음극선이 무엇인지는 알지 못했다. 톰슨은 전기
장과 자기장 안에서 음극선이 휘어져 가는 과정을 자세하게 조사하
고, 음극선이 음전하를 띤 작은 알갱이의 흐름이라는 것을 밝혀냈다.
톰슨은 이 알갱이를 '미립자'라고 불렀지만 후에 전자電子라고 부르
게 되었다. 전자는 '전기 알갱이'라는 뜻이다.

내가 전에 만난 어떤 사람은 전자와 양성자라는 이름에 대해서 불

1913년 솔베이 회의에 참석한 과학자들. 전자를 발견한 공로로 1906년 노벨 물리학상을 받은 조지프 존 톰슨(앞줄 왼쪽에서 네 번째)과 베타선이 전자의 흐름임을 밝히고 양성자도 발견한 어니스트 러더퍼드(앞줄 왼쪽에서 두 번째)도 보인다.

만이 많았다. 그는 양전하를 띤 알갱이의 이름이 양성자라면 음전하를 띤 알갱이는 전자가 아니라 음성자라고 불렀어야 한다고 지적했다. 그렇게 되면 원자가 양성자, 중성자, 음성자로 이루어져 있다고 설명할 수 있어 음양의 원리에 부합한다는 것이다. 하지만, 톰슨이 전자를 발견했을 때는 원자 안에 양성자라는 알갱이가 있다는 것을 알지 못했다. 만약 톰슨이 전자와 양성자를 함께 발견했다면 아마도 전자 대신 음성자라고 불렀을 것이다. 양전기를 띤 양성자도 있는데 음전기를 띤 것만을 전기 알갱이라고 부르는 것은 적절하지 않기 때문이다.

톰슨이 전자를 발견한 뒤, 톰슨의 제자였던 뉴질랜드 출신의 어니스트 러더퍼드Ernest Rutherford, 1871~1937는 원자에서 나오는 방사선 중 베타선β-ray이 전자의 흐름이라는 것을 밝혀냈다. 원자는 더 이상 쪼

24

갤 수 없는 가장 작은 알갱이가 아니라, 전자를 비롯한 더 작은 알갱이들로 이루어져 있음이 확실해진 것이다. 따라서 20세기 초 과학자들의 가장 중요한 과제는 원자의 내부 구조를 밝히는 것이었다.

그러나 원자의 내부 구조를 알아내기란 쉬운 일이 아니었다. 원자가 아주 작기 때문이다. 가장 작은 원자인 수소 원자의 지름은 100억분의 1미터 정도이다. 이것은 1미터의 길이에 수소 원자를 일렬로 세우면 100억 개가 들어간다는 뜻이다(1센티미터에는 1억 개). 100억이라는 숫자가 너무 큰 수여서 실감이 나지 않을 것이다. 그런데 이렇게 작은 원자 안에 더 작은 알갱이들이 들어 있다니! 대체 원자 안에는 어떤 알갱이들이 들어 있으며, 어떤 구조를 이루고 있을까?

현미경으로 원자 안을 들여다보는 것은 가능하지 않다. 최근에 개발된 원자력 현미경AFM, Atomic Force Microscope을 이용하면 원자가 어디에 있는지 정도는 알 수 있다. 그러나 이런 현미경으로도 원자를 이루고 있는 더 작은 알갱이들을 볼 수는 없다. 그럼에도 불구하고 과학자들은 여러 가지 실험을 통해 원자가 양성자와 중성자로 구성된 원자핵과 원자핵 주위를 도는 전자로 이루어져 있다는 것을 알아냈다. 원자핵은 양전기를 띠고 있고, 전자는 음전기를 띠고 있다.

처음 원자의 구조를 연구하기 시작한 과학자들은 원자를 이루고 있는 작은 알갱이들의 행동을 그때까지 알려져 있던 뉴턴역학이나 전자기학의 법칙들로 설명하려고 했다. 원자를 구성하고 있는 알갱이들도 크기가 아주 작다는 점만 제외하면 우리 주변에 있는 물체들과 별반 다를 것이 없으리라 생각했기 때문이다. 그러나 뉴턴역학과 전자기학의 법칙으로는 원소가 내는 스펙트럼과 주기율표를 설명할 수 없었다. 이는 원자보다 작은 세상이 그냥 작기만 한 것이 아니라, 그때까지 알고 있던 물리 법칙으로는 설명할 수 없는 전혀 다른 세상이라는 것을 의미했다.

1900년대 초 물리학자들의 최대 연구 과제는 원자를 구성하고 있는 알갱이들에 적용되는 새로운 역학 법칙을 알아내는 것이었다. 1912년 덴마크 출신의 물리학자 닐스 보어Niels Bohr, 1885~1962가 기존의 물리 법칙과는 다른 규칙을 적용하여 수소 원자가 내는 스펙트럼의 종류를 설명하는 데 성공했다. 그 후 오스트리아의 물리학자 에르빈 슈뢰딩거Erwin Schrödinger, 1887~1961를 비롯한 많은 물리학자들의 노력으로 원자를 구성하고 있는 알갱이들에 적용되는 법칙인 양자역학을 알아냈다.

양자역학에서 양자量子, quantum라는 말은 물리량의 최소 단위를 뜻한다. 양자역학에 의하면 물질이 원자와 같은 알갱이로 이루어져 있는 것처럼 에너지나 운동량과 같은 물리량도 최소 단위의 정수 배로만 존재할 수 있고, 주고받을 수 있다. 이렇게 물리량이 최소 단위인 양자의 정수 배로만 존재하고 주고받을 수 있는 것을 물리량이 양자화quantize 되어 있다고 말한다. 예를 들면 에너지의 최소 단위인 에너지의 양자는 6.62×10^{-34} J·S인데, 이를 플랑크 상수라고 한다. 이 값이 아주 작기 때문에 우리가 살아가는 세상에서는 에너지가 연속적인 값을 가지는 것처럼 보인다. 그러나 원자보다도 더 작은 세상에서는 이야기가 달라진다. 원자보다 작은 전자나 양성자 같은 입자들 사이의 상호작용에서는 입자들이 가질 수 있는 에너지가 불연속적이라는 것이 중요한 의미를 갖는다. 양자역학은 불연속적인 물리량이 중요한 의미를 가지는 입자들의 세상을 다루는 역학이다.

　양자역학은 원자보다 작은 세상에서 일어나는 일들을 설명하는 역학이지만 우리가 일상생활을 하는 동안에 경험하는 현상 중에도 양자역학적 현상이 있다. 얇은 종이도 통과하지 못하는 가시광선이 두꺼운 유리를 마음대로 통과하는 것도 그런 현상 중 하나이다. 물질을 이루고 있는 원자 안에 들어 있는 전자는 모든 에너지를 흡수할 수 있는 것이 아니라 띄엄띄엄한 에너지만 흡수할 수 있다. 종이를 이루는 원자들에 들어 있는 전자들은 가시광선의 에너지를 흡수할 수 있지만, 유리를 이루는 원자들에 들어 있는 전자들은 가시광선의 에너지를 흡수할 수 없다. 따라서 가시광선은 에너지를 잃지 않고 유리를 통과할 수 있다. 양자역학이 등장한 후에야 우리는 빛이 유리를 마음대로 통과하는 현상을 설명할 수 있게 되었다.

　양자역학을 이용하면 전자나 양성자 그리고 중성자와 같은, 원자보다 더 작은 알갱이들의 행동을 예측할 수 있고 원소가 내는 스펙트럼이나 원소들이 주기율표에 규칙적으로 배열되는 것을 설명할 수 있다. 양자역학은 우리를 원자보다 작은 세상으로 안내한다. 양자역학을 통해 우리는 전자의 행동을 이해할 수 있었고, 이에 따라 전자를 부리는 전기 문명을 발전시킬 수 있었다.

　전자 제품의 스위치를 누르거나 컴퓨터 자판을 두드리는 것은 전자에게 명령을 내리는 것이다. 아무리 어려운 일을 시켜도 전자들은 아무런 불평 없이 우리의 명령을 잘 수행한다. 그것은 우리가 양자역학을 이용해 전자의 행동을 통제하고 있기 때문이다.

원자 속 전자의 모습

전자는 어떤 모습으로 원자 속에 들어 있을까? 원자의 한가운데에는 원자 질량의 대부분을 차지하지만 크기는 작은 원자핵이 자리 잡고 있고, 전자는 원자 핵 주위를 '돌고' 있다. 원자핵은 양전하를 띤 양성자와 전하를 띠지 않은 중성자로 이루어져 있는데, 원자핵 안에 들어 있는 양성자의 수를 나타내는 원자번호에 따라 원자의 종류가 결정된다. 원자번호가 1인 수소 원자는 원자핵에 하나의 양성자만 있어서 원자 중에 가장 작고 가볍다. 원자번호가 2인 헬륨은 원자핵에 양성자가 2개, 원자번호가 6인 탄소는 양성자가 6개, 원자번호가 8인 산소는 양성자가 8개 있다.

원자핵 안에는 양성자의 수와 비슷하거나 더 많은 수의 중성자가 들어 있다. 원자핵 안에 들어 있는 중성자의 수가 다르더라도 양성자 수가 같으면 원자번호가 같아서 원소의 종류가 같다. 즉, 같은 원소이다. 양성자의 수는 같지만 중성자의 수가 다른 원소를 '동위원소'라고 한다. 예를 들면, 원자핵에 양성자 하나만 있는 원소는 수소이다. 그런데 양성자 하나와 중성자 하나를 가지고 있다면 수소는 수소이되 중수소라고 하고, 양성자 하나와 중성자 2개를 가지고 있으면 삼중수소라고 부른다. 수소와 중수소, 그리고 삼중수소는 모두 수소의 동위원소들이다. 동위원소는 화학적 성질은 비슷하지만 무게와 같은 물리적 성질이 다르다(30쪽 그림 참고).

중성자는 양성자와 질량이 비슷하다. 그러나 원자핵 주위를 돌고 있는 전자의 질량은 양성자 질량의 1836분의 1밖에 안 된다. 따라서 원자의 질량은 양성자와 중성자 수로 결정된다. 원자핵에 들어 있는 양성자의 수와 중성자의 수를 합한 것을 원자량原子量이라고 한다. 원자량은 원자의 질량이 대략적으로 양성자 질량의 몇 배인지를 나타낸다. 대략적이라고 한 이유는 양성자와 중성자의 질량이 비슷하기는 하지만 똑같지 않으며, 원자에는 전자도 들어 있기 때문이다.

전자의 질량은 양성자의 질량에 비해 아주 작지만, 전자와 양성자가 가지고 있는 전하량은 부호만 다를 뿐 크기는 같다. 전자는 질량에 비해 큰 전하량을 가지고 있는 셈이다. 보통의 원자는 원자핵에 들어 있는 양성자의 수와 원자핵 주위를 돌고 있는 전자의 수가 같아서 전기적으로 중성이다.

원자핵과 원자핵 주위를 도는 전자들로 이루어진 원자는 텅 빈 공간이나 다름없다. 원자핵의 지름은 원자 지름에 비하면 10만 분의 1밖에 되지 않는다. 따라서 원자를 커다란 체육관이라고 하면 원자핵은 체육관 한가운데 매달려 있는 작은 구슬이라고 할 수 있고, 전자는 넓은 체육관에 떠다니는 작은 먼지라고 할 수 있다. 그러니까 원자는 커다란 체육관에 작은 구슬 같은 원자핵 주위를 먼지 같은 전자들 몇 개가 날아다니고 있는 텅 빈 공간이다. 양자역학이 설명하는 이런 원자의 모습은 사람들이 흔히 상상하는 단단한 알갱이인 원자와는 전혀 다른 모습이다.

그런데 전자들은 아무렇게나 원자핵 주위를 돌고 있는 것이 아니다. 전자들은 양자역학이 허용하는 특정한 물리량들만 가질 수 있다. 다시 말해 원자핵 주위를 돌고 있는 전자가 가질 수 있는 에너지는 양자화되어 있다. 전자가 가질 수 있는 띄엄띄엄한 에너지를 에너지 준

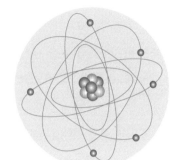

○ 양성자
● 중성자
● 전자

원자는 양성자와 중성자로
이루어진 원자핵과 원자핵
주위를 '돌고' 있는 전자로
이루어져 있다.

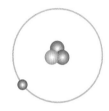

수소   중수소   삼중수소

수소와 중수소 그리고 삼중수소는 수소의 동위원소로,
양성자 수는 같고 중성자 수만 다르다.

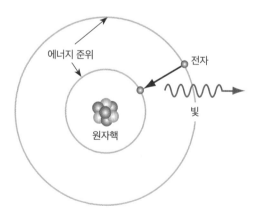

에너지 준위

전자

빛

원자핵

원자핵 주위를 돌고 있는
전자는 양자역학적으로
허용된 띄엄띄엄한 에너지만
가질 수 있고, 높은 에너지
준위에서 낮은 에너지
준위로 건너뛸 때 빛을
방출한다.

위energy level라고 한다. 전자가 한 에너지 준위에서 다른 에너지 준위로 건너뛸 때는 그 차이만큼의 에너지를 흡수하거나 빛으로 내보낸다. 원자가 내는 빛이 특정한 파장의 빛으로 이루어진 선스펙트럼이 되는 것은 원자마다 전자의 에너지 준위가 다르기 때문이다. 양자역학을 이용하면 전자가 어떤 에너지를 가질 수 있는지, 어떤 각운동량을 가질 수 있는지 계산할 수 있다. 따라서 원자가 어떤 에너지의 빛을 방출하거나 흡수하는지 알 수 있다.

한편, 원자핵 안에 단단히 결합되어 있는 무거운 양성자는 원자 밖으로 나오기 어렵지만, 원자핵 주변을 돌고 있는 작은 전자들은 쉽게 원자에서 떨어져 나오기도 하고 다른 원자로 들어가기도 한다. 원자에서 전자가 떨어져 나가면 양성자의 수가 전자의 수보다 많아져서 양전기를 띠게 된다. 반대로 원자에 전자가 추가되는 경우에는 음전기를 띠게 된다. 이렇게 전자를 잃거나 얻어서 양전기나 음전기를 띠게 된 원자나 분자를 이온ion이라고 한다.

전기 세상을 움직이는 전자 군단

이제 전기 문명의 주인공인 전자에 대해 좀 더 자세히 알아보자. 원자핵을 이루는 양성자와 중성자는 쿼크quark라는 더 작은 알갱이로 이루어져 있는 반면, 전자는 세상을 만들고 있는 가장 기본적인 입자 중 하나이다. 다시 말해 전자는 더 작은 알갱이로 나눌 수 없다.

앞에서 이야기했듯이 원자는 1미터 길이에 100억 개를 늘어세울 수 있을 정도로 작다. 10억 분의 1미터를 1나노미터nm라고 한다. 그러니까 원자 중에서 가장 작은 수소 원자의 지름은 약 0.1나노미터 정도이며, 수소보다 큰 원자의 지름은 이보다 커서 수 나노미터 정도이다. 모든 물질이 원자로 만들어졌지만 우리가 원자를 볼 수 없는 것은 원자가 이렇게 작기 때문이다.

그렇다면 원자 하나의 질량은 얼마나 될까? 가장 가벼운 수소 원자를 생각해 보자. 수소 원자는 원자핵이 양성자 하나로 이루어져 있어서 원자의 질량이 양성자의 질량과 거의 같은데, 양성자 하나의 질량은 1.675×10^{-26}킬로그램이다. 소수점 아래 0을 26개 쓴 다음 27번째 자리부터 1675를 써야 양성자의 질량을 나타낼 수 있다. 이것은 우리가 알고 있는 어떤 것보다도 작다. 그렇다면 수소 1킬로그램 속에는 수소 원자가 몇 개나 들어 있을까? 1킬로그램을 양성자 하나의 질량으로 나누어 보면 수소 1킬로그램에 수소 원자가 약 6×10^{26}개 들어 있다는 것을 알 수 있다. 이것은 얼마나 큰 수일까? 과학자들의 계산에 의하면 우리나라 전체에 1미터 높이로 모래를 깔아 놓았을 때 전체 모래알 개수보다도 더 많은 숫자다.

양성자 질량의 1836분의 1밖에 안 되는 질량을 가지고 있는 전자는 당연히 원자보다 훨씬 작다. 그러나 전자의 크기를 정확하게 측정할 수 있는 방법은 없고, 전자와 관련된 여러 가지 다른 물리량을 이용하여 전자의 크기를 추정해 볼 수 있을 뿐이다. 이런 추정에 의하면 전자의 지름은 양성자의 지름과 비슷하다. 양성자보다 훨씬 작은 질량을 가지고 있는 전자의 크기가 양성자와 비슷하다는 것은 의외이다. 그러나 양성자와 비슷한 크기라고 해도 원자 지름의 10만 분의 1밖에 안 되므로 전자는 아주 작다. 이렇게 작은 전자가 여러 가지 큰 힘이 필요한 일을 하기도 하고, 복잡한 일을 척척 해내기도 하는 것은 아주 많은 수의 전자가 함께 일을 하기 때문이다. 큰 기계를 움직이고, 전깃불을 켜고, 컴퓨터 속에서 어려운 계산을 하는 것은 모두 이렇게 작은 전자들로 이루어진 전자 군단이다.

전기의 양인 전하량은 쿨롱ᶜ이라는 단위를 이용하여 나타낸다. 그렇다면 전자 하나는 얼마만큼의 전기를 가지고 있을까? 전자 하나의 전하량은 약 1.6×10^{-19} 쿨롱이다. 이것은 1쿨롱을 1억으로 나누고, 다시 그것을 1억으로 나눈 다음 다시 1000으로 나눈 값이다. 너무 많이 나누다 보니 그 양이 얼마나 되는지 감이 잡히지 않을 것이다. 그렇다면 다른 예를 들어 보자. 전류의 세기를 나타낼 때는 암페어ᴬ라는 단위를 사용한다. 1암페어는 1초 동안에 1쿨롱의 전하량이 지나가는 전류를 말한다. 전압이 220볼트ⱽ인 가정용 전원에 연결되어 있는 200와트ᵂ짜리 전구에 흐르는 전류가 대략 1암페어이고, 1킬로와트ᵏᵂ짜리 에어컨에는 약 5암페어의 전류가 흐르고 있다. 그럼 1암페어의 전류가 흐를 때 1초 동안 도선을 지나가는 전자의 수는 얼마나 될까?

(전자 1개의 전하량) = 1.6×10^{-19} 쿨롱

$$1\text{암페어} = \frac{1쿨롱}{1초}$$

(전류 1암페어일 때 1초 동안 도선을 지나는 전자의 수) = 6.25×10^{18}개

1쿨롱을 전자 하나가 가지고 있는 전하량으로 나누어 보면 1암페어의 전류가 흐를 때 1초 동안에 도선을 지나가는 전자의 수가 약 6.25×10^{18}개나 된다는 것을 알 수 있다. 다시 말해 1초 동안에 전 세계

인구수에 가까운 60억보다 10억 배나 많은 수의 전자들이 도선을 지나가는 것이 1암페어이다. 전자는 아주 작기 때문에 이렇게 많은 수의 전자들이 몰려다녀야 우리가 원하는 일을 할 수 있다. 전등을 켜는 순간 전등에 연결된 도선에는 매초 이렇게 많은 전자들이 지나가면서 전깃불을 만들어 내고 있는 것이다.

그렇다면 전자는 도선 속을 얼마나 빠른 속력으로 달리고 있을까? 서울에서 부산까지 도선을 연결해 놓고 전등과 스위치를 단 다음 서울에서 스위치를 누르면 부산에 있는 전등이 금방 켜질까 아니면 조금 있다가 켜질까? 서울에서 런던까지 도선을 연결하고 스위치를 넣으면 어떻게 될까? 답부터 이야기하면, 스위치를 넣는 것과 거의 동시에 부산과 런던에 있는 전등에 불이 켜진다. 전자가 도선 속을 그렇게 빨리 달려가는 것일까? 그렇지는 않다.

도선은 원자로 이루어져 있다. 도선을 이루고 있는 금속 원자는 전자를 잃기 쉬운 원자들이다. 원자에서 떨어져 나온 전자들은 양전기를 띠게 된 금속 원자들 사이를 자유롭게 돌아다니는 자유전자가 된다. 도선에 전류가 흐를 때는 자유전자들이 이동해 간다. 하지만 전자들은 금속 원자들과 부딪치면서 어렵게 도선 속을 움직여 가야 한다. 따라서 전자가 도선을 달려가는 속력은 매우 느리다. 간단한 계산에 의하면, 도선 안에서 전자는 1초에 약 0.05밀리미터 정도씩 이동한다. 1미터를 움직이려면 5시간도 넘게 걸린다는 뜻이다. 금속 안에서 실제 전자의 속력은 이런 계산 결과보다는 빠른 것으로 알려져 있지만, 부산이나 런던까지 순식간에 갈 수 있을 정도로 빠르지는 않다.

전자가 도선 속을 천천히 움직여 가는데도 멀리 떨어져 있는 전등

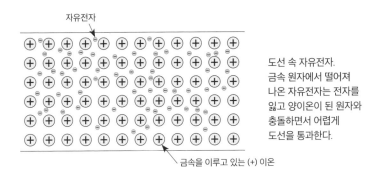

자유전자

도선 속 자유전자.
금속 원자에서 떨어져
나온 자유전자는 전자를
잃고 양이온이 된 원자와
충돌하면서 어렵게
도선을 통과한다.

금속을 이루고 있는 (+) 이온

에 곧바로 불이 켜지는 것은 무엇 때문일까? 이것은 밭에 물을 주는 데 이용하는 호스를 생각하면 쉽게 이해할 수 있다. 호스가 비어 있으면 수도꼭지를 튼 다음 물이 호스를 통과하는 시간을 기다려야 반대편으로 물이 나온다. 그러나 호스에 물이 가득 차 있다면 수도꼭지를 트는 즉시 압력이 전해져 반대편으로 물이 나온다. 도선에는 전자들이 가득 차 있다. 따라서 도선의 한 끝으로 전자가 들어가면 그 소식이 전자기파의 속력으로 전달되어 반대편 끝에서 전자가 나온다. 도선 안에서 전자기파의 속력은 진공 속 빛의 속력보다는 느리지만 순식간에 부산이나 런던까지 전달될 수 있을 정도로 빠르다. 따라서 서울에서 스위치를 넣는 순간 런던에 있는 전등에 불이 켜진다.

전자나 전기에 관한 글을 읽다 보면, 열전자나 광전자라는 용어를 만나기도 한다. 하지만 열전자나 광전자도 다른 종류의 전자가 아니라 모두 같은 전자이다. 열전자는 물체를 가열했을 때 물체에서 튀어나온 전자를 말하고, 광전자는 빛을 비춰 주었을 때 물체에서 튀어나온 전자를 말한다. 다시 말해 물체에서 전자를 떼어 내는 데 사용한 에너지의 종류에 따라 구분한 것일 뿐, 전자 자체는 모두 같은 전자이다. 전자는 모두 같아서 한 전자를 다른 전자와 구별할 수 있는 방법이 없다.

정전기

겨울에 옷을 입거나 벗을 때, 또는 문이나 자동차의 손잡이를 잡을 때, '찌릿'하게 느껴지는 정전기를 경험해 보았을 것이다. 우리를 놀라게 하거나 성가시게 하고, 때로는 사고의 원인이 되기도 하는 정전기도 전자들이 만들어 내는 현상이다.

원자를 이루는 전자들이 멀리 달아나지 않고 원자핵 주위를 도는 것은 양전기를 띤 원자핵과 음전기를 띤 전자 사이에 전기적 인력이 작용하고 있기 때문이다. 이것은 마치 지구를 비롯한 행성들과 태양 사이에 중력이 작용하고 있어서 행성들이 멀리 달아나지 않고 태양 주위를 돌고 있는 것과 비슷하다. 그러나 원자의 종류에 따라 양성자 수가 다르기 때문에 원자핵의 전하량이 다르고, 원자핵 주위를 돌고 있는 전자의 수도 다르다. 따라서 어떤 전자와 원자핵 사이에는 강한 전기력이 작용하고, 또 어떤 전자와 원자핵 사이에는 약한 전기력이 작용한다.

원자핵과 전자 사이에 작용하는 전기력이 약하면 전자가 원자에서 떨어져 나오기 쉽고, 원자핵과 전자 사이의 전기력이 강하면 전자는 원자에서 떨어져 나오기 어렵다. 이처럼 전기적 성질이 다른 원자들로 이루어진 두 물체를 마찰시키면 한 물체에서 다른 물체로 전자가 이동해 한 물체는 전자를 잃게 되고 다른 물체는 전자를 얻게 된다. 물체가 전자를 얻거나 잃어 전기를 띠게 되는 것을 '대전된다'고 하고, 전기를 띤 물체를 대전체帶電體라고 한다. 전자를 잃은 물체는 양전기로 대전되고, 전자를 얻은 물체는 음전기로 대전된다.

한 물체에서 다른 물체로 옮겨 간 전자들이 다른 곳으로 흘러가지 않고 한곳에 쌓여 있는 것이 정전기이다. 마찰 전기는 마찰로 생긴 정전기를 말한다. 전기가 잘 흐르는 도체의 경우에는 마찰에 의해 전자를 얻거나 잃어도 전자가 곧 다른 곳으로 흘러가거나, 다른 곳에서 부족한 전자가 흘러들어 오기 때문에 정전기가 발생하지 않는다. 따라서 정전기를 발생시키려면 부도체를 마찰시켜야 한다. 하지만 도체의 경우에도 전기가 흐르지 않는 물질로 둘러싸서 전자가 달아나지 못하도록 한 뒤, 다른 물체와 마찰시키면 정전기가 발생할 수 있다. 우리 손도 도체이기 때문에 금속을 손에 쥐고 다른 물체와 마찰시키면 정전기가 발생하지 않지만 전기가 통하지 않는 천으로 금속을 감싸 쥐고 다른 물체와 마찰시키면 정전기가 발생한다.

여름철보다는 겨울철에 정전기가 잘 생기는 것은 공기 중의 수증기 양이 계절에 따라 다르기 때문이다. 공기 중에 수증기가 많으면 전기가 공기 중으로 쉽게 흘러갈 수 있다. 따라서 습도가 높은 여름철에는 정전기가 잘 발생하지 않는다. 그러나 춥고 건조한 겨울에는 전자가 공기 중으로 잘 흘러가지 않아 정전기가 쉽게 발생한다.

두 물체를 서로 문질렀을 때 전자가 어떤 물질에서 어떤 물질로 옮겨 가, 어느 물질이 양전기를 띠고 어느 물질이 음전기를 띠는가의 순서를 대전 서열이라고 한다. 우리 주위에서 발견되는 몇몇 물질의 대전 서열은 다음과 같다.

(-) 황-고무-면-비단-털옷-나일론-유리 (+)

따라서 고무와 털옷을 마찰하면 털옷의 전자가 고무로 옮겨 가서 고무는 음전기를 띠게 되고, 털옷은 양전기를 띠게 된다. 그러나 털옷과 유리를 대전시키면 이번에는 유리의 전자가 털옷으로 옮겨 가 털옷이 음전기로 대전되고 유리가 양전기로 대전된다.

전자가 한곳에 쌓여 정전기가 발생했다는 것은 그곳에 전기에 의한 위치에너지가 저장되었다는 의미이다. 이는 마치 흙을 한곳에 높게 쌓아 놓으면 중력에 의한 위치에너지가 그곳에 저장되는 것과 마찬가지이다. 마찰전기의 전기에너지는 곧 전기에 의한 위치에너지이고, 이는 마찰하는 물체가 가지고 있던 운동에너지가 전기에너지로 바뀐 것이다.

서로 다른 전기로 대전된 물체를 가까이 가져가면 전기가 방전되면서 작은 불꽃이 만들어진다. 정전기에 저장되어 있던 전기에너지가 빛에너지로 바뀌면서 작은 불꽃을 만들어 내는 것이다. 대개의 경우 정전기가 만들어 내는 불꽃은 아주 작기 때문에 위험하지 않지만, 부근에 인화성 물질이 있으면 큰 불로 번질 수 있고 전기에 민감한 부품을 망가트릴 수도 있다. 따라서 정전기의 발생을 막기 위한 여러 가지 방법이 개발되었는데, 가장 좋은 방법은 물체를 큰 물체와 도선으로 연결해 전자가 쉽게 다른 곳으로 흘러가도록 하는 것이다. 전기에 민감한 작은 부품을 도선을 이용해 금속으로 된 커다란 몸체에 연결하는 것도 정전기를 방지하는 한 방법이다. 물체와 연결된 도선을 땅에 묻으면 전하가 지구로 흘러가기 때문에 효과적으로 정전기를 방지할 수 있다. 컴퓨터 칩과 같이 전기에 민감한 부품을 보관할 때 전기가 잘 통하는 알루미늄 포일로 싸 놓는 것도 정전기를 방지하는 방법이다.

그러나 정전기가 마찰에 의해서만 생기는 것은 아니다. 생물체 내에서도 정전기가 발생할 수 있다. 생물의 몸은 수많은 세포로 이루어져 있는데 세포막은 어떤 이온은 잘 통과시키고, 어떤 이온의 통과는 방해한다. 따라서 세포막 안과 밖의 이온 수가 달라져 전하를 띨 수 있다. 대개의 경우 세포막의 작용으로 발생하는 정전기는 매우 약하지만 전기뱀장어와 같은 특수한 생물의 세포에서는 아주 강력한 정전기가 만들어지기도 한다. 수천 개의 전기뱀장어 세포가 만들어 내는 정전기는 매우 강해 가정에서 사용하는 전기보다 세 배나 높은 전압이 발생하기도 한다. 전기뱀장어는 이러한 전기를 적을 물리치는 데 이용한다.

유리 막대에 종이가 달라붙는 까닭은?

빗으로 머리를 빗으면 머리카락이 빗에 달라붙는다. 그런가 하면 털옷에 문지른 유리 막대에는 작은 종이가 달라붙는다. 왜 이런 일이 일어날까? 빗에 머리카락이 달라붙는 것은 쉽게 설명할 수 있다. 머리를 빗는 동안에 머리카락에 있던 전자의 일부가 빗으로 이동해 머리카락은 양전기를 띠고 빗은 음전기를 띠기 때문이다. 서로 다른 전하들 사이에는 인력이 작용하므로 빗과 머리카락은 서로를 끌어당긴다. 그러나 그것만으로는 대전된 유리 막대에 종이가 달라붙는 것을 설명할 수 없다. 다른 물체와 마찰하지 않은 종이는 전하를 띠고 있지 않기 때문이다. 전기를 띤 유리 막대가 전기적으로 중성인 물체를 끌어당기는 현상을 이해하기 위해서는 물체의 구조를 다시 생각해 보아야 한다.

물체는 자유전자를 가지고 있느냐 없느냐에 따라 도체와 부도체로 나뉜다. 자유전자가 있는 도체와 자유전자가 없는 부도체는 대전체를 가까이 가져갔을 때 다르게 반응한다. 대전체를 도체 가까이 가져가면 대전체가 도체 내의 자유전자를 밀어내거나 끌어당겨 대전체에서 가까운 곳은 대전체와 다른 종류의 전하를 띠고, 먼 곳은 같은 종류의 전하를 띤다. 이렇게 대전체에서 가까운 곳은 대전체와 반대 전하를 띠고 먼 곳은 같은 전하를 띠는 것을 '정전기 유도'라고 한다. 작고 가벼운 도체가 대전체에 끌려오는 것은 정전기 유도 현상 때문이다. 지구와 같이 아주 큰 도체인 경우에는 대전체와 같은 종류의 전하는 멀리 달아나 버리고 대전체에 가까운 부분만 대전체와 반대 종류의 전하를 띠게 된다. 대전체와 도체 사이의 전압이 높아지면 전자가 도체와 대전체 사이를 건너뛰어 순간적으로 많은 전류가 흐르는데, 이때 발생하는 전류의 크기가 크면 밝은 불꽃과 커다란 폭발음이 발생하기도 한다. 천둥과 번개 그리고 벼락은 이런 원리로 발생한다.

그러나 종이와 같은 부도체가 대전체에 끌려오는 현상은 정전기 유도로 설명할 수 없다. 부도체에는 자유전자가 없기 때문에 대전체를 가까이 가져가도 전자가 이동할 수 없어 정전기 유도 현상이 나타나지 않기 때문이다. 하지만 부도체를 이루고 있는 분자의 전자들이 분자 안에서 한쪽으로 쏠릴 수는 있다. 그렇게 되면 분자의 한쪽은 양

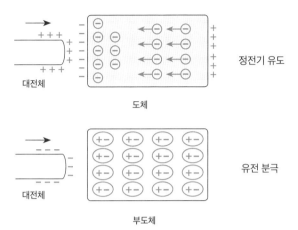

전하로 대전되고 한쪽은 음전하로 대전된 것처럼 행동한다. 이렇게 전하가 한쪽으로 쏠린 분자는 '극성을 띠었다'고 하고, 그런 분자를 극성 분자polar molecule라고 한다.

부도체에 대전체를 가까이 가져가면 부도체를 이루는 분자들이 모두 같은 방향으로 극성을 띠게 되어 마치 부도체가 전하를 띤 것처럼 된다. 이렇게 물체를 이루는 분자들이 한 방향으로 극성을 띠어 전기적으로 중성인 부도체가 전하를 띤 것과 같은 효과를 나타내는 것을 유전 분극dielectric polarization이라고 한다. 대전체가 전기적으로 중성인 종이를 끌어당길 수 있는 것은 종이가 대전체에 의해 분극 되어 전기를 띤 것처럼 행동하기 때문이다. 분자 중에는 물 분자와 같이 비대칭 구조로 인해 극성을 띠고 있는 분자도 있다. 이런 분자로 이루어진 물질은 쉽게 대전체에 끌려온다.

부도체가 극성을 띠는 정도는 부도체를 이루고 있는 분자의 유전율誘電率에 따라 달라진다. 유전율이 큰 물질은 극성을 띠는 정도가

41

크고, 유전율이 낮은 물질은 극성을 띠는 정도가 약하다. 부도체는 정도의 차이는 있지만 대부분 극성을 띠기 때문에 부도체를 유전체 dielectric라고도 부른다. 그러나 공업적으로 쓸모가 있는 유전체는 유전율이 큰 물질이다. 따라서 유전체라고 하면 유전율이 큰 부도체를 의미하는 것이 일반적이다.

이처럼 정전기 유도와 분극 현상은 비슷하면서도 다른 현상이다. 이 둘의 차이는 물체에 있는 전자를 배에 타고 있는 사람들에 비유하면 쉽게 이해할 수 있다. 배 안에서 이리저리 돌아다니는 사람들은 자유전자, 의자에 앉아 있는 사람들은 분자 안에 들어 있는 전자에 해당한다. 이때 배의 한쪽에 볼거리가 생겨서 이리저리 돌아다니던 사람들이 그쪽으로 몰려가 배가 기울어지는 것이 정전기 유도라면, 의자에 앉아 있는 사람들이 모두 볼거리가 있는 쪽으로 몸을 기울여 배가 기우는 것은 분극에 해당된다.

전류와 전기에너지

한곳에 쌓여 있는 전자들은 도선을 통해 다른 곳으로 이동해 갈 수 있다. 그런가 하면 이온이 포함되어 있는 용액인 전해질에서는 이온이 이동해 갈 수 있다. 전기를 띤 전자나 이온이 이동해서 전기가 흘러가는 것을 전류라고 한다. 높은 곳에 있는 물이 가만히 있으면 물레방아를 돌릴 수 없는 것처럼 전기도 한곳에 쌓여 있기만 해서는 아무 일도 할 수 없다. 전기가 일을 하기 위해서는 전류가 흘러야 한다. 전구의 붉을 밝히는 것도 전류이고, 열을 발생시켜 밥이나 요리를 하는 것도 전류이다. 텔레비전이나 라디오를 작동시키는 것도 전류가 하는 일이다. 전자 제품은 전류가 흐를 때만 작동한다. 따라서 전자 제품을 작동하려면 전류를 계속 흘려 주어야 한다.

전류를 흐르게 하는 것을 '발전發電한다'고 말한다. 발전기는 계속 전류가 흐르게 하는 장치이다. 그러니까 발전소에서 전기를 생산한다는 말은 음전하를 띤 전자나 양전하를 띤 양성자를 만들어 낸다는 뜻이 아니라, 전류를 만들어 낸다는 의미이다. 이는 다른 형태의 에너지를 전기에너지로 전환한다는 뜻이기도 하다.

발전소에서는 주로 발전기를 돌려 전류를 발생시킨다. 큰 전류가 흐르게 하기 위해서는 큰 힘으로 커다란 발전기를 돌려야 한다. 수력발전소에서는 높은 곳에서 낮은 곳으로 떨어지는 물의 에너지를 이용하여 발전기를 돌리고, 화력발전소에서는 석유나 석탄을 때서 만든 수증기의 에너지로 발전기를 돌려 전류를 발생시킨다. 원자력 발전소에서는 우라늄과 같이 큰 원자가 작은 원자로 분열될 때 나오는 핵에너지로 발전기를 돌려 전류를 발생시킨다. 전류를 발생시키는 데 사용하는 에너지의 종류는 다르지만, 모두 발전기를 돌려 전기를 생산하는 것은 같다.

전류에는 한 방향으로만 흐르는 직류가 있고, 흐르는 방향이 계속 바뀌는 교류가 있다. 직류 발전기는 전자를 한 방향으로 밀어낸다. 교류는 1초에도 수십 번씩 전류의 방향이 바뀐다. 직류인 경우에는 전자들이 도선을 따라 음극에서 양극 쪽으로 이동해 가지만, 교류인 경우에는 전자가 한 방향으로 달려가지 않고 한자리에서 진동하고 있다. 우리나라에서는 전류의 방향이 1초 동안에 60번 변하는 교류를 사용한다. 다시 말해 우리 가정의 도선 안에서는 전자들이 한 방향으로 달려가고 있는 것이 아니라 1초에 60번씩 진동하고 있다. 그러나 1초에 50번씩 진동하는 교류를 사용하는 나라도 많다. 전기 제품 중에는 진동수에 관계없이 작동하는 제품도 있지만 진동수에 따라 작동이 달라지는 제품도 있기 때문에 외국 여행을 할 때는 그 나라가 어떤 진동수의 교류를 사용하는지 미리 알아 둘 필요가 있다.

―――――

전기나 자기와 관련된 현상은 고대부터 알려져 있었지만, 전기나 자기에 대한 과학적 연구를 시작한 것은 1600년대부터였다. 따라서 전기 문명은 지난 400년 동안에 이룩한 문명이라고 할 수 있다. 전기에 대한 연구가 시작된 후 전기가 과학자들의 실험실에서 나와 세상을 환하게 밝히기까지는 300년이 걸렸다. 실험실 밖으로 나온 전기는 100년 동안에 세상을 완전히 바꾸어 놓았다. 원자와 전자에 대한 기본적인 예비 지식을 갖췄으니, 이제 지난 400년 동안에 인류가 이룬 전기 문명 이야기를 본격적으로 시작해 보자.

2

전 기 실 험 을 시 작 하 다

전기 세상에 발을 들여놓은 중학교 시절

　나는 일곱 살 되던 해에 초등학교에 입학했다. 당시에는 4월 1일에 새 학기가 시작되었기 때문에 생일이 3월인 나는 일곱 살에 초등학교에 들어갈 수 있었다. 처음 초등학교에 입학했을 때는 흙바닥 교실에 다섯 명이 함께 쓰는 긴 책상과 의자를 놓고, 두 학년이 한 교실에서 공부했다. 책은 책보에 싸서 허리나 등에 메고 다녔고, 수업 시간에는 책들을 책상 위에 가지런히 올려놓고 공부했다.

　조회 때는 전교생이 운동장에 정렬해서 "우리는 대한민국의 아들딸, 죽음으로써 나라를 지키자. 우리는 강철같이 단결하여 공산 침략자를 쳐부수자. 우리는 백두산 영봉에 태극기 휘날리고 남북통일을 완수하자"라는 '우리의 맹세'를 제창하고, 교장 선생님의 말씀을 들었다. 우리의 맹세가 "반공을 국시의 제1의로 삼고, 지금까지 형식적이고 구호에만 그친…"으로 시작되는 '혁명 공약'으로 바뀐 것은 초등학교 4학년 때였다. 무슨 뜻인지도 모르고 앵무새처럼 따라 했던 구호들이 아직도 입속에서 맴도는 것을 보면

초등학교 때는 아직 학교에 전기가 들어오지 않아서

선생님들은 수업이 시작될 때와 끝날 때

고무실 앞에 매달려 있던 종을 쳤다.

저자의 초등학교 졸업 사진.

반복 교육의 효과가 대단하다는 생각이 든다.

아직 학교에 전기가 들어오지 않았기에 선생님들은 수업이 시작될 때와 끝날 때 교무실 앞에 매달려 있던 종을 쳤다. "학교 종이 땡땡땡, 어서 모이자, 선생님이 우리를 기다리신다"라는 동요가 국민 동요가 될 수 있었던 것은 당시의 초등학교 모습을 잘 나타냈기 때문일 것이다.

전기 없는 세상에 살던 내가 전기 있는 세상으로 진출한 것은 초등학교를 졸업하고 읍내 중학교에 진학했을 때다. 그러나 전기가 없던 세상에서 전기가 있는 세상으로 진출하는 과정은 간단하지 않았다. 내가 중학교에 진학할 수 있었던 것은 형 덕분이었다. 나에게는 지금은 돌아가셨지만, 형이 두 분 계신다. 큰형은 나보다 나이가 17살 많았고, 작은형은 15살 많았다. 형들은 초등학교를 졸업하고 얼마간 마을에 있는 서당에 다닌 뒤, 아버지를 도와 농사일을 했다.

그때만 해도 많은 사람들이 초등학교를 졸업한 후에는 마을에 있는 서당에서 한문을 배웠다. 학교에 가느라 큰길을 지날 때면 거기서 조금 떨어진 곳에 있던 서당에서 글 읽는 소리가 들려왔다. 그때 서당의 모습은 김홍도의 풍속도에 나오는 서당의 모습과 크게 다르지 않았다. 앞에 계신 선생님을 중심으로 빙 둘러앉은 학생들은 작고 나지막한 검정색 개인용 책상 위에 책을 올려놓고 몸을 앞뒤로 흔들면서 큰 소리로 읽었다. 멀리서 들으면 글 읽는 소리가 노랫소리처럼 들렸다.

큰형은 서당에서 배우는 한문 공부에 열심이었던 반면, 작은형은

시내에서 중학교와 고등학교를 다니던 서당 선생님 아들들의
영향을 받아 혼자 강의록으로 중·고등학교 과정을 공부했다.
중·고등학교에 진학하는 것이 쉽지 않았던 그때는 매달 발간되는
강의록을 받아 보면서 독학으로 중·고등학교 과정을 공부하는
사람들이 많았다.

　당시에는 대부분 20세가 되면 결혼을 했다. 형들도 군대에 가기
전인 20대 초반에 모두 결혼했다. 큰형은 5킬로미터쯤 떨어져 있는
신부 집에서 전통 혼례식을 올린 후 트럭을 타고 집으로 왔다. 나는
작은형의 손을 잡고 큰형을 마중 나갔지만, 자동차가 무서워서
마을로 들어오기 위해 개울을 건너오는 트럭을 작은형 뒤에 숨어
멀리서 지켜보기만 했다. 그게 내가 기억하고 있는 가장 어릴 때의
일이다. 큰형보다 몇 년 뒤에 결혼한 작은형은 형수가 탄 가마를
앞세우고 걸어서 집으로 왔었다.

　결혼한 후에도 작은형은 공부를 계속했다. 밭이나 논에서 일하다
쉬는 시간에도 공부를 했고, 나무를 하러 가서 잠시 쉬는 동안에도
공부를 했다. 아버지는 형이 공부하는 것을 몹시 싫어하셨다. 형이
공부하던 책들을 마당에 집어던지면서 크게 야단치는 일이 자주
있었다. 공부하느라고 일을 제대로 하지 않아서였거나 송충이는
솔잎을 먹고 살아야 한다는 아버지의 지론 때문이었을 것이다.

　부산에서 군대 생활을 했던 작은형은 군대에서도 공부를
계속했다. 그래서 제대하기 전에 지금으로 말하면 9급 국가 공무원
시험에 합격했다. 그때는 '내각사무처'라는 기관에서 공무원을
일괄적으로 선발한 다음 각 부처로 발령을 냈다. 문교부(지금의

교육부)로 배정된 형은 제대와 동시에 읍내에 있는 한 중학교 서무과(지금은 행정실이라고 부르는)에 근무하게 되었다. 형이 군에서 제대하고 중학교에 근무하기 시작한 것은 내가 초등학교를 졸업할 무렵이었다.

형은 나를 자신이 근무하던 중학교에 입학시켰다. 그러나 그때 형에게는 아이가 두 명이나 있었다. 형네 식구만 넷인데 나까지 얹히고 보니 다섯 식구가 되었다. 빈손으로 읍내 생활을 시작한 형네는 단칸방에 세 들어 살았는데 나까지 다섯 식구가 단칸방에서 살아야 했다. 아직 어린 나이였지만 형에게 짐이 되는 것이 싫었던 나는 중학교에 입학하고 한 달도 안 되어 형의 만류를 뿌리치고 학교를 그만둔 다음 부모님이 계시던 시골로 가서 농사일을 했다. 그때의 경험이 50년 후 다시 농사일을 하는 데 큰 도움이 되고 있다.

나는 농사일을 하면서 중학교 교복을 입고 다니는 친구들을 볼 때마다 학교를 그만둔 것을 많이 후회했다. 지금 생각해 보면 중학교에 가서 더 많은 공부를 하고 싶었다기보다는 중학교 교복과 모자가 부러웠던 것 같다. 그래서 1년이 지나 다음 해 입학철이 다가오자 중학교에 보내 달라고 부모님에게 떼를 썼다. 아마 한 달은 졸랐던 것 같다.

하지만 아버지와 어머니로서는 별다른 방법이 없었다. 중학교에 가기 위해서는 다시 형의 도움을 받아야 하는데 아버지나 어머니 모두 그 이야기를 형에게 꺼내지도 못한 채 입학철이 지나 버렸다. 그러나 내가 중학교에 보내 달라고 떼를 쓴다는 이야기를 전해 들은 형이 3월에 나를 데려다가 교회에서 운영하던 야간 중학교에

입학시켰다. 정식 인가를 받은 중학교는 아니었지만 교복과 모자도
있어 제법 중학생처럼 보였다. 형은 이곳에서 공부를 열심히 하고
검정고시를 보면 다른 아이들보다 먼저 중학교 졸업장을 받을 수도
있다고 했다.

야간 중학교에 입학하고 한 달쯤 지났을 때 형이 다른 읍내에
있는 학교로 전근되었다. 형은 전근을 하면서 전해에 입학했던 것을
근거로 전학 서류를 만들어 나를 새로운 학교로 전학시켰다. 이렇게
해서 나는 초등학교 동창들보다 1년 늦은 1965년에 정식으로
중학생이 될 수 있었다.

새로 이사 간 곳에서도 단칸방에 다섯 식구가 사는 것은
마찬가지였다. 하지만 떼를 써서 다시 중학교에 다니게 된 만큼
이번에는 끝까지 학교를 다니려고 마음먹었다. 그러나 한 학기를
마치고 방학이 되어 고향에 돌아갔다가 또다시 더 이상 학교에
다니지 않겠다고 했다. 그러자 이번에는 아버지와 어머니가 나섰다.
형네 집에 사는 것이 그렇게 불편하면 당신들이 읍내로 이사를
오시겠다고 했다. 자식들이 공부하는 것을 못마땅하게 생각하던
아버지가 이렇게 나온 것은 뜻밖이었다. 아마 당신의 반대에도
불구하고 공부를 계속했던 형이 공무원이 되는 것을 보면서 생각이
달라지셨기 때문이었을 것이다.

중학교 진학과 함께 읍내로 나와 내가 처음 접한 것은
전깃불이었다. 등잔불에 익숙해 있던 내게 전깃불은 놀라운
물건이었다. 전깃불만 있으면 낮과 밤이 다를 게 없겠구나 하는
생각을 했다. 당시에는 전기 사정이 좋지 않아 밤에만 전깃불이

들어왔고, 그마저도 자주 정전되어 늘 초를 준비해야 했지만 전깃불은 문명의 상징이었다. 아직 텔레비전도, 냉장고도, 세탁기도 없던 시절이었다. 전기밥솥으로 밥을 해 먹게 된 것은 훨씬 후의 일이다. 그러나 방 안을 환하게 밝히는 전깃불만 보고도 세상이 달라진 것 같았다.

이렇게 해서 나는 전기가 없는 전통 농경사회에서 전기 문명으로 진입하게 되었다. 내가 겪었던 우여곡절은 전통 농경사회에서 태어나 그곳에서 13년을 살아온 소년이 전기 문명에 발을 들여놓기 위해 거쳐야 하는 과정이었다. 새로운 길에 대한 기대와 불안, 경제적인 문제, 전통적인 사고방식을 가진 부모님, 그 모든 것이 나를 우왕좌왕하게 만들었다. 이것은 비단 나만 겪었던 일이 아니다. 우리 세대를 산 많은 이들이 비슷한 과정을 겪었다. 이 정도의 어려움만으로 중학교에 진학하고 전기 문명 사회에 진입할 수 있었던 나는 오히려 운 좋은 사람에 속했다.

전기와 자기 현상의 발견

인류는 언제 처음 전기를 알았고, 어떤 과정을 거쳐 전기 세상에 발을 들여놓게 되었을까?

물체를 문질렀을 때 발생하는 마찰전기를 처음 발견한 사람은 기원전 6세기에 활동한 고대 그리스의 자연철학자 탈레스라고 전해진다. 탈레스는 나무의 진이 화석화되어 만들어진 보석인 호박을 양가죽으로 문지르면 작은 물체를 끌어당긴다는 사실을 알아냈다. 전기를 뜻하는 영어 단어 'electricity'가 그리스어에서 호박을 뜻하는 단어 'electron'에서 유래한 것은 이 때문이다.

자석의 역사는 더욱 길다. 문명의 발상지인 메소포타미아나 고대 중국에서는 긴 막대자석을 실에 매달아 자유롭게 돌아갈 수 있게 하면 항상 남쪽과 북쪽을 가리킨다는 사실을 알고 있었다. 중국에서는 이런 성질을 이용하여 오래전부터 나침반을 만들어 사용해 왔다. 중국에서 유럽으로 전해진 나침반은 15세기에 시작된 유럽의 대항해시대를 여는 데 중요한 역할을 했다. 그러나 오랫동안 사람들은 전기와 자기 현상을 과학적으로 이해하려고 노력하기보다는 자연이 가지고 있는 신비한 힘 정도로 취급해 왔다. 따라서 아직 전기 문명이 시작되었다고 할 수는 없었다.

자석과 전기를 체계적으로 연구하기 시작한 사람은 영국의 의사 윌리엄 길버트William Gilbert, 1544~1603였다. 1540년에 영국 콜체스터에서 태어난 길버트는 1569년에 케임브리지 대학에서 의학박사 학위를 받고 의사가 되었다. 그러나 의학보다도 과학에 더 관심이 많았던 길버트는 1600년에 전기와 자석의 성질을 자세하게 조사한 결과를 담은 『자석에 대하여』라는 책을 출판했다. 『자석에 대하여』의 원제목은 '자석과 자성 물체에 대하여, 그리고 커다란 자석인 지구에 대해, 많은 논의와 실험을 통해 증명된 새로운 자연철학'이었다. 길버트는 이 책에 이전까지 행해진 자석에 대한 실험들을 모아 자석과 전기의 성질을 종합적으로 정리해 놓았다.

『자석에 대하여』의 2장에서 길버트는 자석에 작용하는 힘은 호박을 마찰했을 때 생기는 전기적인 힘과는 다른 힘이라고 설명했다. 길버트가 『자석에 대하여』에 전기에 대한 설명을 포함시킨 이유는 전기 현상을 자석과 분리하여 자석에 대한 연구를 명확하게 하기 위한 것이었다. 길버트의 이런 설명으로 전기학과 자기학이 독립된 분야로 분리되었다. 전기학과 자기학은 1820년에 덴마크의 물리학자 한스 크리스티안 외르스테드가 실험을 통해 전류가 자석의 성질을 만들어 낸다는 것을 밝혀낸 후에야, 다시 전자기학이라는 하나의 학문 분야로 통합될 수 있었다.

실험을 중요시했던 길버트는 바늘 모양의 가는 금속 막대를 자유롭게 회전할 수 있도록 지지대 위에 얹어 놓은 베소리움vesorium이라는 실험 장치를 고안했다. 베소리움을 대전된 물체에 가까이 가져가면 금속 막대의 화살표 부분이 물체 방향으로 회전했다. 이때 회전하는 정도로 대전체의 전하량을 측정할 수 있었다. 베소리움은 최초로 만들어진 전기력 측정 장치였지만 대전된 전하량을 정밀하게 측정할 수는 없었다.

길버트는 베소리움을 이용하여 여러 가지 물질의 정전기 현상을

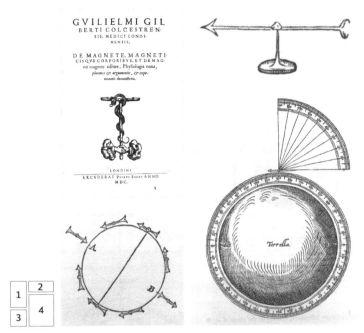

길버트는 직접 제작한 베소리움으로 전기력을 측정했고, 구형 자석인 테렐라를 이용해 지구 자기 실험을 했다. 1은 길버트가 쓴 책 『자석에 대하여』 제목 페이지. 베소리움(2)과 테렐라를 이용한 실험(3, 4)은 『자석에 대하여』에 수록된 그림.

실험하고, 마찰전기를 나타내는 물질과 그렇지 않는 물질의 목록을 만들었다. 건조한 날이나 공기가 차고 맑은 날에는 마찰전기 현상이 뚜렷하게 나타나지만, 습도가 높은 날에는 잘 나타나지 않는다는 사실도 알아냈다. 길버트는 실험을 통해 자석과 전기를 신비의 영역으로부터 과학의 영역으로 끌어냈다.

길버트의 가장 중요한 업적은 지구가 거대한 자석이라는 것을 밝혀낸 것이다. 당시에는 나침반의 바늘이 북쪽을 가리키는 것은 북두칠성을 이루고 있는 별의 신비한 작용 때문이라거나 북극을 덮고 있는 철로 된 산 때문이라고 믿었다. 그러나 길버트는 나침반의 바늘이 남북을 가리키는 것은 지구가 커다란 자석이기 때문이라고 주장했다. 이러한 주장을 증명하기 위해 그는 이른바 테렐라Terrella(작은 지구라는 뜻)라고 하는 구형 자석을 만들어 여러 가지 실험을 했다. 막대자석이 테렐라의 적도에 있을 때는 N극과 S극이 테렐라 표면과 수평을 유지하지만 북쪽으로 이동하면 N극이 아래로 기울어지고, 남쪽으로 가져가면 S극이 기울었다. 그는 이런 실험 결과를 바탕으로 지구상에서 나침반의 한쪽 끝이 수평에서 기울어지는 각도(복각)가 위도에 따라 달라지는 것을 설명했다.

길버트는 자석 이론을 이용해서 천체의 운동을 설명하려고 시도하기도 했다. 그는 지구 자석의 힘이 태양계의 모든 천체에도 미친다고 주장했다. 지구와 달 사이에도 자석의 힘이 작용하고 있으며, 바다에 조석 현상이 생기는 것도 지구와 달 사이에 작용하는 자기력 때문이라고 설명했다. 행성 운동 법칙을 발견한 독일의 요하네스 케플러는 길버트의 영향을 받아 행성들이 타원 운동을 하는 것을 태양과 행성 사이에 작용하는 자기력으로 설명하려고 시도했다.

천체의 운동을 자기력으로 설명하려 했던 길버트의 생각이 옳은 것은 아니었지만, 실험을 중요하게 생각했던 길버트의 연구는 태양 중심설을 완성하고 새로운 역학 법칙을 확립한 요하네스 케플러Johannes Kepler, 1571~1630와 갈릴레오 갈릴레이Galileo Galilei, 1564~1642 그리고 아이작 뉴턴Isaac Newton, 1642~1727에게 많은 영향을 끼쳤다.

유황 구 전기 발생 장치

길버트의 연구에 자극을 받아, 1600년대와 1700년대에는 전기 현상을 연구하는 과학자들이 많이 나타났다. 전기를 연구하기 위해서는 실험에 필요한 충분한 전기를 발생시킬 수 있어야 한다. 그러나 물체를 손으로 마찰시켜 얻는 마찰전기는 전기에 관한 실험을 하기에는 충분하지 않았다. 이런 어려움을 해결한 사람은 독일 마그데부르크시의 시장을 지낸 오토 폰 게리케Otto von Guericke, 1602~1686였다. 오랫동안 마그데부르크에서 살아온 부유한 상인의 아들로 태어난 게리케는 독일의 라이프치히 대학과 네덜란드의 라이든 대학에서 법률학, 수학, 역학, 기하학, 축성학 등을 공부한 후 유럽 전역을 여행하고 돌아와 마그데부르크시의 참사회 회원이 되었고, 후에 마그데부르크시의 시장이 되었다. 그는 시를 운영하는 일에도 열심이었지만 과학 실험에도 많은 시간을 할애했다.

게리케는 스스로 만든 공기 펌프를 이용해 구리로 만든 구 안의 공기를 빼내어 진공을 만들었다. 이것은 진공이 존재하지 않는다는 오래된 믿음이 잘못된 것임을 증명하는 것이었다. 그는 진공 펌프를 이용하여 여러 가지 실험을 했다. 게리케가 마그데부르크 시장으로 있던 1657년에 한 반구 실험은 역사적으로 유명하다. 게리케는 지름이 35센티미터인 구리로 만든 반구 두 개를 마주 보게 하여 꼭 맞춘 다음 내부를 진공으로 만든 뒤, 이 반구를 분리하려면 16마리의 말이 끄는 힘이 필요하다는 것을 보였다.

게리케가 마찰을 이용한 전기 발생 장치를 만든 것은 반구 실험을 하고 6년이 지난 1663년이었다. 게리케는 바퀴를 이용하여 유황 구를 돌리면서 다른 물체를 유황 구에 대고 마찰시키는 방법으로 많은 양의 전기를 만들어 낼 수 있었다. 그러나 게리케는 직접 만든 이 전기 발생 장치를 전기 실험이 아니라, 그를 방문하는 사람들에게 신비한 전기 현상을 보여 주는 용도로 사용했다.

전기 전달과 감전 실험

전기 발생 장치를 이용해서 전기가 물체를 통해 다른 물체로 전달되는 현상을 연구한 사람은, 아마추어 실험가로 왕립학회가 발행하는 《철학 회보》에 논문을 자주 발표했던 영국의 스티븐 그레이Stephen Gray, 1666~1736였다. 1666년에 영국 캔터베리에서 염색공의 아들로 태어난 그레이는 정규 대학 교육을 받지 않았지만 천문학에 관심을 가지고 있었다. 50세가 되던 1716년까지 그레이는 일식과 월식, 태양 흑점, 목성의 위성들을 정밀하게 관측하여 많은 관측 보고서를 왕립학회 회지에 발표했다. 그 후 그는 케임브리지 대학 트리니티 칼리지의 연구원이 되었다.

케임브리지에 온 후로 그레이의 관심은 천문학에서 전기로 옮겨 갔다. 그레이는 전기가 물체를 따라 흘러가는 현상에 관심이 많았다. 그는 1729년과 1736년 사이에 마찰로 대전된 유리 막대의 전기가 다른 물체로 흘러가면 다른 물체도 전기를 띠게 되는 것을 보여 주는 많은 실험을 했으며, 물체를 전기가 잘 흐르는 도체와 전기가 잘 흐르지 않는 부도체로 구분했다. 그레이는 전하를 띤 유리관을 물에 젖은 끈을 이용해 200미터나 떨어져 있는 코르크와 연결했을 때도 코르크가 전기를 띤다는 것을 보였다. 이때 유리관과 코르크를 연결한 선이 땅에 닿으면 전기가 전달되지 않는다는 것도 알아냈다.

그레이의 전기 연구는 프랑스의 샤를 뒤페Charles Du Fay, 1698~1739에게로 이어졌다. 젊었을 때 프랑스군의 보병장교로 근무한 뒤페는 군에서 제대한 후 화학을 공부했다. 그레이와 가깝게 지내면서 그에게 전기 연구에 대해 전해 들은 뒤페는 많은 실험을 통해, 정도는 다르지만 모든 물체가 전기를 띨 수 있다는 것을 알아냈다.

전하가 물체를 통해 한 물체에서 다른 물체로 흘러갈 수 있다는 것을 알게 된 과학자들은 전기가 눈에 보이지 않는 유체라고 생각하게 되었다. 이러한 생각은 이후의 전기 실험과 이론에 많은 영향을 주었다. 과학이 혁명적인 과정을 통해 발전한다고 주장했던 미국의 과학사학자 토머스 쿤Thomas Kuhn, 1922~1996은 전기가 유체라는 가설은 전기학의 발전 과정에서 중요한 과학 혁명이었다고 평가했다.

뒤페 역시 전기를 유체라고 생각했는데, 그는 1733년에 전기 유체에는 유리전기와 수지전기가 있다는 두 유체설을 주장했다. 대전된 유리 막대는 가까이 있는 코르크 조각을 끌어당긴다. 하지만 대전된 유리 막대를 코르크와 접촉시킨 뒤에는 유리 막대가 코르크를 밀어냈다. 뒤페는 이러한 현상을 보고, 두 가지 전기 유체를 같은 양으로 가지고 있는 중성의 물체는 대전체에 끌려오지만 대전체와 접촉해 두 가지 전기 유체 사이의 균형이 깨지면 서로 밀어낸다고 설명했다.

프랑스의 가톨릭 수도사로 수도원장을 지내기도 했으며, 전기 실험에도 관심이 많았던 장 앙투안 놀레Jean Antoine Nollet, 1700~1770도 전기

유황 구를 회전시켜 발생시킨 마찰전기로 전기 전도 실험을 하고 있다. 1767년 놀레의 책 『물리학 수업』에 실린 그림.

와 전류에 대한 여러 가지 새로운 사실을 알아냈다. 수도원에서 생활하면서 여가 시간을 이용하여 전기를 연구하던 놀레는 뒤페와의 교류를 통해 과학과 전기에 대한 관심이 더욱 커졌다. 놀레는 도체의 날카로운 부분이 전기 방전에서 중요한 역할을 한다는 것을 밝혀내기도 했다. 이것은 후에 피뢰침을 만드는 데 응용되었다.

놀레는 또한 연기나 수증기 속에서 전기가 어떻게 흐르는지를 연구했고, 전하가 액체의 증발에 어떤 영향을 주는지 그리고 식물이나 동물에 어떤 영향을 주는지에 대해서도 연구했다. 대전체 사이에 작용하는 척력과 인력을 이용하여 전하량을 측정하는 검전기를 만들기도 했다. 이러한 연구 업적으로 놀레는 1758년에는 프랑스 과학 아카데미의 종신회원이 되었으며, 1760년에는 파리 대학의 실험 물리학 교수가 되었다.

1700년대에 이루어진 그레이나 뒤페 그리고 놀레의 실험은 전기 현상에 익숙한 현대인의 눈으로 보면 매우 간단한 실험들이다. 그러나 전기가 무엇인지 몰랐던 당시로서는 이런 간단한 실험들도 전기의 실체를 밝히는 데 큰 도움이 되었다.

최초의 전기 저장 장치, 라이덴병의 발명

1700년대 중반까지는 전기 실험에 유황 구 전기 발생 장치를 써서 발생시킨 전기를 이용했다. 그러나 마찰을 이용하는 발전기로는 실험에 필요한 충분한 전기를 얻을 수 없었을 뿐만 아니라, 만들어 낸 전기를 저장했다가 사용할 수도 없었다. 18세기 과학자들은 전기가 물체를 통해 흘러가는 유체라고 여겼으므로 이 유체를 그릇에 담아 둘 수 있을 것이라고 생각했다. 따라서 병과 같은 그릇에 전기를 모아두는 방법을 찾고자 노력했다.

전기를 저장했다가 사용할 수 있는 축전기인 라이덴병을 발명한 사람은 네덜란드의 피터르 판 뮈스헨부르크Pieter van Musschenbroek, 1692~1761와 독일의 에발트 폰 클라이스트Ewald Jürgen von Kleist, 1700~1748였다. 1745년에서 1746년 사이에 만들어진 라이덴병은 이전에는 할 수 없었던 여러 가지 전기 실험을 가능하게 만들었다. 라이덴병은 1700년대에 만들어진 전기 관련 발명품 중 가장 중요한 물건이었다.

뮈스헨부르크는 1692년에 네덜란드 라이든에서 공기 펌프, 현미경, 망원경과 같은 과학기기를 제조하여 팔던 상인의 아들로 태어났다. 그는 1715년에 라이든 대학에서 의학으로 박사학위를 받고 한동안 영국과 독일에 머물기도 했다. 네덜란드로 돌아온 후에는 라이든 대학에서 강의하면서 열에 관한 실험을 했고, 금속의 팽창을 이용하여 높은 온도를 측정하는 온도계를 고안하기도 했다. 뮈스헨부르크가 무엇보다 열심히 연구한 것은 전기였다.

뮈스헨부르크는 전기 모으는 방법을 알아내기 위해 유황 구 전기 발생 장치로 발생시킨 전기를 유리병에 모으는 실험을 했다. 그는 물을 반쯤 채운 유리병을 오른손에 들고, 유황 구 전기 발생 장치에 연결되어 있는 철사의 한 끝을 유리병 안의 물에 담근 후 전기 발생 장치를 돌렸다. 하지만 아무 일도 일어나지 않았다. 사실은 전기 발생 장치를 돌리는 동안에 발생한 마찰전기가 유리병 안에 저장되었지만, 몸을 통해 전류가 흐르지 않았기 때문에 그는 아무것도 느끼지 못했던 것이다. 그러나 전기 발생 장치의 회전을 멈추고 전기 발생 장치에 연결했던 철사를 왼손으로 잡는 순간 엄청난 충격을 받았다. 유리병 안에 저장되었던 전기가 뮈스헨부르크의 몸을 통해 한꺼번에 방전되었기 때문이다. 뮈스헨부르크는 후에 그때의 충격은 한 나라를 통째로 준다고 해도 다시 경험하고 싶지 않을 만큼 고통스러운 것이었다고 말했다.

뮈스헨부르크는 그처럼 고통스러운 경험을 대가로 지불하긴 했지만 덕분에 전기를 저장할 수 있는 라이덴병을 발명할 수 있었다. 라이덴병이라는 이름은 뮈스헨부르크를 기념하기 위해 그의 고향인 라이든의 이름을 따 놀레가 붙였다. 뮈스헨부르크는 자신의 실험 결과를 파리의 과학 아카데미에 보고했다. 뮈스헨부르크가 1746년 1월에 라틴어로 쓴 보고서는 놀레에 의해 프랑스어로 번역되었다. 그러나《철

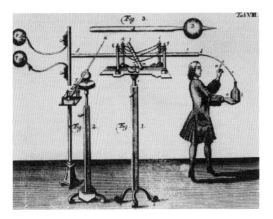
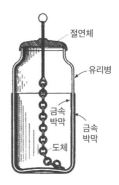

[왼쪽] 뮈스헨부르크로 보이는 한 인물이 라이덴병을 충전시키고 있다. 1746년 요한 하인리히 빈클러(Johann Heinrich Winckler) 그림. [오른쪽] 라이덴 병. 금속 박막 사이에 유전체인 유리가 끼워진 구조이다.

학회보》에 실린 편지의 날짜가 1746년이 아니라 1745년 2월 4일로 되어 있었다. 이 때문에 뮈스헨부르크가 라이덴병을 발명한 날짜가 논란이 되기도 했다. 아마도 편지를 번역할 때나 회보를 편집하는 과정에서 오류로 날짜가 잘못 기록되었던 것으로 보인다.

뮈스헨부르크와 라이덴병의 최초 발명자 자리를 놓고 논란을 벌였던 에발트 폰 클라이스트는 1700년에 독일 포메라니아에서 태어나 라이든 대학에서 공부하면서 과학에 관심을 가졌다. 대학을 졸업한 후에는 고향인 포메라니아로 돌아가 과학과는 관계없는 일을 시작했지만 미련을 버리지 못하고 다시 과학으로 돌아왔다. 당시 독일에서는 전기에 관한 관심이 커서 과학을 공부하는 사람이면 대부분 전기 실험을 하곤 했다. 1744년 1월에 문을 연 '베를린 과학 아카데미'에서도 전기에 관한 많은 실험이 행해졌다. 과학자들은 사람들 앞에서 유황 구 전기 발생 장치로 발생시킨 전기를 방전시켜 여러 가지 물질에 불을 붙이는 실험을 했고, 사람들은 이것을 보며 즐거워했다.

이에 고무된 클라이스트는 전기를 저장하는 방법을 알아내기 위한 연구를 시작했다. 저장되는 전기량이 물체의 질량에 비례할 것이라고 생각한 그는 대전체로 사용될 병을 무겁게 하기 위해 물을 채우고, 전하가 달아나는 것을 막을 수 있도록 병을 부도체로 둘러쌌다. 이렇게 하면 병 안에 모이는 전기량이 늘어날 것이라고 믿었다. 한 손으로 병을 들고 전기 발생 장치를 돌려서 병을 대전시킨 뒤, 다른 손으로 병 안의 물을 만졌을 때 클라이스트도 뮈스헨부르크와 마찬가지로 커다란 충격을 받았다. 그가 예상했던 것보다 훨씬 많은 전기가 병에 저장되어 있었던 것이다. 1745년 11월 4일에 얻은 이 실험 결과를 그는 베를린 아카데미에 보고했다.

라이덴병 발명에 대한 우선권 논쟁은 명확한 결론을 내리기 어려운 문제였다. 일부는 클라이스트가 최초로 라이덴병을 발명했다고 주장했고, 일부는 뮈스헨부르크에게 우선권이 있다고 주장했다. 그러나 결국은 두 사람이 비슷한 시기에 독립적으로 라이덴병을 발견한 것으로 인정받게 되었다. 그래서 한때는 이 축전기를 클라이스트의 이름을 따서 클라이스트병이라고 부르는 사람도 있었다. 하지만 일반적으로는 라이덴병이라고 한다.

라이덴병은 지금도 실험실에서 쓰인다. 현재 사용되는 라이덴병은 유리병의 안과 밖에 주석 박을 입히고, 병마개는 절연체로 만든다. 병마개에 뚫린 구멍을 통해 도체를 라이덴병 안으로 넣어 내부의 주석 박과 접촉시킨 뒤, 도체를 전원에 연결하면 전기가 도체를 통해 흘러들어 가 주석 박에 저장된다. 라이덴병에 전기를 저장해서 가지고 다니면서 실험을 할 수 있게 되자 전기 실험이 훨씬 수월해졌고, 전기에 대해 더 많은 것이 밝혀졌다. 유럽에서는 라이덴병에 저장된 전기로 불꽃을 만들어 보여 주거나 비둘기와 같은 동물을 죽이는 것을 보여 주고 돈을 받는 유랑 전기학자들이 나타나기도 했다.

라이덴병은 축전기의 일종으로, 전지와는 다른 방법으로 전기에너지를 저장한다. 전지는 화학반응을 이용하여 전기를 발생시키는 장치이다. 따라서 전지에는 전기에너지가 화학에너지의 형태로 저장된다. 그러나 축전기는 전기를 그대로 저장했다가 다시 꺼내 쓰는 장치이다. 전자가 한곳에 많이 모여 있으면 그곳에는 많은 전기에너지가 있다. 전기를 모아 둔다는 것은 전자를 한곳에 모아 둔다는 것과 같다. 그렇다면 병과 같이 커다란 그릇에 전자를 가득 담아 두었다가 꺼내 쓰면 되는 것이 아닐까? 처음 라이덴병을 발견한 사람들이 유리병을 사용한 것은 이처럼 생각했기 때문이었다. 그러나 음전하를 가진 전자를 그렇게 담아 둘 수는 없다. 같은 전기를 띠는 전자들은 서로 밀어내기 때문에 조금만 많이 모여도 다 튀어 나가기 때문이다. 그렇다면 전기를 모아 두기 위해서는 어떻게 해야 할까?

두 개의 금속판을 서로 붙지 않게 간격을 두고 나란히 배열한 뒤, 한쪽 금속판은 전원의 양극에 연결하고 다른 쪽 금속판은 전원의 음극에 연결한다. 그러면 양극에 연결된 금속판에서는 전자가 끌려 들어가고, 음극에 연결되어 있는 금속판에는 전자가 흘러와 쌓이게 된다. 쌓인 전자들이 서로 밀어내는 힘이 전원에서 전자를 밀어내는 힘과 같아질 때까지 금속판에 전자가 쌓인다. 다시 말하면, 금속판 사이의 전압이 전원의 전압과 같아질 때까지 금속판에 전기가 저장된다. 이렇게 두 금속판을 전원에 연결하여 전기를 충분히 저장한 다음 전원을 분리하면 금속판에 저장된 전기는 그대로 남는다. 전기가 저장되어 있는 두 금속판을 도선으로 연결하면 음극에 모여 있던 전자가 양극으로 이동하면서 전류가 흐른다. 따라서 축전기에 저장된 전기를 가지고 다니면서 전기 실험을 할 수 있다.

이때 마주 보는 금속판의 넓이가 넓으면 넓을수록 그리고 금속판 사이의 거리가 가까우면 가까울수록 더 많은 전기가 저장된다. 두 금속판 사이에 유전체를 끼워 넣으면 유전체의 분극 현상으로 인해, 같은 양의 전기가 저장되어도 전압이 낮게 유지되므로 축전기에 더 많은 전기를 저장할 수 있다. 뮈스헨부르크나 클라이스트의 실험에서는 유리병 안의 물과 유리병을 들고 있던 손이 서로 마주 보고 있는 도체 역할을 했고, 유리병은 유전체 역할을 했다.

축전기에 많은 양의 전기를 저장하려면 마주 보는 금속판의 넓이가 넓어야 하는데, 그렇게 되면 축전기의 크기가 커져 전자 제품의 부품으로 사용하기는 적합지 않다. 따라서 전자 제품의 부품으로 사용되는 축전기는 두 개의 금속 막 사이에 유전체 막을 끼워 돌돌 말아서 만든다. 그렇게 하면 마주 보는 금속판의 면적은 넓으면서도 두 금속판 사이의 거리는 가까워서 충전 용량을 크게 할 수 있다. 하지만 축전기에 저장할 수 있는 전기의 양에는 한계가 있다. 물론 축전기의 크기를 아주 크게 만들면 많은 전기를 저장할 수 있겠지만 그런 것은 실용적이지 못하다. 따라서 현재 전자 제품에 사용되는 작은 크기의 축전기들은 전기를 저장하는 용도보다는 전자 제품에 흐르는 전류를

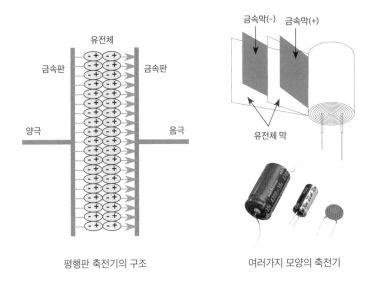

평행판 축전기의 구조   여러가지 모양의 축전기

조절하는 용도로 쓰인다.

　많은 전기에너지를 저장하는 데는 아직도 화학에너지 형태로 저장하는 전지가 이용되고 있다. 만약 많은 전기를 저장했다가 꺼내 쓸 수 있는 작은 크기의 축전기가 발명된다면 전기자동차와 같이 많은 전기를 사용하는 장치들의 사용이 훨씬 편리해질 것이다. 과학자들은 상온에서도 전기 저항이 0이 되는 상온 초전도체가 발명되면 많은 양의 전기를 저장할 수 있는 축전기를 만들 수 있을 것이라고 생각하고 있다.

번개도 전기 현상

1700년대 전기에 관한 연구에서 빼놓을 수 없는 사람이 벤저민 프랭클린Benjamin Franklin, 1706~1790이다. 그는 1706년 보스턴에서 양초를 만들어 파는 사람의 아들로 태어나 미국의 독립운동에 큰 공헌을 했다. 초대 대통령인 조지 워싱턴 다음으로 유명한 정치가로, 100달러짜리 지폐에 프랭클린의 초상화가 들어 있는 것만 보아도 미국에서 그의 정치적 위상을 짐작할 수 있다. 그는 대통령이 아니었던 인물로 지폐에 초상화가 사용된 두 사람 중 한 사람이다. 다른 한 사람은 10달러짜리 지폐에 들어 있는, 미국의 첫 재무부 장관이었던 알렉산더 해밀턴이다. 이러한 그의 정치적 업적에 가려져 정작 미국에서는 프랭클린의 과학 실험이 그다지 주목을 받지 못했다.

그러나 유럽에서 프랭클린은 정치가보다는 전기를 연구한 과학자로 더 많이 알려졌다. 프랭클린은 1740년대에 영국에서 유황 구 전기 발생 장치를 본 뒤로 전기에 관심을 가졌다. 그는 라이덴병에 대해서도 알게 되었다. 관찰력이 남달랐던 프랭클린은 라이덴병에 저장되었던 전기가 방전될 때 발생하는 불꽃을 보고, 번개와 벼락이 자연적으로 발생한 전기 불꽃이라고 생각했다.

그는 자신의 생각을 증명하기 위해 1752년, 21세이던 아들 윌리엄 프랭클린과 함께 구름 속으로 연을 날려 전기를 모으는 실험을 했다. 두 사람은 비바람에도 견딜 수 있도록 비단으로 연을 만들고, 연 위에 전기를 모을 수 있는 철사를 매달아 연을 비구름 속으로 날렸다. 노끈으로 만든 연줄 끝에는 열쇠를 매달았고, 열쇠에서부터는 잘 젖지 않도록 명주실을 연결해 손으로 잡았다. 잠시 후 연줄에 매달린 열쇠에 손가락을 가까이 가져가자 작은 불꽃이 튀었다. 연에 매단 철사에 모인 전기가 젖은 연줄을 타고 흘러 열쇠가 대전되었기 때문이었다. 그

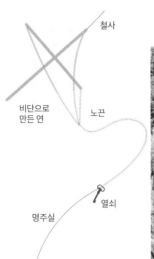

프랭클린의 번개 실험을 그린 1800년대 중반 그림.

는 열쇠 대신 라이덴병을 연결해 전기를 모아서 여러 가지 전기 실험을 하기도 했다. 이것으로 번개가 전기 작용이라는 것이 증명되었다.

프랭클린은 실험 결과를 바탕으로 벼락을 피할 수 있는 피뢰침을 만들었다. 전기의 위험성을 잘 알고 있던 프랭클린은 번개가 칠 때를 피해 비구름 속으로 연을 날려 실험을 했지만, 번개 치는 날 했더라면 목숨을 잃을 수도 있는 위험한 실험이었다. 이 실험으로 프랭클린은 과학자로서도 명성을 얻었다. 필라델피아에 있던 그의 집에는 전기 작용을 구경하려는 사람들이 몰려들었다고 한다.

프랭클린은 전기에 관한 용어를 정착시키는 데도 크게 기여했다. 그는 전기가 두 가지 유체가 아니라 한 가지 유체로 이루어져 있다는 단일 유체설을 주장했는데, 한 가지 전기 유체가 남아도느냐 아니면 모자라느냐에 따라 두 가지 성질을 나타낸다고 설명했다. 프랭클린은 남아도는 상태를 양전기, 모자라는 상태를 음전기라고 불렀다. 그

의미는 현재 우리가 사용하는 것과 달랐지만, 이처럼 양전기와 음전기라는 말을 처음으로 사용한 것도 프랭클린이다.

과학에 대해 체계적으로 교육을 받은 적이 없는 프랭클린이었지만 그는 전기에 대한 연구 업적으로 하버드, 예일, 윌리엄앤드메리 대학에서 명예박사학위를 받았다. 1753년에는 영국 왕립협회로부터 금메달을 받았으며, 1756년에는 왕립학회 회원이 되었다.

―――――

1600년대와 1700년대에 활동한 많은 과학자들의 노력으로 전기에 대해 많은 것이 밝혀졌다. 그러나 아직 전기에 관심을 가지고 있는 사람들은 과학자들뿐이었다. 신기한 전기 불꽃을 구경하고, 전기 충격을 직접 경험하기 위해 과학자의 실험실을 찾는 사람들도 있었지만 그런 사람들 역시 전기를 재미있는 장난감 이상으로 생각하지 않았다. 그러나 1700년대 후반에 일어난 두 가지 사건은 전기 시대로 한 발짝 다가가는 중요한 계기가 되었다. 하나는 프랑스의 샤를 오귀스탱 드 쿨롱이 쿨롱 법칙을 발견한 것이고, 다른 하나는 이탈리아의 알레산드로 볼타가 볼타전지를 발명한 사건이다.

3

전 기 에   관 한   기 본   법 칙 들

전기를 배우기 시작하다

전기에 대해 처음 배우기 시작한 게 언제였는지는 잘 생각이
나지 않는다. 초등학교에서는 배우지 않았던 것 같다. 전깃불도
못 본 학생들이 많던 시절에 초등학교에서 전기에 대해 가르쳤을
것 같지는 않다. 설사 가르쳤다고 해도 한 번도 보지 못한 전기를
우리가 제대로 이해할 수는 없었을 것이다.

초등학교 때는 글을 읽고 쓰는 것을 배운 기억이 전부다. 공부는
학교에서만 하는 것이라고 여겼기 때문에 집에서는 공부할 생각을
하지 않았다. 집에 바쁜 일만 있어도 학교에 가지 않는 학생들이
많아서 제대로 진도를 나가기도 어려웠다. 학교에서 멀리 떨어진
곳에 살았던 나는 학교에 가다가 중간에 냇가에서 물고기를 잡거나
산과 들에서 노는 일이 자주 있었다. 초등학교 1학년 때는 54번이나
결석을 했다. 마을 사람들이 나만 보면 반만 학교에 가는 애라고
놀렸던 것이 생각난다. 하지만 결석을 많이 했다고 부모님께
야단맞은 기억은 없다.

중학교 교과과정에는 물상과 생물이 들어 있었다. 생물 시간에

문교부 검정필
중학교과학과정
생활 과학
2-I
권영대
이길상 편

백영사

중학교 교과과정에는 물상과 생물이 들어 있었다.

물상 시간에 전기에 대해 공부했을 가능성이 크다. 전기 하면

가장 먼저 생각나는 것은 쿨롱의 법칙과 옴의 법칙이다.

사진은 1960년대 사용된 중학교 과학 교과서. 국립민속박물관 제공.

배운 것들은 어렴풋이 기억이 나는데, 물리와 화학에 관련된 내용이 있었던 물상 시간에는 무엇을 배웠는지 잘 생각이 나지 않는다. 물상 시간에 전기에 대해 공부했을 가능성이 크다. 그러나 물상을 가르치던 선생님의 얼굴과 반듯하게 쓰시던 칠판 글씨만 떠오를 뿐 선생님의 이름이나 배운 내용은 생각나지 않는다.

나는 중학교를 졸업하고, 그해 고등학교에 진학하지 못했다. 당시에는 고등학교가 턱없이 부족했기 때문에 고등학교 입학시험의 경쟁률이 매우 높았다. 하지만 그 때문에 내가 고등학교에 진학하지 못한 것은 아니었다. 나를 중학교에 보내시느라 시골에서 읍내로 나와 힘든 일을 하시던 어머니께서 내가 중학교를 졸업하던 달에 위암으로 돌아가셨기 때문이다. 그 뒤 나는 1년 동안 여러 가지 일을 하면서 보냈다. 한동안은 자전거를 이용해 시내에 있는 약품 도매상에서 약국으로 약을 배달하기도 했다.

길에는 자동차가 다니고 버스나 택시도 있었지만 자동차가 흔하지 않아 짧은 거리를 이동할 때는 주로 자전거를 이용하던 시절이었다. 그때는 자가용 자동차를 가진다는 것은 멀리 서울에 사는 부자들에게나 가능한 일이었다. 길은 자전거를 타는 사람들로 붐볐다. 주문받은 약을 배달하는 일은 모두 내 또래의 청소년들이 했다. 아침부터 하루 종일 자전거를 타고 시내를 누빈 배달원들은 저녁이 되면 합숙소에서 함께 잠을 잤다.

약품 배달원으로 일하고 있던 어느 날 형이 찾아와 고등학교 입학시험 준비를 하라고 했다. 나는 고등학교 진학을 포기하고 있었지만 형은 포기할 수 없었던 것 같다. 장래에 대해 별다른 생각이 없었던 나보다 형이 내 문제를 훨씬 더 많이 고심했던 것 같다. 결국 나는 초등학교 동창들보다 2년 늦게 고등학교에 진학하게 되었다.

고등학교에 진학해서는 1학년 때부터 아르바이트를 시작했다. 지금은 학생들도 다양한 아르바이트를 하지만 그때는 고등학생이 할 수 있는 일이 신문을 배달하거나 학생들을 가르치는 일밖에 없었다. 나는 주로 후배들을 가르치는 아르바이트를 했지만, 한때는 신문 배달을 함께 하기도 했다. 지금 생각하면 덩치가 나보다도 컸던 아이들이 한 학년 위인 내게 수학을 배우겠다고 왔던 것이 신기하다. 고등학교 2학년 때는 한 학년 아래 후배 집에서 생활하면서 후배의 공부를 도와주기도 했다. 고등학교 1학년 때 시작한 아르바이트는 내가 대학을 졸업할 때까지 계속되었다.

1970년대에는 대학에 가기 위해 먼저 예비고사에 합격해야 했다. 현재 시행하고 있는 수학능력시험의 전신이라고 할 수 있는 예비고사에서는 점수가 아니라 합격과 불합격만 가렸는데, 예비고사에 합격하지 못하면 아예 대학 입학시험을 볼 자격이 주어지지 않았다.

출산율이 매우 높던 시절이었다. 산아제한을 홍보하는 포스터에는, 우리나라 인구가 1년에 대구시의 인구만큼 늘어나고 있기 때문에 산아제한이 필요하다는 내용이 담겨 있었다. 당시 대구시의 인구는 약 80만이었고, 내가 고등학교를 다니던 1970년에 태어난 아기의 수는 100만이 넘었다. 반면에 1970년 대학 재학생 수는 20만 1436명으로, 입학 정원은 5만 명 정도에 불과했다. 한

해 출생자 수가 40만에 불과한데 대학 입학 정원이 50만 가까운 현재와는 상황이 크게 달랐다. 명문 대학이냐 아니냐를 떠나 대학에 진학한다는 것 자체가 매우 어려웠다.

대학 진학이 어려웠던 만큼, 지금과 마찬가지로 고등학교에서의 입시 공부는 매우 치열했다. 고등학교 교과과정은 지금처럼 국어, 영어, 수학이 핵심 과목이었다. 그러나 예비고사나 본고사에서 모든 과목을 시험 보았기 때문에 중요하지 않은 과목이 없었다. 과학은 지금과 마찬가지로 물리, 화학, 지구과학, 생물로 나누어 공부했다.

물리 교과서 내용은 지금의 교과서 내용과 별반 다르지 않았지만 더 어려운 계산 문제가 많이 실려 있었다. 물리 시간에는 전기에 대해서도 배웠다. 전기 하면 가장 먼저 생각나는 것이 쿨롱의 법칙과 옴의 법칙이다. 이 두 법칙은 지금도 고등학교 과학 교과서에 수록되어 중요하게 다뤄지고 있다. 그도 그럴 것이 이 두 법칙은 전기에 관한 기본 법칙으로 전기 문명의 발전 과정에서 매우 중요한 발견이었기 때문이다.

쿨롱 법칙의 발견

쿨롱의 법칙은 지금부터 약 250년 전에 프랑스의 토목기사였던 샤를 오귀스탱 드 쿨롱Charles Augustin de Coulomb, 1736~1806에 의해 발견되었다. 쿨롱은 프랑스의 마자랭 대학에서 수학과 천문학, 식물학을 공부하고, 1761년에 공학 기술자로 군에 입대하여 장교가 되었다. 서인도 제도에 있는 프랑스령 마르티니크에서 오랜 기간 군에 복무하는 동안 쿨롱은 진지를 설계하여 건축하고 도로나 다리를 건설하는 일을 했다. 이후 프랑스로 돌아온 쿨롱은 역학 연구를 시작하여 1773년에 첫 번째 논문을 프랑스 과학 아카데미에 제출했다. 구조 분석, 기둥의 균열과 같은 토목공학의 문제들을 미분과 적분을 이용하여 분석한 그의 논문은 과학 아카데미에서 높은 평가를 받았다. 1777년에는 과학 아카데미에서 공모한 나침반 제작법에 응모했는데, 이것을 계기로 전기 관련 연구에 관심을 가지게 되었다.

1781년부터 쿨롱은 전하 사이에 작용하는 힘을 연구하기 시작했다. 그는 먼저 전하 사이에 작용하는 힘을 정밀하게 측정할 수 있는 장치를 고안했는데, 철사가 비틀리는 정도를 이용해 힘의 세기를 측정하는 비틀림 저울이었다. 비틀림 저울로 전하 사이에 작용하는 힘을 정밀하게 측정한 쿨롱은 같은 종류의 전하 사이에 작용하는 반발력과 다른 종류의 전하 사이에 작용하는 인력의 세기 모두, 두 전하의 전하량의 곱에 비례하고 두 전하 사이 거리의 제곱에 반비례한다는 것을 알아냈다.

1687년에 뉴턴이 발표한 중력 법칙에서는 물체 사이에 작용하는

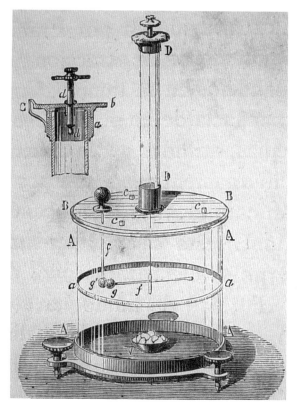

쿨롱의 비틀림 저울. 철사(f)가 비틀리는 정도를 이용해 전하(g와 g')
사이에 작용하는 작은 힘도 정확하게 측정할 수 있다. A는 유리 원통,
a가 유리 원통에 표시된 눈금이다.

중력의 세기가 두 물체의 질량의 곱에 비례하고, 두 물체 사이의 거리 제곱에 반비례했다. 쿨롱이 알아낸 전하 사이에 작용하는 전기력도 전하량의 곱에 비례하고, 전하 사이 거리의 제곱에 반비례했다. 이것은 전기력에 적용되는 법칙과 중력 법칙이 같은 형태의 식으로 표현된다는 것을 의미했다. 쿨롱은 전기력과 중력을 같은 형태의 식으로 나타낼 수 있다는 사실에 큰 의미를 부여했다. 자연의 조화를 생각하는 과학자들에게 그런 일치는 자연을 설명하는 보편 법칙을 발견했다는 증거로 여겨졌기 때문이다.

1785년과 1791년 사이에 쿨롱은 전기와 자기의 성질을 설명하는 일곱 편의 논문을 과학 아카데미에 제출했다. 이 논문에는 거리 제곱에 반비례하는 전기력에 관한 내용을 비롯해 도체와 부도체의 성질, 전기력의 작용 원리에 대한 설명이 포함되어 있었다. 쿨롱은 물질에는 완전한 도체나 부도체가 존재하지 않으며, 전기력은 뉴턴이 제안한 중력과 마찬가지로 원격 작용에 의해 작용한다고 설명했다.

전하 사이에 작용하는 전기력의 세기를 전하량과 전하 사이의 거리를 이용하여 나타낸 쿨롱의 법칙을 식으로 표현하면 다음과 같다.

$$\text{전기력} = \text{비례상수} \times \frac{\text{전하량}_1 \times \text{전하량}_2}{(\text{거리})^2}$$

아마 고등학교에서 물리를 공부한 사람들은 다음과 같이 기호를 이용하여 나타낸 쿨롱의 법칙이 더 익숙할 것이다.

$$F = k \frac{Q_1 Q_2}{r^2}$$

이 식에서 비례상수 k는 1쿨롱의 전하를 가진 물체가 1미터 떨어져 있을 때 이 물체들 사이에 작용하는 전기력이 약 90억 뉴턴ᴺ이라는 것을 나타내는 상수이다. 뉴턴은 힘의 크기를 나타내는 단위로 1킬로그램의 물체를 들어 올리는 힘은 약 10뉴턴이다. 1쿨롱의 전하를 가지고 있는 두 물체 사이의 거리가 10센티미터로 줄어들면 힘의 크기는 100배가 커져서 9000억 뉴턴이 된다. 1쿨롱의 전하량이 작은 양이 아니라는 것을 알 수 있다.

전하량의 기본 단위는 전자의 전하량이다. 즉, 모든 전하량은 전자가 가지고 있는 전하량의 정수 배로만 나타난다. 그럼 전자 하나와 양성자 하나가 수소 원자의 반지름인 0.05나노미터 떨어져 있을 때 작용하는 전기력의 세기는 얼마나 될까? 전하량과 거리를 쿨롱의 법칙에 대입해 계산해 보면 양성자와 전자 사이에는 9.22×10^{-8} 뉴턴의 인력이 작용한다는 것을 알 수 있다. 그렇다면 전자와 양성자 사이에 작용하는 중력의 세기는 얼마나 될까?

뉴턴이 발견한 중력 법칙을 수식으로 나타내면 다음과 같다.

$$F_g = G \, \frac{m_1 m_2}{r^2}$$

전자의 질량m_1은 9.1×10^{-31} 킬로그램이고, 양성자의 질량m_2는 1.6×10^{-24} 킬로그램이며, 중력상수 G는 $6.6 \times 10^{-11} Nm^2/kg^2$이다. 수치를 대입하여 계산해 보면, 양성자와 전자 사이에 작용하는 중력의 세기는 약 3.84×10^{-44} 뉴턴이 된다. 이것은 전자와 양성자 사이에 작용하는 전기력에 비해 무시할 수 있을 정도로 작은 값이다.

원자보다 작은 입자들 사이에도 전기력과 함께 중력이 작용하고 있지만, 전기력이 중요한 역할을 하는 까닭은 입자들 사이에 작용하는 중력이 전기력에 비해 이렇게 약하기 때문이다. 따라서 원자나 분자 세계에서는 전기력이 모든 것을 결정한다. 원자나 분자의 화학적 성질을 결정하는 것도 전기력이다. 그러니까 우리 주위에 있는 물질들 사이의 상호작용은 모두 전기력이 지배한다. 따라서 쿨롱의 법칙을 통해 전기력을 정량적으로 계산할 수 있게 되었다는 것은 물질의 구조와 상호작용을 제대로 이해하기 시작했다는 의미이다.

한편, 중력은 전기력에 비하면 아주 약한 힘이지만 우주로 나가면 이야기가 달라진다. 천체들은 전기적으로 중성이기 때문에 천체들 사이에는 전기력이 작용하지 않고 중력만 작용한다. 중력은 척력과 인력이 있는 전기력과는 달리 항상 인력으로만 작용하기 때문에 질량이 큰 천체 사이에는 큰 중력이 작용한다. 따라서 중력은 우주의 구조와 진화 과정을 지배하는 힘이 되었다.

그런가 하면, 원자보다 훨씬 더 작은 원자핵의 세상에서는 중력은 물론이고 전기력도 별로 중요하지 않다. 원자핵을 이루고 있는 양성자와 중성자들 사이에는 전기력보다도 훨씬 강한 힘인 핵력이 작용하기 때문이다. 그러니까 전기력은 원자핵보다는 크고 천체들보다는 작은 세상을 지배하는 힘이다. 이런 세상은 우리의 일상생활과 밀접한 관계가 있는 세상이다. 전기력이 우리에게 가장 중요한 것은 이 때문이다.

볼타전지의 발명

쿨롱이 쿨롱 법칙을 발견하기 위한 실험을 하고 있을 무렵, 이탈리아의 볼로냐 대학 해부학 교수 루이지 갈바니Luigi Aloisio Galvani, 1737~1798도 전기 문명의 역사에서 중요한 의미를 갖는 실험을 하고 있었다. 1737년에 볼로냐에서 태어난 갈바니는 신학을 공부한 후 수도원에 들어가고 싶었지만 아버지의 권유를 받아들여 의학을 공부했다. 의학을 공부하면서 과학도 함께 공부한 그는 1759년 같은 날에 의학과 철학에서 두 개의 학사학위를 받았고, 3년 후인 1762년에는 의학박사 학위를 받았다. 그리고 볼로냐 의과대학의 해부학 교수 겸 자연과학대학의 교수가 되었다.

갈바니는 많은 실험을 통해 명성을 쌓았지만 그를 유명하게 만든 것은 1786년에 한 개구리 해부 실험이다. 그는 죽은 개구리 다리에 전기를 흘려 주면 개구리 다리가 움직인다는 것을 알아냈다. 이 현상을 자세하게 조사하던 그는 개구리 다리에 전기를 흘리지 않고 해부용 나이프로 개구리 다리를 건드리기만 해도 개구리 다리가 움직이는 것을 발견했다. 더 상세한 실험을 통해 그는 개구리를 구리판 위에 놓거나 구리 철사로 매단 뒤 철로 만든 해부용 칼로 개구리 다리를 건드릴 때 개구리 다리가 움직인다는 것을 알게 되었다. 또한 비가 오고 천둥과 번개가 치는 날 철로 만든 갈고리에 꿰어 공중에 매달아 놓은 개구리 다리가 움직이는 것도 발견했다.

갈바니는 자신의 발견을 발표하지 않고 미루다가 1791년이 되어서야 「전기가 근육 운동에 끼치는 효과에 대한 고찰」이라는 제목의 논문을 발표했다. 이 논문에서 갈바니는 동물의 근육은 동물전기라고 부르는 생명의 기를 가지고 있다고 주장했다. 그는 동물의 뇌는 동물전기가 가장 많이 모여 있는 곳이며 신경은 동물전기가 흐르는 통로라고 믿었고, 신경을 통해 흐르는 동물전기가 근육을 자극하여 근육이 움직이게 된다고 설명했다.

이런 사실이 알려지자 많은 사람들이 개구리를 가지고 실험을 하기 시작했다. 사람들이 개구리 다리 실험을 많이 하는 바람에 한동안 유럽의 개구리 수가 줄어들었다는 이야기도 전해진다. 이 이야기가 사실인지 확인할 수는 없지만 그만큼 많은 사람들이 개구리로 실험을 했다는 것을 알 수 있다.

당시 갈바니가 발견한 동물전기에 관심을 가졌던 사람 중에는 갈바니와 가깝게 지낸 파비아 대학의 알레산드로 볼타Alessandro Volta, 1745~1827도 있었다. 갈바니보다 8년 늦은 1745년에 이탈리아에서 태어난 볼타는 네 살이 될 때까지도 말을 할 줄 몰라 그의 부모는 그가 다른 아이들보다 발육이 더딘 아이라고 생각했다. 그러나 일곱 살 이후 볼타는 다른 아이들보다 오히려 지능이 더 빨리 발달했다.

아버지는 볼타가 신부가 되기를 원했고, 아버지가 죽은 뒤 볼타를 보살펴 준 삼촌은 그가 법률을 공부하기를 원했지만 볼타는 초등 교육을 마친 다음 학교를 그만두고 독학으로 전기에 대한 연구에 몰두했다. 대학 교육을 받지 않았지만 그는 열여덟 살 때 이미 전기 분야에서 명성을 떨치던 유럽의 학자들과 교류했다. 프랑스의 놀레와도 교류했는데 놀레는 볼타의 연구에 많은 도움을 주었다. 공부할 내용이 많은 오늘날에는 독학으로 과학을 공부하여 유명한 과학자들과 교류한다는 것은 불가능에 가깝지만 아직 전기에 대한 연구가 초기 단계였던 18세기 말에는 그것이 가능했다. 전기에 대한 연구로 명성을 얻은 볼타는 스물여덟 살이 되던 1774년에 코모 국립학교의 감독관이 되었고, 곧 파비아 대학의 실험물리학 교수가 되었다.

1791년에 갈바니가 발표한 논문을 읽은 볼타는 개구리 다리의 근육이 동물전기로 움직였다는 갈바니의 설명을 확인하기 위해 개구리 다리를 이용한 전기 실험을 여러 가지로 다시 해 보았다. 그는 곧 새로운 사실을 발견했다. 개구리 다리의 한쪽을 구리판에 대고 다른 쪽에 철로 된 칼을 대면 개구리 다리가 움직이지만, 양쪽에 같은 종류의 금속을 대면 개구리 다리는 움직이지 않았다. 그래서 그는 개구리 다리에 흐르는 전류는 개구리 다리에서 생긴 것이 아니라 두 가지 서로 다른 금속 때문에 생긴 것이 아닐까 생각했다. 볼타는 실험을 통해 구리판과 철로 된 칼 사이에 소금물에 적신 종이를 끼워 넣어도 전기가 흐른다는 것을 알아냈다. 동물전기가 따로 있는 것이 아니라 두 가지 다른 종류의 금속이 전기를 발생시켰던 것이다.

볼타는 이 원리를 이용하여, 1800년에 볼타 파일이라고도 하는 볼타전지를 발명했다. 볼타전지는 아연판과 구리판을 번갈아 쌓고 각각의 판 사이에 소금물에 적신 천을 끼워 넣은 것이다. 누구나 쉽게 만들 수 있기 때문에 요즘도 초등학교나 중학교 실험실에서 볼타전지를 만들어 보는 실험을 하곤 한다. 볼타가 발명한 전지는 많은 사람들로부터 좋은 평판을 받아 유럽 전역에 볼타의 이름을 알렸다. 1801년에는 파리의 나폴레옹 황제 앞에서 볼타전지를 이용해 물을 전기 분해하는 실험을 하기도 했다. 이 실험으로 그는 많은 상금과 훈장을 받았고, 1810년에는 백작의 작위까지 받았다.

볼타전지의 발명은 마찰을 이용하지 않고 화학적 방법으로 전기를 발생시킬 수 있게 되었다는 것을 뜻했다. 볼타전지는 오랫동안 안정적으로 흐르는 전류를 발생시킬 수 있었기 때문에 전기 실험 연구에 큰 도움이 되었다. 1800년대에 수행된 중요한 전기 실험은 모두 볼타전지를 이용해 이루어졌다. 볼타전지는 화학 분야의 발전에도 크게 기여했다. 영국의 화학자였던 험프리 데이비는 1803년에 볼타전지를 이용한 전기분해법으로 여러 가지 금속을 분리하는 데 성공했고, 1807년에는 칼슘, 스트론튬, 바륨, 마그네슘을 분리했다. 이렇게 볼타전지 덕분에 전기화학이라는 새로운 학문 분야가 탄생했다.

요즘 사용하는 여러 가지 전지의 원리는 모두 볼타전지가 작동하는 원리와 같거나 유사하다. 가장 간단한 볼타전지는 황산 용액 속에 구리판과 아연판을 담그고 두 판을 도선으로 연결한 것이다. 황산 용액 속에는 양전하를 띤 수소이온과 음전하를 띤 황산이온이 들어 있다. 여분의 전자를 가지고 있는 황산이온이 아연과 결합하면서 전자를 내놓으면, 이 전자들이 도선을 통해 양극으로 흘러가 수소이온과 결합하여 수소 기체를 발생시킨다.

이렇게 음극에서는 전해액 속의 이온과 금속이 결합하면서 전자를 내놓고, 이 전자가 도선을 통해 양극으로 흘러가 전자가 모자라는 양이온과 결합하는 것이 볼타전지이다. 따라서 볼타전지는 이온을 포함하고 있는 전해액 속에 두 가지 다른 금속을 넣기만 하면 만들 수 있다. 오렌지에 두 가지 다른 금속 막대를 꽂고 두 금속 막대를 연결한 도선 사이에 꼬마전구를 연결하면 꼬마전구에 불이 켜진다. 오렌

나폴레옹 황제 앞에서 전기 실험을 하는 볼타. 탁자 위에 볼타 파일이라고도 하는 볼타전지가 보인다. 작자 미상.

볼타 파일(볼타전지)

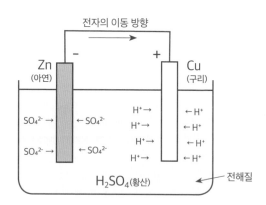

전자의 이동 방향

Zn (아연)   −   +   Cu (구리)

SO_4^{2-} →   ← SO_4^{2-}   H^+ →   ← H^+

                         H^+ →   ← H^+

SO_4^{2-} →   ← SO_4^{2-}   H^+ →   ← H^+

                         H^+ →   ← H^+

H_2SO_4(황산)   전해질

볼타전지는 전해질에 전기적 성질이 다른 두 금속을 꽂아 만든다.

지 과즙이 전해액으로 작용하기 때문이다. 두 가지 다른 종류의 금속을 약간 떨어지게 해서 혀에 대 보면 약하게 전류가 흐르는 것을 느낄 수 있다. 이때는 침이 전해액 역할을 한다.

우리는 일상생활을 하면서 여러 가지 전지를 사용하고 있다. 자동차의 시동을 걸기 위해 쓰는 커다란 전지에서부터 시계나 카메라에 사용하는 작은 단추 모양의 전지에 이르기까지, 전지의 종류와 형태는 다양하다. 하지만 모든 전지에는 두 가지 공통점이 있다.

하나는, 모든 전지에는 종류가 다른 두 종류의 물질이 전극으로 사용되고 있다는 것이다. 전지에 따라 다르지만 아연과 구리, 탄소와 구리같이 서로 다른 물질이 음극과 양극으로 사용되고 있다. 이렇게 두 가지 서로 다른 물질이 필요한 이유는 물질에 따라 전자를 내놓거나 받아들이는 성질이 다르기 때문이다.

모든 전지의 또 다른 공통점은 두 극 사이에 이온을 포함하고 있는 전해액이 들어 있다는 것이다. 음극에서는 전해액 속의 이온과 결합하면서 전자를 내놓고 양극에서는 이 전자를 받아들인다. 가정에서 많이 사용하는 건전지나 손목시계 등에 쓰이는 단추 모양의 전지에는 액체 대신에 액체를 풀처럼 만들어서 흘러나오지 않도록 만든 전해액이 들어 있다. 이런 전지들은 전해액이 흘러나와 물체를 부식시키거나 망가트리는 것을 방지하기 위해 완전히 밀봉되어 있다. 전지를 오래 사용하면 전해액에 포함되어 있는 이온이 서서히 줄어들어 점차 전류를 발생시키기 힘들어진다.

전지 중에는 자동차에 사용되는 전지나 스마트폰에 사용되는 전지처럼 다시 충전하여 쓸 수 있는 충전지도 있다. 충전지는 전류를 반대 방향으로 흐르게 하면 반대 방향의 화학반응이 진행되어 물질이 전기를 발생시키기 이전의 상태로 돌아간다. 스마트폰의 전지에는 음극에 리튬을 사용한 리튬전지가 주로 사용된다.

논란이 많았던 옴의 법칙

전기에 대해 배우기 시작할 때 가장 먼저 배우는 법칙이 옴의 법칙이다. 전압과 전류 그리고 저항 사이의 관계를 나타내는 옴의 법칙을 알아낸 사람은 독일의 게오르크 시몬 옴Georg Simon Ohm, 1789~1854이다. 열쇠 수리공이었던 옴의 아버지는 정식 교육을 받은 적이 없었지만 독학으로 수학과 과학을 공부해 과학 지식이 상당한 수준이었다. 옴의 형제들은 아버지로부터 수학과 과학에 대해 학교에서 배운 것보다 더 많은 것을 배웠다. 옴은 에를랑겐 대학에 입학했지만 학비를 대기가 어려워 3학기를 다니고는 더 이상 학교를 다닐 수가 없었다. 대학을 그만둔 옴은 스위스에 가서 수학 교사로 일했다. 하지만 옴은 학교 교사와 개인교습을 하면서도 혼자 수학을 계속 공부하여 박사학위 논문을 제출했고, 1811년 마침내 에를랑겐 대학에서 수학 박사학위를 받는다.

박사학위를 받고 고등학교 교사로 자리를 잡은 옴은 수학과 함께 물리학도 가르쳤다. 옴이 물리 실험에 관심을 가지게 된 것은 이때부터였다. 그는 뛰어난 소질을 발휘해서 스스로 정밀한 실험 도구를 만들어 여러 가지 실험을 했다. 옴은 특히 전기 실험에 관심이 많았다. 당시에 전기가 물리학의 새로운 분야로 떠오르면서 전기 실험을 통해 새로운 사실들이 속속 밝혀지고 있었기 때문이다. 여러 가지 금속의 전기 전도도가 실험을 통해 결정된 것도 이때였다. 학생들을 가르치면서 수학과 물리학을 공부하던 옴은 1825년, 한 해 동안 다른 모든 일을 접고 전기 실험에 전념하기로 했다.

옴의 목표는 그때까지 해 온 실험을 체계적으로 정리하여 논문으로 발표하고 학계의 인정을 받아 대학 교수가 되는 것이었다. 옴은 볼타전지에 연결된 도선에 흐르는 전류의 세기를 측정하는 일부터 시작했다. 그는 쿨롱이 사용했던 것과 비슷한 비틀림 저울을 이용하여 전류의 세기를 측정했다. 다음으로 옴은 전류의 세기와 도선의 길이 사이의 관계를 알아보는 실험을 했다. 그는 같은 굵기의 도선에 같은 크기의 전류가 흐르게 하려면 도선의 재료에 따라 길이가 달라야 한다는 것을 알아냈다. 같은 크기의 전류가 흐르는 도선의 길이가 재료에 따라 달라진다는 것은 물질에 따라 전기 저항이 다르다는 뜻이다.

게오르크 시몬 옴과 그의 실험 노트. 옴의 법칙이 적힌 최초의 기록이다. 노트는 독일박물관 (Deutsches Museum) 소장.

그는 동일한 도선을 사용할 경우 전원의 세기에 따라 전류가 달라진다는 사실도 밝혀냈다. 옴은 이러한 실험 결과를 모아 1826년에 두 편의 중요한 논문을 발표했다. 그 결과들은 옴의 법칙을 이끌어 내기에 충분했다. 옴의 법칙은 1827년에 출판된 『수학적으로 분석한 갈바니 회로』라는 책에 실려 있다.

'물체에 흐르는 전류의 세기는 전압에 비례하고 저항에 반비례한다'는 것이 옴의 법칙이다. 고등학교 물리 교과서에서는 옴의 법칙을 다음과 같은 식으로 나타내고 있다.

$$\text{전류} = \frac{\text{전압}}{\text{저항}} \qquad\qquad I = \frac{V}{R}$$

$$\text{전압} = \text{전류} \times \text{저항} \qquad\qquad V = IR$$

어찌 보면 옴의 법칙은 매우 간단하면서도 쉽게 이해할 수 있는 법칙처럼 보인다. 고등학교에서 이 법칙을 배운 학생들은 별 어려움 없이 전압, 전류, 저항 중 두 가지 값이 주어지면 나머지 한 가지 값을 계산해 낸다. 그러나 그 당시 독일 과학계에서는 옴의 법칙을 인정하지 않았다. 아직 저항이나 전압이 정확하게 정의되어 있지 않았던 시기로, 독일의 과학자들은 전압과 전류가 서로 관계없는 양이라고 생각했기 때문이다.

이러한 오해의 흔적은 전압이라는 단어에서도 발견할 수 있다. 전압electric pressure이라는 말을 그대로 해석하면 전기의 압력이라는 뜻이다. 압력은 단위 면적에 작용하는 힘을 뜻한다. 따라서 전기에너지의 차이를 전압이라고 부르는 것은 적절한 표현이 아니다. 물리학 교재에서는 전압을 두 지점의 전기 위치에너지의 차이라는 뜻으로 전위차電位差라고도 하는데, 전압보다는 전위차가 실제 의미에 더 잘 맞는 용어이다.

옴의 법칙은 전류와 전압 그리고 저항 사이의 관계를 나타내는 법칙이라고 할 수 있지만, 동시에 전압이나 저항에 대한 새로운 정의라고도 볼 수 있다. 독일 과학자들은 그들이 알고 있는 것과는 다른 정의를 포함하고 있었기에 옴의 법칙을 받아들이려고 하지 않았다. 당시 독일을 통치하던 프러시아의 교육부는 옴의 법칙을 잘못된 이론이라고 규정하고 가르치지 못하게 했으며, 과학자 중에는 옴의 법칙을 자연의 권위에 대한 도전이라고 혹평하는 사람도 있었다.

옴의 법칙이 독일 과학계에서 인정받지 못한 까닭을 과학이 아닌 다른 곳에서 찾는 사람들도 있다. 옴이 당시 독일 과학계에서 영향력이 컸던 사람들과 자주 논쟁을 벌였기 때문이라는 것이다. 또 다른 사람들은 그 시대의 다른 독일 실험 과학자들과 달리 옴이 전기와 관련된 문제를 수학적으로 접근했기 때문이라고 한다. 그런가 하면 당시 대부분의 독일 과학자들이 받아들이고 있던 헤겔 철학을 옴이 반대했기 때문이라고 주장하는 사람들도 있다. 전기 현상과 아무런 관계가 없는 헤겔 철학이 옴의 법칙을 받아들이는 데 장애가 되었다는 것은 재미있는 일이다. 과학의 발전에는 이처럼 과학 외적인 요소가 영향을 주는 경우도 종종 있다.

어찌된 일이든, 자신의 연구 결과가 독일 과학계에서 받아들여지지 않자 옴은 크게 실망하여 모든 공식적인 직책을 버렸다. 그 뒤 수학 개인교습으로 생계를 잇던 옴은 1833년에야 뉘른베르크 공업학교의 교사 자리를 구한다. 그러나 옴의 연구는 외국에서부터 인정받기 시작했다. 당시로서는 세계에서 가장 강한 전자석을 만든 미국의 조지프 헨리Joseph Henry, 1797~1878가 옴의 연구 업적을 높이 평가했고, 프랑스의 과학자들도 옴의 업적을 인정하기 시작했다. 1841년에는 영국 왕립협회가 옴에게 코플리상을 수여하고, 그를 외국인 회원으로 받아들였다. 코플리상은 당시의 과학자들이 받을 수 있는 가장 명예로운 상이었다. 그러자 베를린 과학 아카데미에서도 그를 회원으로 받아들였다. 일생의 대부분을 적은 월급을 받는 교사직에 있으면서 전기에 대한 연구를 계속했던 옴은 죽기 5년 전인 1849년에야 일생 동안 원해 마지않던 뮌헨 대학의 교수가 될 수 있었다. 후에 그의 업적을 기리기 위해 전기 저항의 크기를 나타내는 단위를 옴Ω이라고 부르게 되었다.

옴의 법칙에서 전압은 전기적 위치에너지를 나타낸다. 높은 곳에 있는 물체는 낮은 곳에 있는 물체보다 더 큰 위치에너지를 가지고 있다. 높은 곳에 있는 물은 위치에너지가 크기 때문에 아래로 흘러내리면서 물레방아를 돌릴 수 있다. 물레방아는 물의 위치에너지를 동력, 즉 운동에너지로 바꾸는 장치이다. 전기를 띤 물체 역시 위치에 의해 결정되는 전기적 위치에너지를 갖는다. 예를 들어 양성자로부터 가까이 있는 전자보다 멀리 있는 전자가 더 큰 전기적 위치에너지를 갖고 있다. 따라서 원자핵에서 멀리 떨어져 있는 전자가 원자핵에 가까이 다가가면 위치에너지의 차이만큼 에너지를 방출한다. 반대로 원자핵에 가까이 있는 전자가 멀리 떨어진 곳으로 가려면 에너지를 흡수해야 한다.

마찰에 의해 전자가 한곳에 많이 쌓이면 그 지점의 전기적 위치에 너지가 높아진다. 이런 전자들은 위치에너지가 낮은 곳으로 흘러가 려고 한다. 옴의 법칙에 의하면 전류의 세기는 두 지점의 위치에너지 차이에 비례한다. 전압의 크기를 나타내는 단위는 볼타전지를 발명 한 알레산드로 볼타를 기념하여 볼트ᵛ라고 부른다. 1볼트의 전압은 1 쿨롱의 전하량이 이동했을 때 1줄ᴶ(1J은 무게가 1kg중인 물체를 1m 들어 올리 는 데 필요한 일의 양)의 일을 할 수 있는 전기에너지의 차이를 나타낸다.

도체, 반도체, 부도체를 결정하는 전기 저항

전류의 세기는 전기 저항에 따라 달라진다. 전기 저항은 두 지점을 연결한 도선을 전자가 얼마나 수월하게 지나갈 수 있는지를 나타내 는 값이다. 모든 물질은 전기 저항의 크기를 기준으로 도체, 부도체, 반도체로 나눌 수 있다. 부도체는 나무나 돌멩이 그리고 플라스틱과 같이 전기 저항이 커서 전류가 흐르기 어려운 물질이다. 반면 도체는 금속과 같이 저항이 작아서 전류가 잘 흐르는 물질이다. 반도체는 전 기 저항이 도체와 부도체의 중간 정도이다.

전기 저항은 물질의 종류에 따라 다르지만 물체의 단면적이나 길 이에 의해서도 달라진다. 따라서 물질의 전기 저항을 비교하려면 단 면적과 길이를 같게 해서 비교해야 한다. 단면적이 1이고 길이가 1인 물체의 전기 저항을 그 물질의 비저항比抵抗(고유 저항)이라고 한다. 비 저항은 물질의 전기적 성질을 나타내는 중요한 값이다. 비저항이 같 은 물질로 만든 도선의 경우, 전기 저항은 도선의 단면적에 반비례하고 길이에 비례한다. 다시 말해 가는 도선이 굵은 도선보다, 긴 도선이 짧은 도선보다 전기 저항이 크다.

도체나 부도체는 그 나름대로의 쓸모가 있다. 전기 저항이 작아 전류가 잘 흐르는 도체는 전기에너지를 한곳에서 다른 곳으로 전달해 주는 도선으로 사용된다. 모든 물질 중에서 비저항이 가장 작은 물질은 은이다. 그러나 은은 값이 비싸기 때문에, 은보다 비저항이 조금 크긴 하지만 값이 싼 구리나 알루미늄을 도선의 재료로 널리 사용한다. 전기에너지를 사용하는 전기 기구는 전기 저항이 적당히 있어야 한다. 저항이 너무 크면 전류가 조금밖에 흐르지 않아 원하는 일을 할 수 없고, 저항이 너무 작으면 너무 큰 전류가 흘러 제품이 망가질 수 있다. 전구에는 높은 온도에서도 잘 견디면서 저항의 크기가 적당한 텅스텐 같은 물질이 주로 쓰인다. 제품의 용도에 알맞은 크기의 저항을 갖는 물질을 찾아내는 일은 전기 제품을 만들 때 가장 중요한 일 중 하나다.

그런데 실리콘이나 게르마늄과 같이 전기 저항의 크기가 도체와 부도체의 중간 정도인 반도체는 전기 재료로 쓸모가 없어 보였다. 하지만 20세기 들어 반도체는 전기 문명의 중심 물질로 부상했다. 20세기 후반에 전기 문명이 눈부신 발전을 이룩할 수 있었던 것은 반도체 소자인 다이오드와 트랜지스터가 발명되었기 때문이다. 이에 대해서는 8장에서 자세히 이야기할 예정이다.

한편, 물질의 전기 저항은 항상 일정한 것이 아니라 온도에 따라 변한다. 도체와 부도체의 경우 온도가 높아지면 저항이 커져서 전류가 흐르기 어려워지고 온도가 낮아지면 저항이 작아져서 전류가 더 잘 흐르게 된다. 그러나 온도 차이가 크지 않으면 저항의 변화가 크지 않아서 그다지 신경을 쓰지 않아도 된다. 그런데 1900년대 초에 수은의 온도를 낮추어 가면서 전기 저항을 측정하던 네덜란드의 물리학자 카메를링 오너스Heike Kamerlingh Onnes, 1853~1926가 온도가 영하 270℃ 정도가 되자 수은의 전기 저항이 0이 되는 것을 발견했다.

전기 저항이 0인 물질을 초전도체라고 한다. 전기 저항이 0인 초전도체는 여러 가지로 쓸모가 많다. 초전도체에는 아무리 큰 전류가 흘러도 저항이 0이기 때문에 에너지의 손실이 생기지 않는다. 따라서 아주 큰 전류를 흘려보내야 할 필요가 있는 경우에는 초전도체를 사용하는 것이 좋다. 큰 전류를 흐르게 하여 그때 발생하는 전자석의 힘으로 기차가 철로 위에 떠서 달리게 하는 자기부상열차에서도 초전도체는 필수적인 물질이다. 전자나 양성자와 같이 전하를 띤 입자들을 아주 빠른 속력으로 가속시켜 여러 가지 실험을 하는 입자 가속기에서도 강한 자기장을 만드는 데 초전도체가 사용되고 있다.

초전도체는 이처럼 쓸모가 많지만, 보통의 물체가 초전도체로 바뀌는 '전이온도'가 아주 낮아서 널리 사용되지 못하고 있다. 절대온도 0도(영하 273℃)에 가까운 낮은 온도로 유지하기 위해서는 많은 비용이 들기 때문이다. 과학자들은 높은 온도에서도 초전도체의 성질을 가지는 물질을 개발하기 위한 연구를 계속하고 있다. 보통의 초전도체보다 전이온도가 높은 초전도체를 고온 초전도체라고 하고 상온에서도 초전도체의 성질을 나타내는 초전도체는 상온 초전도체라고 부른다. 과학자들은 현재 대략 영하 170℃ 부근에서 초전도체로 전환되는 고온 초전도 물질을 찾아냈다. 영하 170℃는 우리가 생활하는 온도에 비하면 낮은 온도여서 실생활에서 사용하는 데는 문제가 많다. 그런데도 이런 물질을 고온 초전도체라고 부르는 것은 초기에 발견되었던 초전도체보다 전이온도가 100℃ 정도 높기 때문이다. 과학자들의 목표는 상온 초전도체를 찾아내는 것이다. 상온 초전도체만 개발된다면 전기 문명이 다시 한 단계 발전할 것이다.

쿨롱의 법칙과 옴의 법칙으로 전기에 대한 연구는 정성적인 연구에서 정량적인 연구로 발전하기 시작했다. 그러나 전기가 과학자들의 실험실에서 나와 세상을 바꾸기 위해서는 아직 넘어야 할 산이 몇 개 더 있었다. 과학자들은 1820년에 그 첫 번째 산을 넘고, 1831년에 두 번째 산을 넘는다. 이로 인해 1820년과 1831년은 전기 문명의 역사에서는 물론 인류 문명의 역사에서도 커다란 전환점이 되었다.

4

전류로 자석을 만들다

운동장에 울려 퍼지던 스피커 소리

한 사람의 일생에서 고등학교 3년보다 더 중요한 시기가 있을까?
고등학교에 다니는 3년 동안에 우리는 평생을 함께할 친구들을
만나고, 오랫동안 기억에 남을 추억을 쌓는다. 그러나 우리나라
고등학생의 생활은 그렇게 낭만적이지만은 않다. 요즘과 마찬가지로
우리가 고등학교에 다닐 때도 학교생활은 입시 공부로 인해 매우
삭막하고 치열했다. 그렇게 힘들던 시절이었지만 그때 같이 학교
다녔던 친구들을 만나면 그래도 그때가 좋았다고 이야기한다.
힘들고 어려웠던 시절의 기억도 시간이 지나면 정겨운 추억으로
변하는 모양이다.

그때는 한 학급의 학생 수가 60명이나 되었다. 30명이 안 되는
현재에 비하면 두 배가 넘는 숫자이다. 고등학교에서는 보통
키 순서대로 정해진 번호가 1년 동안 이름을 대신하는 경우가
많았다. 키가 비슷해서 가까운 번호를 갖게 된 학생들이 짝이 되는
경우가 많아 번호가 비슷한 아이들끼리 잘 어울렸다. 고등학교를
졸업하고 수십 년이 지난 뒤에도 서로 이야기를 하다 "네가 그때 몇

조회는 군대식으로 진행했다. 커다란 스피커 때문에 교장 선생님의

훈시는 동네 사람들도 다 들을 수 있었다.

2학년 겨울 방학 때는 군부대에 가서 입영 훈련도 했다.

사진은 고등학교 2학년 때 입영 훈련 모습.

번이었지?" 하고 묻는 경우가 많다. 고등학교 때 누가 더 컸는지를 확인해 보는 것이다.

그때는 1주일씩 돌아가면서 주번을 했다. 주번들은 아침에 현관 앞에 모여 주번 조회를 하고, 주번 선생님의 지시에 따라 학급의 온갖 자질구레한 일을 했다. 그중에서도 가장 중요한 일은 겨울에 난로를 관리하는 일이었다. 초등학교 때는 각자 집에서 장작 100개씩을 가져와 난로를 땠다. 하지만 중고등학교에서는 나무 난로 대신 조개탄이라고 부르던 석탄 연료를 사용했다. 점심시간이 가까워지면 우리가 난로 위에 올려놓은 도시락 덕분에 구수한 냄새가 교실을 가득 채웠다.

체육 시간은 학생들이 공부에서 해방되는 시간이었다. 체육 선생님은 학기 초에 한 번쯤 교실 수업을 할 뿐 나머지 시간에는 축구공과 농구공을 내주고 마음대로 뛰놀도록 했다. 공부에 시달리는 학생들에게 휴식과 체력 단련의 기회를 주려는 선생님의 배려였을 것이다. 그러나 우리는 체육 선생님이 세상에서 제일 편한 사람 같다고 뒤에서 수군거렸다.

우리가 고등학교 때 가장 싫어한 시간은 교련 시간이었다. 그때는 고등학생들도 지금의 군인들보다 빡세게 훈련을 받았다. 예비군복과 비슷한 얼룩무늬의 교련복을 입고, 예비역이었지만 군복을 입고 계급장까지 단 교련 선생님으로부터 군사 교육을 받았다. 우리 학교에는 교련 선생님이 세 분 계셨는데 한 분은 소령이었고, 한 분은 중위였으며, 한 분은 병장이었다. 우리는 교련 선생님들도 계급에 따라 월급이 다른지 궁금해했지만 확인할 수는 없었다.

교련 시간에는 제식훈련도 하고 총검술도 배웠다. 2학년 겨울 방학 때는 우리 학교와 자매결연을 맺은 군부대에 가서 입영 훈련도 했다. 군부대에서 입영 훈련까지 한 학교는 아마 우리 학교밖에 없었을 것이다. 2박 3일 동안의 짧은 입영 훈련이었지만 실탄 사격도 하고, 저녁에 자다가 기상하여 얼음 물속에 들어가는 비상 훈련도 받았다. 고등학교 2학년 학생으로서는 견디기 어려운 훈련이었지만 낙오하는 사람은 없었다. 훈련을 끝내고 수료식을 할 때는 별 네 개를 단 장군도 참석했다. 나와 친구들은 지금도 키가 유난히 컸던 그 장군과 악수했던 일을 무용담처럼 이야기한다.

우리가 살던 시에서 개최되었던 도민 체육대회 개막식에서는 우리 학년이 총검술 시범을 보였다. 우리에게 총검술을 가르쳤던 사람은 자매결연 군부대에서 파견된 두 명의 하사들이었다. 그들은 고등학생인 우리를 군인처럼 만들려고 했다. 그 하사들의 강렬한 눈빛을 나는 지금도 잊을 수가 없다. 사람의 일이란 알 수 없는 것이어서 나는 후에 군에 입대하여 우리에게 총검술을 가르쳤던 그 하사(중사로 진급한) 밑에서 군대 생활을 했고, 입영 훈련을 온 우리 학교 후배들을 직접 훈련시켰다. 후배들도 나의 눈빛이 강렬했다고 기억하고 있을까?

지금도 고등학교 동창들을 만나면 자주 하는 이야기가 하나 있다. 겨울에 전 학년 학생이 동원되어 했던 토끼 사냥이 그것이다. 공부에만 시달리던 학생들에게 휴식 시간을 주기 위해서였는지, 아니면 호연지기를 길러 주기 위해서였는지, 그것도 아니면 체력 단련의 일환이었는지는 알 수 없지만 수백 명이나 되는 우리는

다 같이 산을 둘러싸고 소리를 질러 토끼를 몰았고, 그래서 몇 마리의 토끼를 생포하는 전과를 올렸다.

지금도 그 일을 자주 이야기하는 것을 보면 토끼 사냥이 매우 인상적이었던 것은 분명하다. 요즘 텔레비전에서 방영되는 야생동물 구조대의 활동 장면을 볼 때면 토끼 몇 마리를 잡기 위해 수백 명의 고등학생이 함성을 지르며 산비탈을 내달리던 그때 일이 떠올라 세상이 많이 변했다는 생각을 하게 된다.

수업 시간에 텔레비전, 컴퓨터, 빔프로젝터 같은 기기를 사용하는 일은 상상도 못 하던 시절이었다. 우리가 학교에서 사용한 전기 문명이라고는 저녁 보충 수업 때 켜던 전깃불이 다였다. 그러나 다시 생각해 보면 그 시절에도 널리 쓰인 전기 문명이 몇 개 더 있다. 교무실과 서무과 그리고 교장실에 설치되어 있던 전화기, 수업 시간의 시작과 끝을 알려 주던 전자석으로 작동하는 전종, 그리고 학교 지붕 위에 설치되어 학생들은 물론 인근에 사는 주민들도 다 들을 수 있도록 울려 대던 커다란 스피커가 그것이다. 당시 방송반 학생들은 특별 대우를 받았다. 조회가 있는 날이면 교단에 마이크를 설치하고 방송 장비를 점검한 다음 마이크 볼륨을 조절하기 위해 선생님들과 함께 앞줄에 서 있었다.

조회는 군대식으로 진행했다. 연대장 학생의 '받들어총' 구령에 맞추어 '충성'이라는 구호를 외치면서 거수경례를 했고, 교장 선생님의 훈시가 끝난 다음에는 사열과 분열을 하곤 했다. 커다란 스피커 때문에 교장 선생님의 훈시는 동네 사람들도 다 들을 수 있었다. 운동회라도 있는 날이면 하루 종일 스피커가 내뱉는 음악

소리와 진행 요원들의 목소리로 온 동네가 떠들썩했다. 그러나 그때는 그것을 소음이라고 불평하는 사람이 없었다. 그런 것을 소음이라고 불평했다가는 시대에 뒤떨어진 사람 취급을 받았을 것이다.

내가 고등학교를 다니던 1960년대 말과 1970년대 초는 이렇게 전기 문명이 하나둘 우리 생활로 들어오기 시작하던 시절이었다. 그러나 세계사적으로 보면, 인류의 전기 문명이 커다란 전환점을 맞은 것은 1820년이었다. 온 동네를 떠들썩하게 만들었던 스피커도 1820년에 발견된 원리로 작동했다.

전류의 자기작용

볼타전지를 이용해 물질을 전기분해하게 되면서 물리학자들뿐만 아니라 화학자들도 전기에 관심을 가지기 시작했지만, 아직 전기는 과학자들의 실험실을 벗어나지 못하고 있었다. 실생활에 사용할 수 있을 정도의 충분한 전기를 만들어 낼 수 없었기 때문이다. 일상생활에 쓰이기 위해서는 많은 전기를 손쉽게 만들어 낼 수 있는 획기적인 방법이 필요했다. 전환점은 1820년과 1831년에 찾아왔다. 전기 문명의 역사에서 이 두 해는 매우 중요하다. 과학자들은 1820년과 1831년에 있었던 새로운 발견을 통해 길버트 이후 나뉘어 있던 전기학과 자기학을 통합하여 전자기학을 만들 수 있었고, 본격적인 전기 문명의 불을 지필 수 있었다.

새로운 발견으로 새 시대의 문을 연 사람은 덴마크의 물리학자 한스 크리스티안 외르스테드Hans Christian Ørsted, 1777~1851였다. 1777년에 덴마크에서 약사의 아들로 태어난 외르스테드는 코펜하겐 대학에서 약학을 공부했고, 1798년에는 칸트 철학에 대한 연구로 같은 대학에서 박사학위를 받았다. 박사학위를 받은 후 3년 동안 독일과 프랑스를 여행하면서 많은 학자들과 교류하고 돌아온 외르스테드는 1801년에 코펜하겐 대학 교수가 되었다. 외르스테드가 전기 문명의 역사를 바꾸어 놓을 발견을 한 것은 1820년 4월 어느 날 저녁이었다. 볼타전지를 이용하여 다음 날 강의에서 할 실험 준비를 하던 외르스테드는 스위치를 올려 전기회로에 전류가 흐르게 했다가 도선 가까이 있던 나침반의 바늘이 움직이는 것을 발견했다. 깜짝 놀란 외르스테드는

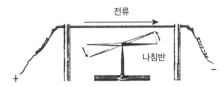

[왼쪽] 한스 크리스티안 외르스테드. 1851년 이전
은판사진. [위쪽] 전류가 흐를 때 나침반이 움직인다는 것을
발견해 전기 문명으로 가는 길을 닦은 외르스테드의 실험.

이 실험을 여러 번 반복해 보았다. 스위치를 넣을 때마다 자석의 바늘
이 움직이는 것이 확실했다.

외르스테드가 발견한 것은 아주 간단한 현상이었지만 누구도 예
상하지 못한 놀라운 것이었다. 1600년에 길버트가 전기와 자석을 서
로 다른 현상이라고 설명한 후 과학자들은 전기와 자석은 아무런 관
계가 없다고 생각했다. 그러나 외르스테드의 실험은 도선에 전류가
흐르면 자석의 성질이 생겨 나침반의 바늘을 돌게 만든다는 것을 보
여 주고 있었다. 전류가 자석의 성질을 만들어 낸다는 뜻이다. 전자들
이 이동해 가는 것이 전류이므로, 이 말은 전자가 달려가면 자석의 성
질이 나타난다는 뜻이기도 하다. 즉, 정지해 있는 전자는 자석의 성질
을 띠지 않지만 움직이는 전자는 자석의 성질을 갖는다. 자석은 움직
이는 전자들이 만들어 내는 성질이라는 것이 밝혀진 것이다.

전류가 자석의 성질을 만드는 것을 '전류의 자기작용'이라고 한다.
3개월 동안 실험을 반복하여 충분한 실험 결과를 얻은 외르스테드는
1820년 7월 21일 「전류가 자침에 미치는 영향에 관한 실험」이라는 제
목의 논문을 프랑스 과학 아카데미에 제출했다. 외르스테드의 실험

결과를 받아 본 과학자들은 직접 실험을 통해 외르스테드의 발견을 확인하고, 전류의 자기작용을 체계적으로 이해하기 위한 연구를 시작했다. 1820년 9월에는 프랑스 과학 아카데미에서 전류의 자기작용에 대한 발표회를 열어 외르스테드가 했던 실험을 많은 사람들이 지켜보는 가운데 재현해 보였다.

앙페르의 법칙

전류의 자기작용과 관련된 가장 중요한 법칙을 알아낸 사람은 프랑스의 앙드레 마리 앙페르André-Marie Ampere, 1775~1836였다. 1775년에 리옹시 공무원의 아들로 태어난 앙페르는 다방면에 두루 재능을 갖추고 있던 아버지로부터 좋은 교육을 받으며 자랐다. 앙페르는 특히 수학에 많은 관심을 보였다. 아버지가 프랑스 대혁명의 와중에 처형당하자 한때 수학을 비롯한 모든 공부를 포기하기도 했지만, 앙페르는 다시 수학 공부를 시작하여 1809년에 프랑스 에꼴 폴리테크 대학의 교수가 되었고, 1828년까지 그곳에서 수학과 역학을 강의했다. 1820년에 외르스테드가 전류의 자기작용을 발견했다는 소식을 들은 앙페르는 곧 관련 연구를 시작하여, 마침내 앙페르의 법칙(암페어의 법칙)을 발견했다.

앙페르의 법칙은 전류 주위에 만들어지는 자기장의 방향과 세기를 알려 주는 법칙이다. 전기장의 방향은 양극에서 음극으로 향하는 방향이고, 자기장의 방향은 자석의 N극이 가리키는 방향이다. 전기장이나 자기장의 세기는 어떤 지점에 전하를 띤 물체나 자석이 올 때

받는 힘의 크기를 나타낸다. 전하나 자석이 받는 힘을 이야기할 때는 크기뿐만 아니라 방향도 언급해야 하기 때문에 앙페르의 법칙은 크기와 방향을 가진 양인 벡터로 나타내진다. 고등학교에서는 배우지 않는 벡터 방정식이 되는 것이다. 그러나 앙페르의 법칙 중 전류에 의해 만들어지는 자기장의 방향만을 나타내는 '오른나사의 법칙'은 수식 없이도 쉽게 이해할 수 있다.

오른나사의 법칙은 오른손 엄지를 전류가 흐르는 방향으로 향하게 하고 다른 손가락들로 도선을 감싸 잡으면, 다른 손가락들의 방향이 자기장의 방향이 된다는 것이다. 이것을 오른나사의 법칙이라고 부르는 것은 오른나사가 나가는 방향을 전류의 방향이라고 하면 나사를 돌리는 방향이 자기장의 방향이 되기 때문이다(108쪽 첫번째 그림 참고). 이처럼 전류 주위에 생기는 자기장은 도선 주위를 싸고도는 방향으로 생긴다. 따라서 자기장에는 시작점과 끝점이 없다. 다시 말해 자석에는 고정된 N극과 S극이 없고, N극 방향과 S극 방향이 있을 뿐이다. N극과 S극이 표시되어 있는 막대자석을 반으로 나누면 한쪽은 N극이 되고 다른 한쪽은 S극이 된다. 자석을 아무리 작게 나누어도 마찬가지이다. 막대자석에도 N극과 S극이 따로 있는 것이 아니라 N극 방향과 S극 방향만 있기 때문이다. 이는 전기장이 양전하에서 시작되어 음전하에서 끝나는 것과는 다르다.

오른나사의 법칙을 이용하면 원형 도선 주위에 생기는 자기장의 방향도 쉽게 알 수 있다. 원형 도선에 반시계 방향으로 전류가 흐르는 경우, 엄지의 방향이 전류의 방향이 되도록 원형 도선을 감싸 잡으면 어느 부분을 잡더라도 원형 도선의 중심에서는 뒤(아래)에서 앞(위)으

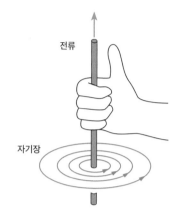

전류

자기장

오른나사의 법칙. 오른손 엄지의
방향이 전류의 방향이면 막대를
감싸쥔 나머지 손가락들의 방향이
자기장의 방향이다.

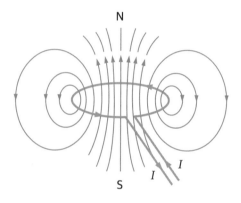

N

S

I

I

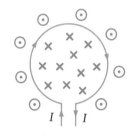

I I

⊙ 종이를 뚫고 나오는 방향
✕ 종이를 뚫고 들어가는 방향

원형 도선에 흐르는 전류에 의해 만들어지는 자기장의 방향.

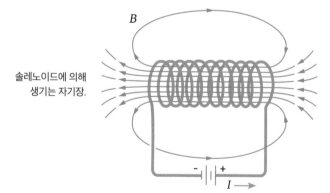

B

솔레노이드에 의해
생기는 자기장.

I

로 나오는 방향으로 자기장이 만들어진다는 것을 알 수 있다. 전류의 방향이 반대가 되면 원형 도선 중심에서 자기장의 방향은 앞(위)에서 뒤(아래)로 들어가는 방향이 된다(108쪽 두 번째 그림 참고).

도선을 원통 모양으로 감아 놓은 것을 솔레노이드라고 한다. 솔레노이드에 생기는 자기장은 여러 개의 원형도선에 의해 생기는 자기장을 합한 것과 같다. 따라서 솔레노이드의 중심 부분에는 한쪽 끝에서 시작해서 반대편으로 향하는 자기장이 만들어진다(108쪽 아래 그림 참고). 솔레노이드 중심에 아무것이 없어도 솔레노이드에 흐르는 전류에 의해 자기장이 생기지만 중심에 철심을 넣으면 더욱 강한 자기장이 생긴다. 철심을 넣은 솔레노이드 주변에 만들어지는 자기장은 막대자석 주위에 만들어지는 자기장의 모양과 매우 비슷하기 때문에 이를 전자석이라고 한다.

영구자석과 전자석

외르스테드의 발견으로 길버트가 서로 다른 성질이라고 멀리 떼어 놓았던 전기와 자기가 다시 결합하게 되었다. 자석의 성질은 전기와 아무 관계없는 성질이 아니라 움직이는 전하에 의해 만들어지는 성질이었던 것이다. 다만 전기력이 정지해 있을 때나 움직일 때나 전하 사이에 항상 작용하는 힘인 반면, 자기력은 흐르는 전류, 다시 말해 움직이는 전하 사이에만 작용하는 힘이라는 점이 달랐다.

학용품이나 장난감에는 전류를 이용해서 만드는 전자석 대신 막대자석이나 말굽자석이 주로 쓰인다. 전류가 흐르지 않아도 자석의 성질을 갖는 막대자석이나 말굽자석과 같은 자석을 영구자석이라고 한다. 영구자석은 물건을 고정하는 데 사용되기도 하고, 스피커와 같은 전자 제품에도 쓰인다. 그렇다면 자석에는 전류가 흐를 때 만들어지는 전자석과 전류가 흐르지 않아도 자석의 성질을 나타내는 영구자석의 두 종류가 있는 것일까? 그렇지 않다. 모든 자석은 전류가 흐를 때만 만들어진다. 얼핏 보면 영구자석은 전류와 무관해 보이지만 알고 보면 영구자석도 전류에 의해서 만들어진다.

원자나 전자에 대해 아직 몰랐던 1800년대에는 영구자석이 어떻게 자석의 성질을 갖는지 제대로 설명하지 못했다. 그러나 원자의 구조를 알고 있는 우리는 영구자석이 어떻게 만들어지는지를 쉽게 이해할 수 있다. 원자는 양전하를 띤 원자핵이 중심에 있고, 음전하를 가진 전자가 그 주위를 돌고 있다. 전자가 움직여 가는 것이 전류이므로 원자 주위에도 전류가 흐르는 셈이다. 원자핵 주위를 도는 전자에 의한 전류는 원형 도선에 흐르는 전류와 비슷하다. 따라서 원형 도선에 전류가 흐를 때 만들어지는 자기장과 비슷한 자기장이 원자 주위에도 만들어진다.

전자는 원자핵 주위를 돌고 있을 뿐만 아니라 자신의 축을 중심으로 자전과 비슷한 운동도 한다. 이런 운동을 스핀spin이라고 하는데, 전자의 스핀에 의해서도 원형 도선에 전류가 흐를 때와 비슷한 자기장이 만들어진다. 원자에서는 전자가 원자핵을 중심으로 도는 운동보다 스핀에 의해 만들어지는 자기장이 더 중요한 역할을 한다.

전자는 멈추는 일이 없으므로 원자 주위에는 자기장이 항상 존재한다. 그렇다면 모든 원자는 자석이어야 하고, 원자로 이루어진 모든 물질 역시 자석이어야 하는 것이 아닐까? 그러나 문제는 그렇게 간단하지 않다. 원자 안에는 여러 개의 전자가 복잡한 운동을 하고 있고, 분자는 여러 개의 원자로 이루어져 있으며, 물질은 수많은 분자로 이루어져 있다. 원자로 이루어진 물질이 모두 자석의 성질을 갖지 않는 것은 물질을 이루고 있는 원자 자석과 전자 자석 들의 방향이 제멋대로이기 때문이다. 작은 자석들을 뒤죽박죽 섞어 놓았다고 생각해 보자. 자석의 크기가 매우 작고 자석의 수가 아주 많다면 자석 하나하나의 성질이 서로 상쇄되어 겉으로는 자석의 성질이 나타나지 않을 것이다. 수많은 원자 자석과 전자 자석으로 이루어진 대부분의 물질이 자석의 성질을 나타내지 않는 것은 이 때문이다.

그러나 물질 가까이에 다른 자석을 가져오면 물질 속의 전자 자석과 원자 자석 들이 일정한 방향으로 배열한다. 따라서 자석의 성질이 없던 물질도 자석의 성질을 띠게 된다. 강한 자석을 바늘 가까이 가져오면 바늘이 자석의 성질을 띠는 것도 강한 자석에 의해 바늘 속의 원자 자석과 전자 자석 들이 한 방향으로 배열되기 때문이다. 자석을 치우면 잠시 동안은 바늘이 자석의 성질을 유지하지만 결국은 자석의 성질을 잃어버리고 보통의 바늘로 돌아가고 만다. 한 방향으로 배열되었던 바늘 속의 원자 자석과 전자 자석이 다시 무질서하게 흩어져 버리기 때문이다.

그런데 물질 중에는 전자나 원자 자석이 일단 한 방향으로 배열하면 외부의 자석을 치우더라도 그 배열이 흐트러지지 않고 그대로 남아 있는 물질이 있다. 그런 물질을 '강자성체'라고 한다. 막대자석이나 말굽자석 같은 영구자석이 바로 강자성체이다. 그러니까 영구자

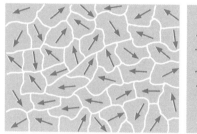

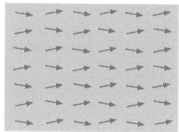

원자 자석이 임의의 방향으로 배열되면
전체적으로 자석의 성질이 나타나지 않는다.

외부 자기장에 의해 원자 자석이 같은
방향으로 배열되면 전체적으로 자석의 성질이
나타난다.

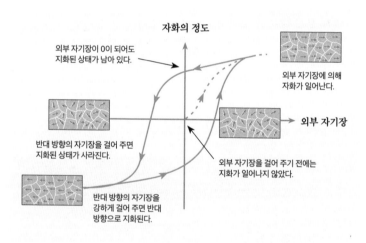

외부 자기장에 의한 자화 정도를 나타내는 자기이력 곡선. 그래프 안의 면적이 클수록
좋은 강자성체이다.

석은 물질을 이루는 원자 자석과 전자 자석이 일정한 방향으로 배열된 물질인 것이다. 외부 자기장에 의해 원자 자석이나 전자 자석이 한 방향으로 배열하여 자석의 성질을 띠는 것을 자화磁化, magnetization라고 한다.

강자성체 안의 원자 자석이나 전자 자석이 외부 자기장에 의해 한 방향으로 배열되는 정도나 외부 자기장을 제거했을 때 자기장이 얼마나 많이 남는지는 물질에 따라 다르다. 영구자석으로 사용할 수 있는 좋은 강자성체는 외부 자기장에 의해 자화가 잘 일어나야 하고, 외부 자기장을 없앤 후에도 자화된 상태가 많이 남아 있어야 한다. 물질의 이런 성질을 나타내는 그래프가 '자기이력 곡선'이다.

철Fe, 코발트Co, 니켈Ni, 네오디뮴Nd, 사마륨Sm 같은 금속이나 이들 금속을 포함하고 있는 화합물이 대표적인 강자성체이다. 금속의 산화물 중에도 강자성체가 있다. 그런데 자화된 강자성체를 불에 넣어 온도를 높이면 자석의 성질이 사라진다. 높은 온도에서 원자들의 활발한 운동으로 인해 원자 자석들의 방향이 흩어져 버리기 때문이다. 자석의 성질이 사라지는 온도를 '퀴리온도'라고 부르는데 퀴리온도는 물질에 따라 다르다. 이 온도를 퀴리온도라고 부르는 것은 방사선 연구로 유명한 마리 퀴리의 남편인 피에르 퀴리Pierre Curie, 1859~1906가 이 현상을 처음 발견했기 때문이다. 철의 퀴리온도는 770℃이고, 강자성체인 네오디뮴의 퀴리온도는 300~400℃이다.

카세트테이프나 컴퓨터 하드디스크 같은 정보 저장 장치들은 외부에서 자기장을 걸어 원자 자석을 일정한 방향으로 배열시키면 오랫동안 그 방향이 변하지 않고 그대로 유지되는 강자성체의 성질을 이용해서 정보를 저장한다. 플라스틱 물질 위에 강자성체를 발라서 만드는데, 강자성체의 부분 부분에 전류를 이용해 원자 자석들을 일정한 방향으로 배열해 놓으면 그 상태가 오랫동안 남아 있게 된다. 원자 자석들의 배열 상태에 따라 자화의 세기와 방향이 다르므로 이를 이용해서 저장된 정보를 읽어 낼 수 있다. 강자성체를 이용한 정보 저장 장치는 원자 자석들의 방향을 바꾸기만 하면 얼마든지 다시 새로운 정보를 저장할 수 있기 때문에 카세트테이프는 녹음된 음악을 지우고 다시 사용할 수 있다. 하지만 불에 넣거나 강한 자석 가까이 가져가면 원자 자석과 전자 자석의 배열 방향이 달라져 정보가 지워져 버린다.

전기 모터의 원리

자기장 안에 있는 도선에 전류가 흐르면 도선은 자석이 되고, 따라서 자기장에 의해 힘을 받는다. 같은 원리로 자기장 안에서 달리고 있는 전자도 힘을 받는다. 이때 자기장 안에 있는, 전류가 흐르는 도선이나 달리고 있는 전자는 어느 방향으로 힘을 받을까?

전기장 안에 있는 전하의 경우에는 전기장의 변화가 가장 큰 방향, 즉 전기력선이 가리키는 방향으로 전기력을 받는다. 그러나 자기장 안에서 전류가 흐르는 도선이나 움직이는 전자에 작용하는 힘의 방향을 정하는 것은 간단하지 않다. 자기력선의 방향뿐만 아니라 전류의 방향도 힘의 방향에 영향을 주기 때문이다. 따라서 자기장 안에서 전류가 흐르는 도선이 받는 힘의 방향과 크기를 알기 위해서는 복잡한 벡터 계산을 해야 한다. 하지만 도선이 받는 힘의 방향만 알고 싶다면, '플레밍의 왼손 법칙'을 이용하면 된다.

플레밍의 왼손 법칙에 따르면, 왼손의 엄지와 검지 그리고 중지를 서로 수직이 되도록 펼쳤을 때 중지의 방향을 전류의 방향과 일치시키고 검지의 방향을 자기장의 방향과 일치시키면, 도선이 받는 힘의 방향은 엄지가 가리키는 방향이 된다. 고등학교에서 시험을 볼 때 전류가 흐르는 도선이 받는 힘의 방향을 찾기 위해 왼손을 이리저리 비틀어 보던 기억이 떠오르는 독자들도 있을 것이다.

자기장 안에 있는 사각형 모양의 도선에 전류가 흐르면 도선의 각 부분은 플레밍의 왼손 법칙에 의해 서로 다른 방향으로 힘을 받는다. 도선 중에서 자기장과 나란한 부분은 힘을 받지 않는 반면 자기장에 수직한 부분에는 전류가 흐르는 방향에 따라 아래 방향이나 위 방향

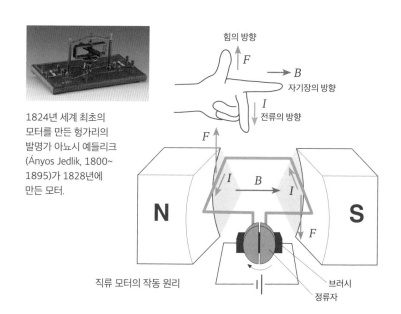

1824년 세계 최초의 모터를 만든 헝가리의 발명가 아뇨시 예들리크 (Ányos Jedlik, 1800~ 1895)가 1828년에 만든 모터.

힘의 방향
F
B
자기장의 방향
I
전류의 방향

F
I B I

N S

F

직류 모터의 작동 원리
브러시
정류자

으로 힘을 받는다. 따라서 이 경우 도선은 회전하게 된다. 전류를 이용해 회전하는 장치를 전기 모터 또는 전동기라고 한다. 전기 모터는 전류를 이용해 동력을 얻는 장치이다. 집에서 사용하는 선풍기를 비롯한 다양한 전동 모터들은 모두 이와 같은 원리로 작동한다. 전동 모터는 발전기와는 반대로 전기에너지를 운동에너지로 바꾼다.

헨리와 전자석

전류를 이용하여 만든 전자석은 여러 곳에서 다양하게 사용되고 있다. 공장이나 공사장에서 무거운 물건을 들어 나르는 데에도, 안마기에서 빠르게 등을 두드려 주는 부품에도, 스피커에서 진동판을 떨리게 하여 큰 소리를 만들어 내는 데도 전자석이 사용된다. 이 밖에 전자 교환기, 각종 제어 장치 등에도 전자석이 쓰인다.

도선을 여러 번 감아 만든 솔레노이드로 전자석을 처음 만든 사람은 독일의 과학자 요한 슈바이거Johann Schweigger, 1779~1857였다. 외르스테드가 전류가 자기장을 만든다는 것을 발견한 직후, 슈바이거는 도선을 여러 번 감은 코일에 전류가 흐르면 강한 자기장이 만들어진다는 것을 발견했다. 슈바이거의 발견 덕분에, 전류가 흐르는 코일의 사기장 세기를 측정하여 전류나 전압의 크기를 재는 전류계와 전압계가 만들어질 수 있었다. 영국의 물리학자이자 발명가인 윌리엄 스터전William Sturgeon, 1783~1850은 처음으로 도심에 철심을 감은 전자석을 만들었다. 최초로 실용적인 전기 모터를 발명하기도 했던 스터전은 절연시키지 않은 도선을 말굽 모양의 철심에 서로 닿지 않도록 드문

드문하게 감아 전자석을 만들었다. 스터전은 이렇게 만든 전자석을 이용해 전기에너지를 역학적에너지로 바꿀 수 있다는 것을 보임으로써 전기 모터의 개발을 촉진시켰다.

실용적인 전자석을 만들어 널리 쓰이도록 한 사람은 미국의 물리학자 조지프 헨리Joseph Henry, 1797~1878였다. 1775년에 부모를 따라 스코틀랜드에서 미국으로 이민 온 헨리는 아버지가 일찍 세상을 떠나는 바람에 학교를 중도에 그만두고 시계 만드는 일과 은제품 만드는 일을 배웠다. 책 읽는 것을 좋아했던 그는 16세 때 과학 실험에 관한 책을 읽은 후부터 과학에 관심을 가지기 시작했다. 1819년에 헨리는 알바니 아카데미에 입학했다. 알바니 아카데미는 지금으로 보면 중·고등학교 과정을 가르치는 사립학교에 해당하지만, 당시에는 대학과 같은 역할을 하던 학교였다. 학교에서 배우는 것 외에도 다양한 분야의 과학을 공부한 헨리는 학교를 졸업한 후 모교에서 수학과 자연철학을 가르치는 선생님이 되었다.

그는 물리학의 여러 분야를 공부했지만, 특히 전자석을 만드는 일에 관심이 많았다. 헨리는 유럽에서 만든 초보적인 전자석에서 얻은 아이디어와 앙페르 법칙의 이론을 바탕으로 부도체로(그는 아내의 속치마에서 잘라낸 천을 사용했다고 전해진다) 감싼 도선을 철심에 촘촘하게 감아 강력한 전자석을 만들었다. 1829년에는 말굽형 철심에 길이 약 10미터 정도의 절연된 도선을 400번 감아 강력한 전자석을 만들었는데, 이것은 이전에 만든 어떤 것보다도 강한 전자석이었다. 헨리는 코일의 길이가 일정한 길이보다 길어지면 오히려 전자석의 세기가 약해진다는 것을 알아냈다. 도선의 길이가 길어지면 전기 저항이 증가해 전류가 약해지기 때문이었다. 그래서 헨리는 전자석의 강도를 높이기 위해, 하나의 긴 도선을 여러 번 감는 대신 짧은 도선을 여러 개 감아 전지에 연결했다.

헨리는 두 가지 실험을 했다. 하나는 여러 개의 짧은 도선을 한꺼번에 나란히 철심에 감은 다음, 하나의 전지에 병렬로 연결하여 철심 주위에 흐르는 전체 전류의 세기를 크게 만드는 방법이었다. 다른 하나는, 여러 개의 짧은 도선을 연달아 철심에 감고, 각각의 철심을 따로따로 전지에 연결한 뒤 전지 역시 직렬로 연결해 전압을 높이는 방법이었다. 헨리의 이러한 실험들 덕분에 전자석은 여러 가지 실용적인 용도로 쓰일 수 있게 되었다. 헨리는 후에 보통의 전지를 이용해서 340킬로그램을 들어 올릴 수 있는 전자석을 만들어 사람들을 놀라게 했다.

자신이 개발한 전자석의 원리를 바탕으로, 헨리는 1831년에 전기로 움직이는 장치를 만들었다. 직류 모터의 일종인 이 장치는 회전 운

조지프 헨리와 그가 1929년에 만든 전자석. U자형 자석에 절연된 도선을 감아 만든 강한 전자석이었다.

동을 하는 대신, 전자석을 구멍의 좌우나 아래위로 움직여 문을 잠그거나 열 수 있게 하는 장치였다. 전자석에 흐르는 전류의 방향을 반대로 하면 전자석이 반대 방향으로 움직이기 때문에 전기 스위치를 이용하여 문을 잠그거나 열 수 있었다. 이 장치는 전신기와 전기 모터의 발전에 크게 기여했다.

1832년에 헨리는 프린스턴 대학의 자연철학 교수가 되었다. 프린스턴 대학에 근무하는 동안 헨리는 전자기학, 형광, 태양의 흑점, 오로라 등에 대해 연구하고 많은 논문을 발표했다. 1846년에는 새로 설립된 스미소니언 연구소의 책임자가 되어 1867년에 세상을 떠날 때까지 유럽에 비해 뒤떨어졌던 미국의 과학을 발전시키는 일에 앞장섰다. 전자석에 관한 여러 가지 실험을 하는 도중 헨리는 다음 장에서 이야기할 전자기 유도 현상을 발견하기도 했다고 알려져 있다. 그러나 연구 결과를 논문으로 발표하지 않았기 때문에 전자기 유도 현상 발견자의 영예는 영국의 마이클 패러데이에게 돌아갔다. 하지만, 전류의 변화가 얼마나 큰 기전력을 만들어 내는지를 나타내는 자체유도계수self Inductance와 상호유도계수mutual Inductance의 단위는 헨리의 이름을 따라 헨리H라고 부르고 있다. 헨리는 전자기 유도 현상의 발견자라는 영예는 차지하지 못했지만 전자기 유도 현상을 나타내는 단위에 자신의 이름을 남겼다.

스피커와 마이크

전류의 자기작용을 가장 잘 이용하고 있는 장치가 스피커이다. 예전에 학교 지붕에 설치되어 온 동네를 떠들썩하게 만들었던 스피커에서부터 전화기에 사용하는 스피커에 이르기까지, 대부분의 스피커는 전류의 자기작용을 이용한 다이내믹 스피커이다. 다이내믹 스피커는 자기장 안에 있는 도선에 전류가 흐르면 도선이 힘을 받는 원리에 따라 작동한다. 자기장 안에 있는 도선에 일정한 전류가 흐르면 한 방향으로 일정한 힘이 작용하지만, 방향과 세기가 변하는 전류가 흐르면 도선에 작용하는 힘의 세기와 방향이 계속 변해서 코일이 진동하게 된다. 음성 신호를 전기 신호로 바꾸어 스피커에 전달하는 장치가 마이크다.

마이크에서 음성 신호가 전기 신호로 바뀌면, 음성과 같은 주기로 진동하는 전류가 만들어진다. 다이내믹 스피커의 영구자석 위에 설치된 코일에 음성 신호를 포함하고 있는 전류가 흐르면 코일이 음성과 같은 진동수로 떨린다. 코일이 떨리면 코일에 연결되어 있는 진동판이 떨려 소리를 만들어 낸다. 다이내믹 스피커의 영구자석으로는 주로 강한 자기장을 만들 수 있는 네오디뮴 자석이 쓰인다. 강한 영구자석을 만들기 어려웠던 초기에는 영구자석 대신 전자석을 사용하기도 했지만 현재는 대부분 영구자석을 이용한다. 스피커가 무거운 것은 영구자석이 무겁기 때문이다.

전기 신호를 이용해 코일을 진동시키고 코일의 떨림이 코일에 연결되어 있는 진동판을 진동시켜 소리를 재생하는 것이 스피커라면, 마이크는 소리 신호를 전기 신호로 바꾼다. 마이크에서는 소리에 의한 공기의 떨림이 진동판을 진동시키고, 진동판의 떨림이 코일에 전해져 코일이 진동하면서 전류가 발생한다. 이때 발생하는 전기 신호

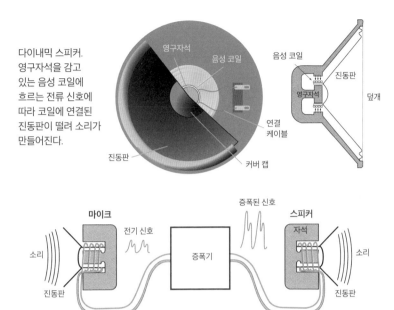

다이내믹 스피커. 영구자석을 감고 있는 음성 코일에 흐르는 전류 신호에 따라 코일에 연결된 진동판이 떨려 소리가 만들어진다.

다이내믹 마이크는 전자기 유도 법칙을 이용하여 소리의 진동을 전류 신호로 바꾸고, 다이내믹 스피커는 전류의 자기작용을 이용하여 전류 신호로 소리를 만들어 낸다.

는 아주 약하기 때문에 이것을 증폭하여 스피커로 보내 큰 소리를 만든다. 스피커와 반대 방향으로 작동하는 마이크의 작동 원리는 전자기 유도 법칙이다. 이에 대해서는 다음 장에서 자세하게 이야기할 예정이다. 마이크와 스피커 중에는 전류의 자기작용이나 전자기 유도 법칙이 아닌 다른 원리를 이용하여 작동하는 것들도 있다. 최근에 개발된 소형 전자 제품에는 전압이 가해지면 부피가 변하는 압전 현상을 이용한 스피커가 널리 사용되고 있다.

전류의 자기작용을 통해, 서로 아무 관계가 없는 현상이라고 생각했던 전기와 자기가 모두 전기의 작용이라는 것을 밝혀낸 것은 전기 문명의 기초를 마련한 커다란 진전이었다. 그러나 본격적으로 전기 문명을 시작하기 위해서는 기초를 다지는 작업이 더 필요했다.

전기에 대해 많은 것을 알게 된 후에도 전기가 과학자들의 실험실 밖으로 나올 수 없었던 것은 마찰을 이용한 전기 발생 장치나 볼타전지로는 실험실에서 사용할 수 있는 정도의 전류밖에 만들지 못했기 때문이다. 따라서 전기가 세상을 환하게 밝히고, 전기로 공장을 돌리기 위해서는 많은 양의 전기를 손쉽게 발전시킬 수 있는 방법을 찾아야 했다. 오늘날 우리가 사용하고 있는 전기의 대부분을 생산하는 발전기의 원리가 밝혀진 것은 1831년의 일이다. 1831년에 이루어진 전자기 유도 법칙의 발견은 전기 문명의 역사상 가장 중요한 발견이라고 할 수 있을 것이다.

5

발 전 기 의 원 리 를 발 견 하 다

거대한 발전기를 직접 보다

나는 외할아버지나 외할머니를 한 번도 뵌 적이 없다.
친할아버지와 친할머니도 뵌 적이 없긴 마찬가지다. 내가 태어나기
전에 네 분 모두 돌아가셨기 때문이다. 어머니의 고향은 춘천
부근이었는데, 어머니는 몇 년에 한 번씩 친정 나들이를 하셨다.
그곳에는 어머니의 친척들이 살고 있었는데, 친척 동생 중 한 분이
외할아버지의 양자로 입적되어 있었다. 호적상으로 어머니의
동생이자 나의 외삼촌이었던 그분이 어머니에게는 유일한 친정
식구였다. 내가 초등학교 다닐 때 그 외삼촌이 우리 집에 다녀간
적이 있다. 내가 왜 그렇게 외삼촌을 좋아했는지 모르지만 외삼촌이
갈 때 떨어지지 않겠다고 한참을 울었던 기억이 난다. 어머니와 함께
외삼촌 댁에 몇 번 다녀오기도 했었다.

나는 어머니가 돌아가신 후인 고등학교 1학년 방학 때 혼자서
외삼촌 댁에 갔다. 반갑게 맞아 주신 외삼촌은 근처에 있는 춘천댐에
가 보지 않겠느냐고 하셨다. 외삼촌의 사위가 춘천댐에 근무하고
있는데 내가 가면 잘 안내해 줄 거라면서 나보다 나이가 한 살

댐의 여러 시설을 구경했는데 가장 큰 인상을 받은 것은

거대한 발전기였다. 이런 커다란 발전소를 건설한 것을 보면

우리나라가 빠르게 발전하고 있는 것 같았다.

사진은 1965년 준공 무렵 춘천댐. 전기박물관 제공.

적었던 외사촌 동생과 함께 다녀오라고 하셨다.

거리가 그리 멀지 않아 우리는 걸어서 춘천댐까지 갔다. 매형은 우리를 안내해 댐 이곳저곳을 보여 주고 설명도 해 주었다. 버스를 타고 댐 위로 지나가기도 하고 댐으로 인해 생긴 호숫가에서 놀기도 했다. 댐 안에 들어가 내부를 살펴본 것은 그때가 처음이자 마지막이었다.

댐의 여러 시설을 구경했는데 가장 큰 인상을 받은 것은 거대한 발전기였다. 댐의 크기나 발전 용량에 대해 여러 가지 설명을 들었지만 그런 것들은 곧 잊어버렸다. 그러나 엄청나게 큰 두 대의 발전기가 준 강렬한 인상은 지금도 생생하게 기억난다. 이 커다란 발전기를 돌리는 것은 댐에 저장되어 있는 물이라고 했다. 물이 큰 힘으로 발전기를 돌리면 많은 양의 전기가 발생한다고 했다. 나는 그런 설명을 듣고, 산과 골짜기가 많은 우리나라에 이런 댐만 많이 건설한다면 전기가 모자라는 일은 없겠다는 생각을 했다. 이런 커다란 발전소를 건설한 것을 보면 우리나라가 빠르게 발전하고 있는 것 같았다.

춘천댐은 1961년에 공사를 시작하여 1965년에 완공한 댐으로 발전 용량은 6만 킬로와트 정도이다. 그러니까 내가 춘천댐에 갔을 때는 댐이 준공되고 4년 정도 지난 때였다. 춘천댐에서 멀지 않은, 발전 용량이 20만 킬로와트인 소양강댐이나 발전 용량이 약 41만 킬로와트인 충주댐에 비하면 춘천댐은 큰 댐이라고 할 수 없다. 그러나 그때는 소양강댐이 아직 공사 중이었고, 충주댐은 1985년이 되어서야 완성된다.

뜻하지 않게 이루어진 춘천댐 견학은 학창 시절 전기와 관련된 경험 중에서 가장 인상적인 기억으로 남아 있다. 춘천댐 견학으로 인해 내가 전기를 더 열심히 공부하게 되었다거나 전기를 더 잘 이해하게 된 것은 아니었지만, 전기가 만들어지는 현장을 보았다는 것만으로 전기가 친근하게 느껴졌다. 망원경으로 달 표면의 선명한 모습을 한번 보고 나면 달을 바라볼 때마다 달이 가까운 이웃처럼 느껴지는 것과 비슷할 것이다.

시간이 많이 지난 다음 다시 외삼촌이 살던 마을을 찾아갔을 때는 외삼촌은 물론 외삼촌이 살던 마을의 흔적마저 모두 사라지고 없었다. 지난 50년 동안 우리나라에서 마을이 통째로 사라지고 그 자리에 낯선 도시가 들어서는 일은 자주 있는 일이었다.

어머니가 돌아가신 지 벌써 50년이 넘었다. 어머니에 대한 기억이 희미해지면서 어머니로 인해 연결되었던 그분들과의 기억도 점차 사라졌지만, 그때 보았던 커다란 발전기의 강렬한 인상이 아직도 나와 그분들을 연결해 주고 있다.

패러데이의 전자기 유도 법칙

전류가 자석의 성질을 만들어 낸다는 것을 알게 된 과학자들은 자석을 이용하여 전류를 발생시킬 수도 있을 거라 생각하고, 그 방법을 연구하기 시작했다. 1831년에 그 방법을 알아냄으로써 전기 문명의 초석을 놓은 사람은 마이클 패러데이Michael Faraday, 1791~1867였다. 패러데이는 현재는 런던의 일부가 된 근교 농촌 마을에서 가난한 대장장이의 아들로 태어났다. 그는 열세 살 때 학업을 포기하고 생활비를 벌기 위해 서적 판매원, 제본공 등의 일을 해야 했지만, 틈틈이 읽은 책을 통해 과학에 흥미를 가지게 되었다.

패러데이는 과학자들이 일반인을 위해 개최하는 강연을 듣고, 그 내용을 바탕으로 직접 실험도 했다. 영국에서는 유명한 과학자들이 일반인을 위한 강연을 하곤 했는데, 표를 사야 강연을 들을 수 있을

왕립연구소에 있는 자신의 실험실에서 실험 중인 마이클 패러데이. 19세기 영국의 여성화가 헤리엇 제인 무어(Harriet Jane Moore, 1801~1884) 그림.

정도로 인기가 있었다. 1812년에 열아홉 살이던 패러데이는 당시 영국에서 가장 유명한 화학자였던 험프리 데이비가 왕립연구소에서 하는 대중강연을 들을 기회가 있었다. 강연이 끝난 후 패러데이는 강연 내용을 꼼꼼하게 정리한 노트와 함께 자신을 조수로 채용해 달라는 편지를 데이비에게 보냈다. 이 일로 데이비의 실험 조수가 된 패러데이는 이때부터 1861년 사임할 때까지 평생 동안 왕립연구소에서 일했다.

처음에는 데이비의 화학 실험을 보조했지만 왕립연구소의 주임이 된 1824년부터는 전기에 관한 실험을 시작했다. 외르스테드의 실험을 직접 재연해 보고, 전류의 자기작용으로 작동하는 전기 모터를 고안하기도 했던 그는 자석을 이용해 전류를 발생시키는 방법을 알아내고자 했다. 패러데이도 처음엔 다른 과학자들과 마찬가지로 강한 자석이 전류를 발생시킬 것이라고 생각하여, 강한 자석을 만들기 위해 노력했다. 그러나 아무리 강한 자석을 만들어도 주위에 있는 도선에 전류가 흐르지 않았다. 그러던 어느 날 패러데이는 놀라운 사실을 발견했다. 스위치를 연결해 도선에 전류가 흐르게 하거나 스위치를 꺼 전류가 흐르는 것을 차단하는 순간, 가까이 있는 다른 도선에 잠시 전류가 흐르는 것을 발견한 것이다. 즉, 한 도선에 흐르는 전류의 세기가 변할 때 두 번째 도선에 전류가 흘렀다.

도선에 전류가 흐르면 주변에 자기장이 만들어진다. 따라서 스위치를 넣는 순간에는 없던 자기장이 만들어지고, 스위치를 끄는 순간에는 있던 자기장이 사라진다. 한 도선에 스위치를 넣거나 끌 때만 잠시 두 번째 도선에 전류가 흐른다는 것은, 자기장이 전류를 발생시키는 것이 아니라 자기장의 변화가 전류를 발생시킨다는 것을 뜻했다. 따라서 도선 옆에 아무리 강한 자석을 놓아도 전류는 흐르지 않지만, 도선 옆에서 자석을 움직이거나 자석 옆에서 도선을 움직이면 도선에 전류가 흐른다. 이 실험을 더욱 정교하게, 여러 번 다시 해 본 패러데이는 그 결과를 1831년 11월에 왕립학회에서 발표했다. 자기장의 변화가 전류를 발생시키는 현상을 전자기 유도electromagnetic induction라고 부른다. 발전기의 원리인 전자기 유도 법칙은 전자기학이나 전기 문명의 기초를 이루는 가장 중요한 법칙이다.

전자기 유도 법칙을 발견한 것이 패러데이의 가장 중요한 업적이라면, 전기력과 자기력의 작용을 시각적으로 나타내는 새로운 방법을 발전시킨 것은 그의 두 번째 중요한 업적일 것이다. 학교에서 체계적으로 수학을 배우지 않았던 패러데이는 전기력과 자기력을 그림을 이용해서 설명하려고 시도했다. 그는 어떤 지점에 양의 전하를 가

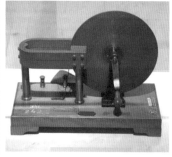

마이클 패러데이와 1831년 패러데이가 만든 최초의 전자기 발전기 모형. 일본 도쿄 국립 과학 박물관(National Museum of Nature and Science) 전시.

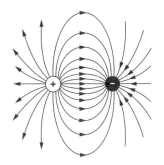

전기력선은 양전하에서 시작해 음전하에서 끝난다. 패러데이는 이와 같이 선과 화살표로 전기력과 자기력의 작용을 나타내는 방법을 고안했다.

지고 왔을 때 이 전하가 받는 힘의 방향과 크기를 화살표로 나타내고, 이를 '전기력선'이라고 불렀다. 양전하는 다른 양전하를 밀어내고 음전하는 양전하를 잡아당기기 때문에 이 화살표들을 이어 보면 전기력선이 양전하에서 출발하여 음전하에서 끝난다는 것을 알 수 있다. 자기장의 경우에는 N극이 받는 힘의 방향과 세기를 화살표로 나타내고 이 화살표들을 연결한 것이 자기력선이다. 자기력선은 전류 주위를 싸고도는 방향으로 만들어지기 때문에 시작점과 끝점이 없다.

전기력선을 좀 더 쉽게 이해하기 위해 산의 경사면에 놓여 있는 돌을 생각해 보자. 이 돌은 어느 방향으로 굴러 내려갈까? 돌은 경사가 가장 급한 방향으로 굴러 내려갈 것이다. 각 지점에서 돌이 굴러 내려가는 방향을 화살표로 나타내고 그 화살표들을 연결하면 돌이 바닥에까지 도달하는 경로를 알 수 있다. 돌이 굴러 내려가는 것은 (중력에 의한) 위치에너지의 차이 때문이다. 돌은 위치에너지의 변화가 가장 큰 방향으로 굴러 내려간다. 우리는 이때 돌이 중력장이라는 에너지 장에 놓여 있다고 말한다. 전기력선과 자기력선은 전기력과 자기력이 작용하는 방향을 나타낸다. 그렇다면 중력의 경우와 마찬가지로 전기장과 자기장이라는 개념을 생각할 수 있다. 전기력은 전기장의 변화가 가장 큰 방향으로 작용한다. 따라서 전기력선의 방향은 전기장의 변화가 가장 큰 방향을 나타낸다.

전하가 있으면 주변에 전기장이 만들어지고 전기장 안에 들어온 다른 전하는 전기장의 변화가 가장 큰 방향, 즉 전기력선이 가리키는 방향으로 전기력을 받게 된다. 마찬가지로, 움직이는 전하가 있으면 주변에 자기장이 만들어지고 자기장 안에서 전하가 움직이면 자기장과 상호작용하여 자기력을 받게 된다. 패러데이가 전자기 유도 법칙을 발견하고 얼마 뒤에 스코틀랜드 출신의 물리학자 맥스웰은 전기장과 자기장의 성질 및 전기장과 자기장의 상호작용을 나타내는 방정식을 제안하여 전자기학을 완성했다.

청개구리의 법칙

전자기 유도 현상을 발견하기 이전에는 전기를 만들어 내는 방법이 두 가지밖에 없었다. 하나는 물체를 마찰시켜 전자를 한곳에 모으는 방법이다. 그러나 이 방법으로는 많은 전기를 발생시키기가 어렵다. 회전하는 바퀴를 이용하여 마찰전기를 효과적으로 발생시키는 장치가 발명되기도 했지만 이렇게 만들어진 전기는 겨우 전기에 관한 간단한 실험을 할 수 있는 정도였다. 전기를 발생시키는 다른 방법은 전지를 이용하는 것이다. 전지는 화학반응을 통해 전기를 발생시킨다. 화학에너지가 전기에너지로 바뀌는 것이다. 화학 전지로는 안정된 전류를 만들어 낼 수 있지만, 커다란 공장을 돌릴 수 있을 정도의 많은 전기를 만들어 낼 수는 없다.

따라서 패러데이의 전자기 유도 법칙이 발견되기 전에는 전기가 실생활에 이용되지 못하고 과학 실험에 쓰이거나, 호기심 많은 사람들의 놀잇거리로만 이용되고 있었다. 그러나 전자기 유도 법칙의 발견으로 사정이 달라졌다. 전자기 유도 법칙을 이용해 아주 쉽게 많은 전기를 발전시킬 수 있게 되었기 때문이다. 전자기 유도 법칙에 따르면, 자기장이 변하면 주변에 있는 도선에 전류가 흐른다. 따라서 도선 주위에서 자석을 움직이거나 자석 주위에서 도선을 움직이기만 하면, 도선에 전류가 흐르게 된다. 자전거 바퀴에 달려 있는 간단한 발전기나 손으로 작동하여 플래시 불을 켜는 작은 발전기는 코일을 여러 번 감아 놓고 그 가운데서 자석을 빠른 속도로 회전시켜서 전기를 발생시킨다.

전자기 유도 법칙에 의해 발생하는 전류의 방향은 '청개구리 법칙'을 이용하면 알 수 있다. 유도된 전류는 항상 자기장의 변화를 방해하는 방향으로 흐르기 때문에 늘 어머니의 말을 따르지 않고 반대로 행동했다는 옛이야기 속 청개구리에 빗대어 붙인 이름이다. 스위치를 넣어서 전류가 도선의 우측으로 흐르기 시작하면, 이때 발생하는 유도 전류의 방향은 좌측 방향이다. 스위치를 꺼서 우측으로 흐르던 전류를 사라지게 하면, 순간 우측 방향으로 흐르는 유도 전류가 발생한다. 우측으로 흐르던 전류가 흐르지 않게 되는 경우 전류의 변화 방향은 좌측이기 때문이다.

자석을 솔레노이드에 가까이 가져가거나 멀어지게 할 때 솔레노이드에 흐르는 전류의 방향도 같은 원리로 정해진다. 솔레노이드를

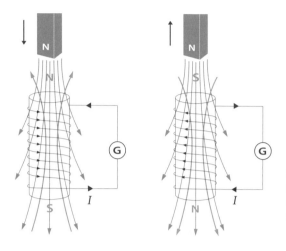

자석이 솔레노이드에 다가가거나 멀어질 때 솔레노이드에 흐르는 전류의 방향.

향해 N극이 다가가면 솔레노이드에는 자석이 다가오는 쪽이 N극이 되도록 전류가 흐른다. 그래야 다가오는 자석의 운동을 방해할 수 있기 때문이다. 반대로 자석의 N극이 솔레노이드로부터 멀어지면 솔레노이드에는 자석을 향한 쪽이 S극이 되도록 전류가 발생한다. 멀어져 가는 N극을 끌어당기기 위해서이다. 자석을 솔레노이드에 다가가게 하거나 멀어지게 하기 위해서는 자석에 힘을 가해 '일'을 해야 한다. 이렇게 자석에 가해진 힘이 하는 일(역학적 에너지)이 전기에너지로 바뀌어 솔레노이드에 전류가 흐르는 것이다.

앞 장에서 이야기했던 다이내믹 마이크에서는 영구자석의 자기장 안에 있는 코일이 음파에 의해 떨리면 코일에 음파와 같은 진동수로 진동하는 전류가 흐른다. 다시 말해 소리의 진동으로 코일이 진동하면 진동하는 전류가 발생한다. 이렇게 만들어진 전기 신호가 스피커에서 소리로 재생된다.

자체 유도와 상호 유도

전류가 흐르지 않는 회로에 스위치를 켜면 어떤 전류가 흐를까? 쉽게 생각하면 스위치를 켜는 순간 회로에는 옴의 법칙으로 계산한 전류가 흘러야 한다. 그러나 실제로는 그렇지 않다. 스위치를 넣는 순간, 회로에는 이전까지 흐르지 않던 전류가 흐르게 된다. 이것은 회로에 갑작스러운 전류의 변화가 생긴다는 뜻이다. 이러한 전류의 변화는 전류가 증가하는 것과는 반대 방향으로 흐르는 유도 전류를 발생시킨다. 따라서 회로에는 스위치를 켜는 순간 갑자기 전류가 증가하는 것이 아니라, 유도 전류를 극복해 가면서 서서히 전류가 증가한다. 스위치를 켜는 순간부터 일정한 전류에 도달할 때까지의 시간이 매우 짧기 때문에 우리가 전기를 사용할 때는 이것을 느끼지 못한다.

그렇다면 전류가 흐르는 회로의 스위치를 끄는 경우에는 어떤 전류가 흐를까? 스위치를 차단하면 전원과의 연결이 끊어져 전류가 0으로 떨어진다. 그러나 전류가 흐르던 회로에 전류가 흐르지 않게 되는 것도 전류의 변화이므로 회로에는 유도 전류가 발생해, 스위치를 차단한 후에도 원래 전류가 흐르던 방향으로 잠시 전류가 흐른다. 이렇게 도선에 흐르던 전류의 변화가 도선 자체에 유도 기전력을 발생시켜 전류의 변화를 방해하는 것을 자체 유도self induction라고 한다. 전류가 변할 때 자체 유도에 의해 전류가 발생되는 정도를 '인덕턴스'라고 하는데, 인덕턴스의 크기는 도선의 종류나 도선의 배치 등에 따라 달라진다. 1초에 1암페어의 전류 변화가 있을 때 1볼트의 유도 기전력이 발생하는 도선의 자체 인덕턴스가 1헨리H이다. 헨리라는

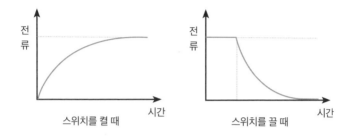

자체 유도에 의한 인덕턴스. 스위치를 켜거나 끌 때 자체 유도 현상에
의해 전류의 변화를 방해하는 방향으로 유도 전류가 발생한다.

단위는 앞 장에서 이야기한 미국의 물리학자 조지프 헨리의 이름에
서 따온 것이다.

이번에는 두 개의 도선이 있는 경우를 생각해 보자. 한 도선에 흐
르는 전류가 변하면 도선 주변 자기장에 변화가 생기고, 이 자기장
의 변화가 두 번째 도선에 전류를 발생시킨다는 것은 이미 앞에서 이
야기했다. 이렇게 한 도선의 전류 변화가 두 번째 도선에 유도 전류
를 발생시키는 것을 상호 유도mutual induction라고 한다. 그러면 첫 번
째 도선에서의 전류 변화가 두 번째 도선에 얼마나 큰 전류를 발생시
킬까? 첫 번째 도선에서 전류의 변화에 의해 두 번째 도선에 발생하
는 전류의 크기는 두 도선의 재질, 두 도선 사이의 거리, 그리고 두 도
선의 배치 등에 따라 달라진다. 첫 번째 도선에 1초에 1암페어의 전류
변화가 있을 때 두 번째 도선에 1볼트의 기전력이 발생하는 경우, 두
도선의 상호 인덕턴스를 1헨리라고 한다. 자체 유도와 상호 유도는
전류의 변화가 어떤 도선에 전류를 발생시키느냐만 다를 뿐 그 원리
는 똑같다. 두 가지 인덕턴스를 모두 헨리라는 단위를 이용하여 나타

내는 것은 이 때문이다.

만약 한 도선의 전류 변화가 일시적이라면 유도되는 전류도 일시적으로 흐르고 말겠지만 도선에 흐르는 전류가 계속적으로 변한다면 두 번째 회로에도 유도 전류가 계속 흐르게 된다. 교류는 계속해서 전류의 방향과 크기가 바뀌는 전류이다. 따라서 첫 번째 도선에 교류가 흐르면 가까이 있는 다른 도선에도 교류가 흐르게 된다. 이 원리를 이용하면 도선으로 연결하지 않고도 전기에너지를 다른 도선에 전달할 수 있다. 최근에 많이 사용하는 인덕션 레인지나 무선 충전기는 이 원리를 이용한 전기 기구이다. 인덕션 레인지에 교류가 흐르면 상호 유도의 원리에 의해 금속 용기에 전류가 발생한다. 이렇게 발생한 유도 전류가 금속 용기가 가지고 있는 저항에 의해 열을 발생시켜 요리를 할 수 있다. 그래서 인덕션 레인지는 상호 인덕턴스가 큰 금속 재질의 용기만 사용할 수 있다.

교류와 변압기

전류에는 한 방향으로만 흐르는 직류와 전류의 방향이 변하는 교류가 있다. 반도체 소자를 사용하는 컴퓨터를 비롯해서 대부분의 전자 제품은 작동할 때 직류 전기가 필요하다. 그러나 이런 제품들도 모두 교류를 공급받아 직류로 변환하여 사용하고 있다. 따라서 오늘날 우리가 사용하는 전기는 모두 교류라고 할 수 있다. 직류와 비교할 때, 교류는 상호 유도를 이용해 전압을 쉽게 올리거나 내릴 수 있어서 송전하는 동안의 에너지 손실을 최소화할 수 있기 때문이다.

상호 유도를 이용하여 전류와 전압의 세기를 원하는 대로 바꿀 수 있는 장치가 '변압기'다. 변압기에는 도선을 여러 번 감아 만든 코일 두 개가 나란히 있는데, 첫 번째 코일에 교류가 흐르게 하여 두 번째 코일에 전류를 만들어 낸다. 변압기의 1차 코일과 2차 코일에 흐르는 전류는 두 코일의 감은 수의 비에 따라 달라진다. 감은 횟수가 적을수록 큰 전류가 흐르고 감은 횟수가 많을수록 작은 전류가 흐른다. 그러나 전압은 감은 수가 많을수록 높아지고, 감은 수가 적을수록 낮아진다. 전압과 전류를 곱한 것이 1초 동안 전달되는 전기에너지이다. 전압과 전류가 서로 반비례하므로 변압기를 이용하면 에너지를 그대로 유지하면서 전압과 전류의 크기를 마음대로 바꿀 수 있다.

발전소에서 전기를 발생시키면 이 전기를 쓸 사람들이 살고 있는 도시까지 보내야 한다. 전기를 보내기 위해서는 도선을 연결해야 한다. 그런데 도선을 통해 전기를 보내는 동안에는 도선의 저항 때문에

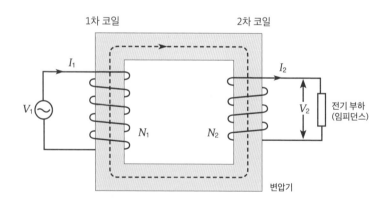

변압기에서 1차 코일과 2차 코일의 전압(V_1 : V_2)은 코일의 감은 수(N_1 : N_2)에 비례하고, 전류(I_1 : I_2)는 반비례한다.

열이 발생하여 에너지의 손실이 생긴다. 이러한 손실을 작게 하려면 전류를 작게 해야 하고, 작은 전류로 많은 전기에너지를 보내려면 전압을 높여야 한다. 그래서 발전소에서 도시 근처까지는 아주 높은 전압으로 전기를 보낸다. 이렇게 높은 전압의 전기가 통과하는 도선이 '고압선'이다. 고압선을 거쳐 도시 근처에 있는 변전소까지 온 전기는, 변압기를 이용해 낮은 전압으로 안전하게 바뀌어 가정이나 공장까지 보내진다. 가정에서 사용하는 전기는 집 가까이 있는 전주, 또는 아파트의 전기실에서 220볼트로 낮춰져 각 가정으로 전달된다.

발전소의 건설

발전기의 원리인 패러데이의 전자기 유도 법칙이 발견된 뒤에도 대량의 전기를 발생시키는 발전기가 실제로 가동되기까지는 약 50년이 걸렸다. 전류의 자기작용과 전자기 유도 법칙을 비롯한 전자기 현상과 관련된 기본 법칙들을 종합하여 전자기학을 완성시키는 과정이 남아 있었을 뿐만 아니라, 발전기를 개발하는 데 시간이 필요했기 때문이다.

패러데이의 전자기 유도 법칙을 이용한 최초의 발전기는 1878년 영국의 크레그사이드에 설치된 수력발전기로, 물의 흐름을 이용하여 발전기를 돌렸다. 이 발전기가 생산한 전기는 전깃불, 난방, 기계 작동용으로 사용되었다. 1881년에는 영국의 골달밍에 가로등을 밝히기 위한 수력발전기가 설치되었지만, 그리 성공적이지 못해 곧 가스를 이용하는 가로등으로 교체되었다.

The Edison 1,500-light 110-volt Steam Dynamo called the "Jumbo." Installed in 1882 at Holborn Viaduct Station, London, at Milan, in Italy, and at Pearl Street Station, New York City, U.S.A., the first Edison Public Electric Supply Stations. The dynamo armature was coupled direct to the shaft of a 150 h.p. Porter-Allen engine. Note the multiple legs of the field electromagnets.

[To face page 224.

[왼쪽] 미국 뉴욕의 펄스트리트 화력발전소. 1882년 에디슨 전기조명회사에서 설립한 것으로, 맨해튼 지역 85여 호에 전기를 공급했다. [오른쪽] 펄스트리트 발전소에서 사용했던 발전기.

1882년에는 석탄을 때서 만든 수증기를 이용하여 전기를 생산하는, 최초의 화력발전소가 런던에 세워졌다. 미국의 토머스 에디슨 Thomas Alva Edison, 1847~1931이 설립한 에디슨 전기조명회사Edison Electric Light Station가 세운 이 화력발전소의 발전 용량은 93킬로와트였으며 교회, 재판소, 전신회사 등에 공급되어 전깃불을 밝혔다. 같은 해에 에디슨 전기조명회사는 미국 뉴욕의 펄스트리트에도 화력발전소를 건설하고 맨해튼 지역에 전깃불을 밝히는 데 필요한 전기를 공급했다. 이 발전소에서는 석탄을 때서 직류 전기를 생산했다. 직류 전기는 송전에 제한이 있었기 때문에 발전소와 가까운 주변 지역에만 공급할 수 있었다. 1882년 미국 위스콘신주 애플턴에 있는 폭스강에는 수력발전소가 설치되었다.

1886년에는 조지 웨스팅하우스가 교류 전기를 생산하는 발전소를 건설하기 시작했고, 이는 에디슨과의 전류 전쟁으로 이어졌다. 웨스팅하우스 편에서 일했던 니콜라 테슬라와 에디슨 사이의 경쟁으로 잘 알려진 전류 전쟁은 변압기를 이용해 손쉽게 많은 전기를 송전할 수 있는 교류 전기의 사용을 주장했던 웨스팅하우스와 테슬라의 승리로 끝났고, 이후 교류 전기가 널리 쓰이게 되었다.

우리나라의 전기 도입

우리나라에 최초로 수력발전기가 설치된 곳은 경복궁이었다. 19세기 말에 불기 시작한 개화의 바람과 외세의 압력에 쇄국정책을 고집하던 우리나라도 문호를 개방하지 않을 수 없게 되었다. 개방의 물결 속에서 세계 여러 나라와 우호통상조약을 체결한 조선은 1882년 5월 22일에 미국과도 조미수호통상조약을 맺었다. 조약을 체결한 이듬해인 1883년 5월 미국의 초대 주한 공사 루셔스 푸트가 서울에 부임했으며, 같은 해 8월 우리나라도 민영익, 홍영식 등을 중심으로 한 사절단을 미국에 보냈다.

사절단은 미국 전역을 시찰하면서 새 문물을 접하고 미국 대통령을 두 번이나 접견하기도 했다. 사절단을 가장 놀라게 한 것은 부상하고 있던 전기 문명이었다. 사절단의 일원으로 시찰 기간의 기록을 담당했던 서광범은 전기회사를 방문했을 때 여러 가지 질문을 던졌다. 그들의 설명을 다 이해할 수는 없었지만, 그는 우리나라에도 전기를 빨리 도입하는 것이 필요하다고 적었다.

미국에서 새로운 문명을 접하고 돌아온 이들은 고종에게 발전소 건설을 건의했다. 조정은 궁궐에 전등을 설치하는 데 필요한 발전

시설과 전등 설치를 위해 에디슨 전기조명회사와 계약을 체결했다. 1884년 12월에 있었던 갑신정변으로 일정이 다소 늦어졌지만, 1886년 말에 에디슨 전기조명회사가 전기기사 윌리엄 매케이를 파견하여 경복궁 후원의 건청궁 앞뜰, 향원정 연못가에 7킬로와트짜리 발전기 세 대를 설치하고 1887년 3월 9일 저녁 경복궁에 전깃불을 밝혔다. 이 발전기는 16와트짜리 전등 750개를 켤 수 있는 규모로, 당시로서는 매우 우수한 발전 설비였다. 세계 최초의 발전기가 설치되고 9년 만에 동양의 은둔 왕국이었던 우리나라에까지 발전기가 설치된 것을 보면 발전기가 얼마나 빠르게 전 세계로 보급되었는지를 알 수 있다. 그러나 당시에는 발전기의 성능이 좋지 않아 전깃불이 자주 꺼지고 발전 비용도 많이 들어서 건달불이라고 불리기도 했다. 게다가 연못 물로 발전기를 돌리다 보니 수온이 올라가 연못의 물고기가 떼죽음당하자 이 발전기는 곧 철거되었다.

경복궁에 전등이 켜지고 11년 뒤인 1898년 1월에는 미국인 콜브란의 조언을 받은 고종이 한성판윤을 시켜 서울 시내의 전차, 전기, 전화의 가설과 운영권을 농상공부대신에게 청원하도록 했다. 그리하여 같은 해 1월 26일자로 인가를 받은 한성전기회사가 설립되었다. 한성전기회사는 동대문에 설비 용량이 75킬로와트인 발전소를 설치하고 전력을 생산하기 시작했다. 1899년 5월 4일에는 동대문 발전소에서 공급된 전기로 운행하는 전차가 동대문과 홍화문(지금의 서대문) 구간을 최초로 시험 운행했다. 전차는 약 2주간의 시운전과 점검을 마치고 5월 20일 일반에게 공개되었다. 교통수단에도 전기가 사용되기 시작한 것이다.

전차가 지나가는 남대문 풍경과 한성전기회사 후신이라
할 수 있는 경성전기회사(1915년 이후)에서 발행한 전차
승차권.

　전차는 처음엔 오전 8시부터 오후 6시까지만 운행했으나 개통 다
음 해인 1900년 4월에는 청량리에서 서대문까지 그리고 청량리에서
남대문 사이를 밤 10시까지 운행했다. 그 후 70년간 운행되던 전차는
교통 혼잡과 적자 운영으로 1968년 11월 29일 철거되었다. 1900년에
는 덕수궁에도 수력발전기를 설치해 이곳에서 생산한 전기로 덕수
궁의 안팎을 밝혔다. 전깃불이 궁을 환하게 밝히자 덕수궁에서는 이
를 기념하는 연회가 개최되기도 했다. 궁궐 밖 민간인들이 전깃불을
사용할 수 있게 된 것은 1900년 4월이었다. 서울 종로에 최초로 가로
등 세 개가 설치된 것이다. 1901년에는 진고개(오늘날의 충무로)에 전등
600개가 설치되었다. 진고개 점등식은 정부 관리와 상인 등 많은 사
람들이 모인 가운데 화려하게 거행됐다.

우리나라에 처음 전등이 들어왔을 때 사대사상에 젖어 있던 일부 양반들은 전깃불은 중국의 것이 아니라 오랑캐의 것이라며 배척하기도 했다. 이들은 오랑캐의 불인 전깃불 아래서는 제사를 모셔서는 안 된다고 주장했다. 집집마다 환한 전깃불을 사용하고 있는 요즘에도 촛불을 켜 놓고 제사를 지내는 것을 보면 생활 습관은 쉽게 바뀌지 않는 것 같다. 전깃불이 처음 보급되었을 때는 고장이 잦아 어려움을 겪기도 했다. 전기 사용에 익숙하지 않은 사람들이 전구를 빼고 소켓에 물건을 넣어 불을 붙이려고 했기 때문이다.

우리나라 최초의 산업용 수력발전소는 1905년에 평안북도 운산 금광에 설치된 운산수력발전소였다. 운산금광에서 채광에 필요한 전기를 공급하기 위해 설치된 운산수력발전소는 발전 용량이 약 500 킬로와트로, 현재의 기준으로 보면 아주 작은 규모였지만 당시로서는 최첨단 시설이었다. 남한 지역에 가장 먼저 건설된 수력발전소는 1931년에 전라북도 정읍시에 건설된 운암발전소이다. 발전용량이 5120킬로와트였던 운암발전소는 1985년 가동이 중지되었다. 일제 강점기에는 지리적 여건이 유리한 북한 지역에 대부분의 수력발전소가 건설되었다. 일제 강점기에 건설된 주요 수력발전소를 살펴보면 오른쪽 표와 같다.

1945년 8월 15일, 광복 당시 우리나라 전체 발전 설비는 172만 킬로와트였는데 이 중 88.5퍼센트에 해당하는 약 152만 킬로와트의 발전 설비가 북한 지역에 있었고, 남한에는 약 20만 킬로와트의 발전 설비밖에 없었다. 따라서 북한이 1948년 5월 14일 정오를 기해 남한에 대한 전기 공급을 중단해 버리자 남한 사회는 큰 혼란에 빠졌다.

건설 연도	이름	설비 용량	비고
1912년	원산수력발전소	86kW	북한
1929년	부전강수력발전소	20만kW	북한
1931년	운암수력발전소	5120kW	섬진강, 남한
1933년	장진강수력발전소	35만kW	북한(5개의 발전소)
1937년	보성강수력발전소	3120kW	남한
1940년	부령천수력발전소	2만 8640kW	두만강 지류, 북한
1941년	허천강수력발전소	35만 4600kW	북한
1943년	청평수력발전소	3만 9600kW	남한
1943년	수풍수력발전소	64만kW	만주국과 합작
1944년	화천수력발전소	10만 8000kW	6·25 후 남한
1945년	칠보수력발전소	1만 4400kW	섬진강, 남한

이것이 5·14 단전 사건이다.

5·14 단전으로 남한은 많은 공장이 문을 닫았고, 가정에는 3부제나 격일제로 전기가 공급됐다. 1950년에 발발한 6·25 전쟁으로 얼마 안 되던 전력 설비마저 파괴되자 전쟁 후에는 더욱 심각한 전기 부족을 겪어야 했다. 내가 태어난 1952년은 우리나라가 극심한 전기 부족에 시달리던 때였다. 농촌은 말할 것도 없었고 도시에서도 저녁에 잠깐씩만 전깃불을 켤 수 있었다. 내가 중학교에 진학하던 1965년의 우리나라 농어촌 전기 보급률은 12퍼센트에 불과했다. 그것은 도시와 가까운 일부 농촌을 제외하고는 대부분의 농촌에 전기가 보급되지 않았다는 것을 의미한다.

세 개 회사로 분리되어 있던 전력회사를 통합하여 한국전력주식회사를 설립한 것은 1961년이었다. 1962년 한국전력은 전원 개발 5개년 계획을 수립하고, 전력난 타개를 위한 노력에 돌입했다. 그 결과

부산화력을 비롯한 발전 설비가 확충되어 시설 용량이 35만 킬로와트까지 올라갔다. 그러자 1965년 4월 1일을 기해 제한 송전을 중단하고, 무제한 전력을 공급하기 시작했다. 그러나 급격한 전력 수요의 증가로 전력 공급이 여의치 않게 되자 1967년 말부터 한동안 다시 제한 송전을 실시하기도 했다. 전기 사정이 좋아진 1965년부터는 농어촌에 전기를 공급하기 위한 농어촌 전화 사업을 확대해 나갔다. 농어촌 전화 사업은 큰 성공을 거두어 이 사업이 끝날 무렵인 1979년에는 전국 전기 보급률이 96.7퍼센트로 높아졌다.

———

1800년대 말부터 패러데이가 발견한 전자기 유도 법칙을 바탕으로 세계 곳곳에 발전소가 건설되면서 본격적인 전기 문명 시대의 토대가 마련되었다. 그러나 본격적인 전기 문명이 꽃피기 위해서는 아직 조금 더 기다려야 했다. 길버트에서 시작하여 패러데이와 헨리에 이르기까지 많은 사람들이 밝혀낸 전기 법칙들을 종합하여 전자기학을 완성하는 일이 남아 있었기 때문이다. 전자기학을 완성하는 과정에서 전자기파라는 뜻밖의 전리품까지 챙긴 후에야 현대 전기 문명으로 향하는 문이 활짝 열리게 되었다.

6

전 자 기 파 가

그 모 습 을 드 러 내 다

먼 길을 돌아서 만난 맥스웰 방정식

내가 고등학교에 다닐 무렵 우리나라는 6·25 전쟁의 상처는
어느 정도 아물어 가고 있었지만, 월남전(베트남 전쟁)으로 인해
새로운 상처를 입고 있었다. 월남전은 먼 나라 전쟁이 아니었다.
우리나라의 젊은이들이 나가 싸웠고, 그중 많은 사람이 목숨을 잃은
우리의 전쟁이었다. 그럼에도 불구하고 입시에 쫓기던 대부분의
고등학생들에게 월남전은 텔레비전 뉴스에서나 접하는 다른 세계의
일이었다. 하지만 고등학교 선배님 한 분이 전사하신 후 나는
월남전을 피부로 느낄 수 있었다.

고 장소길 선배님은 육사를 졸업하고 장교로 근무하다 월남전에
참전했고, 중위로 소대원들을 이끌고 전투하다가 전사하셨다. 내가
고등학교 3학년이던 1971년 4월 26일의 일이었으니 벌써 50년
전이다. 아들과 형제를 잃은 슬픔이 컸던 가족들은 전사 보상금을
모교 후배들을 위한 장학금으로 내놓았다. 1971년 9월에 결성식을
가진 장소길 장학회는 각 학년에서 한 명씩 선발해 매달 장학금을
지급했다. 3학년에서는 내가 장학생으로 선발되어 다음 해 1월에

전자기학은 3학년 때 두 학기 동안 공부했다. 전자기학을
공부하면서 맥스웰 방정식이 쿨롱의 법칙이나 옴의 법칙보다 훨씬 더
중요한 기본적인 법칙이라는 것을 알게 되었다.

사진은 맥스웰 방정식을 필기한 노트와 대학 시절의 저자.

졸업할 때까지 네 달간 장학금을 받았다.

어려운 가운데서도 전사 보상금을 장학금으로 내놓은 가족들, 유고집을 만든 고인의 친구들 그리고 함께 동고동락했던 육사 동기들은 50년이 지난 지금도 그분을 기념하여 모인다. 매년 세 차례 갖는 정기 모임에는 나를 비롯한 장소길 장학금 수혜자들과 역대 교장 선생님, 동문회 임원을 비롯해 장학회 취지에 공감하는 사람들도 참석하고 있다. 모임에서는 고인을 기리는 기념비를 세우고, 장학회를 장학재단으로 발전시키는 등 기념사업을 해 왔다. 이런 일이 가능한 것은 장소길 선배님이 가족과 친구들에게 오랜 시간이 지나도 기억 속에서 지워 버릴 수 없는 소중한 사람이었기 때문일 것이다. 나는 이 나이가 되어서야 다른 사람이 쉽게 잊을 수 없는 소중한 사람이 된다는 것이 얼마나 어려운 일인지를 깨닫고 있다.

장소길 장학금을 받은 3학년 2학기에는 아르바이트를 하지 않고 입시 공부에 전념했다. 졸업 때가 다가오자 진학할 대학을 정해야 했다. 처음에는 빨리 졸업하고 취직할 수 있는 교육대학에 가려고 했지만(당시에는 교육대학이 2년제였다) 초등학교 선생님이 되면 미술과 음악도 가르쳐야 한다는 것 때문에 포기했다. 음악과 미술은 아무래도 자신이 없었다.

고등학교 2학년이 될 때 나는 역사를 좋아해 문과를 선택하려고 했지만 취직에 유리하다는 담임 선생님의 강력한 권고로 이과를 선택했다. 그러나 대학 입학을 앞에 두고 보니 역사에 대한 미련을 버릴 수가 없었다. 그래서 선생님의 만류에도 불구하고 역사학과에

지원했다. 세상 흐름에 떠밀려 살았던 내가 장래 문제를 내 생각대로
관철한 건 그때가 처음이었을 것이다. 그러나 결과는 낙방이었다.

전기와 후기로 나누어 두 번 대학 입학시험을 치렀던 당시에는
전기에 떨어지면 후기에 한 번 더 시험을 볼 기회가 있었다.
후기에는 장학금을 받을 수 있어 학비를 걱정하지 않아도 되는
지방의 공과대학 기계공학과에 지원해 합격했다. 그러나 아무래도
미련이 남았다. 고등학교 때 아르바이트를 하느라 충분히 공부를
하지 못했다는 생각에 더욱 그랬다. 그래서 한 학기가 지난 다음
학교를 그만두고 다시 입시 공부를 시작했다. 그 후 4개월 동안은
독서실에서 먹고 자면서 공부만 했다. 짧은 기간이었지만 한바탕
공부를 하고 나자 입시에 자신이 생겼다. 이번에는 그때만 해도 이과
중에서 가장 인기 학과였던 물리학과에 지원했다. 고등학교에서
공부한 이과가 유리할 것 같았고, 물리학에 대한 관심이 커졌기
때문이었다. 무난히 합격이었다.

그러나 대학에 입학하고 얼마 안 되어 병무청에서 신체검사
통지서가 나왔다. 당시 대학생들은 졸업할 때까지 입대를 연기할
수 있었지만 학적을 옮긴 학적 변동자에게는 그런 혜택이 주어지지
않았다. 신체검사 통지서를 받고 며칠 만에 신체검사를 받았고, 한
달도 안 돼 군에 입대했다. 대학에 입학했다가 대입 시험을 다시
본 학적 변동자들을 마치 범죄자처럼 취급하던 시절이었다. 내가
논산 훈련소에 입대한 것은 1학년 1학기가 미처 끝나기도 전인 그해
6월이었다. 이로 인해 나는 적령기인 22살(만 21살)에 군에 입대했다.
초등학교를 졸업한 이후 적령기에 무엇을 한 것은 군에 입대한 것이

처음이었다.

초등학교 동창들보다 3년이나 늦게 대학에 입학했는데 군 복무로 인해 본격적인 대학 생활이 다시 3년 뒤로 미뤄졌다. 전기 문명의 기초가 되는 전자기학은 물리학의 필수 과목 중 하나이다. 따라서 물리학과에서는 전자기학을 제대로 배울 수 있다. 그러나 전기 문명에서 너무 멀리 떨어져 있었던 내가 전기 문명으로 다가가기 위해서는 숙성의 과정이 필요했던 걸까.

나는 35개월의 군 복무를 마치고 복학한 후에야 본격적으로 물리학 공부를 시작할 수 있었다. 전자기학은 3학년 때 두 학기 동안 공부했다. 전자기학을 공부하면서 맥스웰 방정식이 쿨롱의 법칙이나 옴의 법칙보다 훨씬 더 중요한 기본적인 법칙이라는 것을 알게 되었다. 맥스웰 방정식은 1860년대에 영국의 맥스웰이 정리한 방정식이다. 나는 맥스웰 방정식이 세상에 나오고 100년도 더 지나 그것을 배우기 시작한 것이다.

맥스웰 방정식

맥스웰 방정식은 쿨롱, 앙페르 그리고 패러데이와 같은 과학자들이 발견한 법칙들을 종합하여 전자기 현상을 설명하는 통일적 이론 체계이다.

맥스웰 방정식을 만든 스코틀랜드 에든버러 출신의 물리학자 제임스 클러크 맥스웰James Clerk Maxwell, 1831~1879은 열다섯 살이 되기 전에 복잡한 곡선을 수학적으로 분석한 논문을 에든버러 왕립학회에 제출하여 사람들을 놀라게 했다. 그는 케임브리지 대학에서 공부하고 같은 대학의 연구원이 되어 전자기학을 연구했으며 1856년에 스물다섯 살의 나이로 애버딘 대학 자연철학 교수가 되었다. 1860년에는 킹스칼리지로 옮겼는데, 그곳에서 전자기학 이론의 기초가 되는 「물리적 자력선」, 「전자기장의 역학」 등의 논문을 발표했다. 또한 그는 기체 분자들의 행동을 통계적으로 분석해 기체의 성질을 설명하

[왼쪽] 1869년 무렵 맥스웰과 부인.
[위쪽] 맥스웰이 친구였던 물리학자 테이트
(Peter Guthrie Tait, 1831~1901)에게
보낸 엽서.

는 분자운동론에 관한 중요한 연구를 했으며, 전기 저항과 관련된 실험을 하기도 했다.

1865년에 맥스웰은 「전자기장의 동력학 이론」이라는 논문에서 전류의 자기작용을 나타내는 앙페르 법칙을 일부 수정하여 맥스웰 방정식을 완성했다. 건강상의 이유로 교수직을 사직한 뒤에는 에든버러로 돌아가 『전자기론』을 쓰는 일에 전념했다. 전자기학을 완성한 것으로 평가되는 이 책은 1873년에 출판된다. 1874년에 캐번디시 연구소의 초대 소장이 된 맥스웰은 맥스웰 방정식으로부터 전자기파의 파동방정식을 유도해 냄으로써 전자기파의 존재를 예측했다. 또한 전자기파의 전파속도가 빛의 속도와 같고, 전자기파가 횡파라는 사실로부터 빛이 전자기파라는 사실을 밝혀냈다.

맥스웰은 다양한 분야에서 중요한 연구 업적을 많이 남겼지만 가장 중요한 업적은 전자기학의 법칙들을 종합하여 정리한 맥스웰 방정식을 제안한 것이다. 뉴턴역학에서 가장 핵심적인 식은 $f=ma$로 표현되는 운동 방정식이다. 뉴턴역학의 많은 식 중에서 이 식이 특히 중요한 까닭은 다른 모든 식들은 이 식으로부터 유도할 수 있지만 이 식은 다른 식으로 유도할 수 없기 때문이다. $f=ma$는 다른 원리로부터 유도된 식이 아니라 뉴턴이 발견한 식이다. 네 개의 방정식으로 이루어진 맥스웰 방정식은 전자기학에서 $f=ma$와 같은 위치를 차지한다. 다시 말해 이 네 개의 식은 전자기학의 기본이 된다. 그러나 이름과는 달리 이 네 식을 모두 맥스웰이 발견한 것은 아니다. 맥스웰은 이미 다른 과학자들이 발견해 놓은 전자기 현상과 관련된 법칙들을 체계적으로 정리하였다. 따라서 여기에는 전류의 자기작용, 전자기 유도 법칙도 포함되어 있다.

맥스웰 방정식은 전기장과 자기장의 성질을 설명하는 두 개의 방정식과 전기장과 자기장의 상호작용을 설명하는 두 개의 방정식으로 이루어져 있다. 뉴턴의 운동 방정식이 간단한 하나의 식으로 표현되는 것과는 달리 맥스웰 방정식은 네 개의 벡터 방정식으로 이루어져 있다. 전기장이나 자기장은 크기뿐만 아니라 방향도 고려해야 하기 때문이다. 고등학교에서도 벡터의 기본 개념과 간단한 연산을 배우기는 하지만 벡터의 미분이나 적분은 배우지 않는다. 따라서 벡터의 적분이나 미분이 포함된 맥스웰 방정식이 어렵게 느껴질 수밖에 없다. 여기서는 맥스웰 방정식이 어떤 식인지 구경만 하고 지나가기로 하자.

$$\nabla \cdot E = \frac{\rho}{\varepsilon_o} \qquad\qquad \nabla \cdot B = 0$$

$$\nabla \times B = \mu_o J + \mu_o \varepsilon_o \frac{\partial E}{\partial t} \qquad\qquad \nabla \times E = - \frac{\partial B}{\partial t}$$

식에서 E는 전기장, ρ는 전하밀도, B는 자기장, J는 전류밀도이다. 벡터의 미분을 배우지 않은 사람들에게는 위의 맥스웰 방정식이 생소해 보이겠지만 방정식에 담긴 의미를 이해하는 것은 그다지 어렵지 않다.

전기장에 관한 가우스 법칙이라고도 부르는 첫 번째 방정식은 전기력선이 양의 전하에서 시작되어 음의 전하에서 끝난다는 것을 나타내는 방정식이다. 첫 번째 방정식을 이용하면 도체에서는 전하가 표면에만 분포해야 한다는 것을 유도해 낼 수도 있다. 사실, 맥스웰 방정식이 아니더라도 전하가 도체 표면에만 분포한다는 것은 쉽게 이해할 수 있다. 같은 전하들 사이에는 서로 밀어내는 척력이 작용하므로 전하가 자유롭게 이동할 수 있는 도체에서는 전자들이 가능하면 멀리 떨어져 있어야 한다. 가장 멀리 떨어져 있기 위해서는 전하들이 표면에만 분포해야 한다.

맥스웰 방정식의 두 번째 식은 전류를 싸고도는 방향으로 만들어지는 자기력선은 시작점과 끝점이 없다는 내용을 식으로 나타낸 것이다. 다시 말해 자석에는 N극과 S극이 별도로 존재하지 않고, N극 방향과 S극 방향만 존재한다는 것을 나타낸다.

맥스웰 방정식의 세 번째 식은 전류가 만드는 자기장의 방향과 세기를 결정할 수 있게 하는 앙페르의 법칙을 일부 수정한 방정식이다. 앙페르는 전류가 흐를 때만 주변에 자기장이 만들어진다고 했다. 그러나 맥스웰은 전류가 흐르지 않더라도 전기장의 세기가 변하면 주변에 자기장이 만들어지는 것을 나타내는 항을 추가했다.

전기장의 세기만 변해도 자기장이 만들어진다는 것은 무슨 뜻일

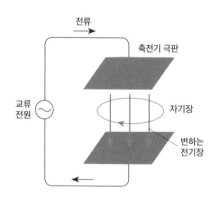

평행판 축전기의 내부와 같이 전류가 흐르지 않고 전기장의 세기만 변하는 곳에서도 자기장이 만들어진다.

까? 두 개의 평행 판으로 만든 축전기를 예로 들어 보자. 축전기를 전원에 연결하면 축전기로 전류가 흘러들어 가 축전기의 두 평행 판에 전기가 저장된다. 그동안 평행 판 사이의 공간에는 어떤 일이 일어날까? 축전기에 전기가 저장되기 전에는 축전기 내부, 즉 평행 판 사이에는 전기장이 형성되어 있지 않았다. 그러나 두 판에 전기가 충전됨에 따라 평행 판 사이의 전기장의 세기가 점점 강해진다. 평행 판은 서로 떨어져 있기 때문에 이 사이에는 전류가 흐르지 않는다. 맥스웰은 이처럼 전류가 흐르지 않고 전기장만 변하는 공간에도 자기장이 만들어진다는 것을 발견한 것이다. 맥스웰 방정식의 세 번째 식은 바로, 전류가 흐르거나 전기장의 변화가 생기면 그 주위에 자기장이 만들어진다는 것을 나타내는 방정식이다.

맥스웰 방정식의 네 번째 식은 패러데이의 전자기 유도 법칙을 벡터 미분 방정식으로 나타낸 것이다. 앞에서도 이야기했던 것처럼 전자기 유도 법칙은 자기장의 변화가 전류를 발생시킨다는 것을 나타낸다. 전류가 흐르기 위해서는 전자에 힘이 가해져야 하고, 그러기 위해서는 전기장이 만들어져야 한다. 따라서 전류가 흐른다는 것은 전기장이 만들어진다는 뜻이기도 하다. 그러므로 패러데이 전자기 유도 법칙은 '변해 가는 자기장이 전기장을 만들어 낸다'라고 이야기할 수 있다.

맥스웰 방정식은 벡터 미분 방정식이므로 전기장이나 자기장의 크기는 물론 방향도 중요하다. 맥스웰 방정식의 세 번째 식에는 전류를 나타내는 J라는 변수가 포함되어 있는데, 이것은 전류의 방향에 따라 전류에 의해 만들어지는 자기장이 달라진다는 것을 뜻한다.

그런데 전류는 양극에서 음극으로 흐를까 아니면 음극에서 양극으로 흐를까? 전자가 발견되기 이전에 만들어진 맥스웰 방정식에서는 전류가 양극에서 음극으로 흐르는 것으로 설정되어 있었다. 그러나 전자가 발견된 후, 전류가 흐를 때는 전자가 음극에서 양극으로 이동한다는 것을 알게 되었다. 그렇다면 전류의 방향은 어떻게 정해야 할까? 전자가 이동해 가는 방향을 전류의 방향으로 다시 정해야 하지 않을까? 하지만 전류의 방향을 바꾸면 맥스웰 방정식을 수정해야 하고, 맥스웰 방정식으로부터 유도되는 다른 식들도 모두 수정해야 한다. 다시 말해 전자기학을 처음부터 다시 써야 한다. 따라서 전류의 방향은 예전대로 양극에서 음극으로 향하는 것으로 정했다. 전자가 이동해 가는 방향과 전류의 방향이 반대가 된 것이다. 전자가 앞으로 달려가는 경우 전류는 뒤쪽으로 흐르는 것이 된다. 전류의 방향은 전자가 이동하는 방향이 아니라 어느 쪽이 양극이고 어느 쪽이 음극인지를 나타낸다.

네 가지 식으로 이루어진 맥스웰 방정식을 이용하면 전기장과 자기장의 성질 및 이들 사이의 상호작용을 모두 이해할 수 있다. 그러나 전자기 현상을 설명하기 위해서는 여기에 하나의 식을 더해야 한다. 이것은 뉴턴역학에서 우리 주변의 물체나 천체들의 운동을 설명하기 위해서는 $f=ma$라는 운동 법칙에 중력의 크기와 방향을 알려 주는 중력 법칙이 더해져야 하는 것과 마찬가지이다. 전기 및 자기와 관련된 현상을 설명하기 위해서는 전하 사이에 작용하는 전기력과 운동하고 있는 전하와 자기장 사이에 작용하는 힘인 자기력의 크기와 방향을 알아야 한다. 이들 힘을 '로렌츠의 힘'이라고 한다. 로렌츠 힘을 나타내는 식은 벡터 방정식으로 표현되며, 여기에는 앞서 언급한 쿨롱 법칙과 플레밍의 왼손 법칙이 포함되어 있다.

전자기파 파동 방정식

변하는 전기장이 자기장을 만들고 변하는 자기장은 전기장을 만든다는 것을 나타내는 맥스웰 방정식의 세 번째와 네 번째 식에는 전기장을 나타내는 E와 자기장을 나타내는 B, 그리고 시간을 나타내는 t라는 변수가 포함되어 있다. 다시 말해 맥스웰 방정식의 세 번째 식과 네 번째 식은 전기장, 자기장 그리고 시간으로 이루어진 연립 방정식이다. 전류의 크기와 방향을 나타내는 J라는 변수도 들어 있지만 텅 빈 공간과 같이 전류가 흐르지 않는 곳에서는 J가 0이기 때문에 세 개의 변수만 남게 된다. 따라서 두 식을 연립해서 자기장 B를 소거하면 전기장과 시간만 변수로 포함하는 식을 만들 수 있고, 반대로 전기장 E를 소거하면 자기장과 시간만을 포함하는 식을 만들 수 있다. 그러나 세 번째 방정식과 네 번째 방정식은 벡터 미분 방정식이어서 연립해서 변수 하나를 소거하는 것이 쉬운 일은 아니다.

복잡한 계산이었지만 수학적 재능이 뛰어났던 맥스웰에게는 별로 어려운 문제가 아니었다. 맥스웰은 두 방정식으로부터 전기장과 시간만을 포함하는 방정식과 자기장과 시간만을 포함하는 방정식을 얻을 수 있었다. 그렇게 얻은 방정식은 놀랍게도 파동이 퍼져 나가는 것을 나타내는 파동 방정식이었다. 이것은 공간에 전기장과 자기장의 변화가 파동처럼 퍼져 나가는 전자기파가 있음을 의미한다. 아직 실험으로 확인되기 전이었지만 맥스웰의 방정식을 통해서 전자기파가 세상에 모습을 드러내기 시작한 것이다.

그렇다면 전자기파는 무엇일까? 도선에 크기와 방향이 변하는 전류가 흐르는 경우를 생각해 보자. 전류의 방향이 바뀌면 주변에 형성되는 자기장도 변해야 한다. 전류의 방향이 바뀌는 것과 동시에 전체 공간에 만들어진 자기장이 한꺼번에 변할까? 아니면 가까운 곳부터 차례로 변해 갈까? 맥스웰이 유도해 낸 식에 의하면 자기장의 변화는 호수에 돌을 던졌을 때의 물결파와 마찬가지로 가까운 곳에서부터 먼 곳으로 파동처럼 퍼져 나간다. 자기장이 변하면 주변에 전기장이 만들어진다는 것이 전자기 유도 법칙이다. 따라서 자기장의 변화가 파동처럼 퍼져 나가면 전기장의 변화도 파동처럼 퍼져 나가게 된다. 이렇게 전기장과 자기장이 서로 영향을 주면서 파동처럼 퍼져 나가는 것이 전자기파이다.

맥스웰이 유도한 전자기파의 파동 방정식에 의하면 전자기파의 속도는 $\frac{1}{\sqrt{\varepsilon_o \mu_o}}$ 여야 했다. ε_o는 공간의 유전율을 나타내는 상수로 공간에서 전하 사이에 작용하는 힘의 세기를 결정하는 상수이다. 다시 말해 우리가 살아가고 있는 우주 공간의 전기적 성질을 나타내는 상

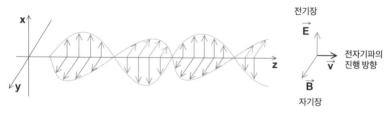

전자기파 진행

수이다. 진공인 경우 공간의 유전율(ε_o)은 8.85 × $10^{-12}F/m$이다. μ_o는 자기력의 세기를 결정하는 상수로 투자율이라고 부른다. 진공에서의 투자율은 $4\pi \times 10^{-7}H/m$이다. 맥스웰은 진공에서의 유전율과 투자율을 이용해 전자기파의 속력을 계산해 보았다. 그러자 전자기파의 속력이 실험을 통해 측정한 빛의 속력과 같았다. 이것은 우연의 일치라고 할 수 없었다. 이것은 빛도 전자기파라는 뜻이었다. 그러나 맥스웰은 자신이 예측한 전자기파의 존재를 실험적으로 확인하지는 못했다. 그는 또한 전자기파가 공간을 채우고 있는 에테르라는 매질을 통해 전파된다고 설명했다. 그러나 에테르는 존재하지 않으며, 전자기파는 아무것도 없는 공간을 통해 전파된다는 것이 후에 밝혀졌다.

과학의 역사에서 가장 위대한 업적을 남긴 사람을 꼽으라면 뉴턴과 아인슈타인을 이야기하는 사람들이 가장 많다. 그렇다면 뉴턴과 아인슈타인 다음으로 위대한 업적을 남긴 사람을 말하라면 누구를 꼽을까? 사람에 따라 생각이 다르겠지만 가장 많은 표를 얻는 사람은 맥스웰일 것이다. 맥스웰은 현재 우리가 누리고 있는 전기 문명의 기초가 되는 전자기학을 완성했기 때문이다. 위대한 과학적 업적을 많이 남긴 맥스웰은 48세에 위암으로 세상을 떠났다.

헤르츠의 실험

맥스웰이 그 존재를 예측한 전자기파를, 실험을 통해 실제로 찾아낸 사람은 독일의 하인리히 루돌프 헤르츠Heinrich Rudolph Hertz, 1857~1894였다. 1857년에 독일 함부르크에서 태어나 기술자가 되기 위해 고등공업학교에 다니던 헤르츠는 자연과학을 공부하기로 마음먹고 베를린 대학 물리학과에 진학했다. 헤르츠가 전자기 이론과 전자기파에 관심을 가지게 된 것은 스물두 살인 1879년 무렵부터였다.

그는 곧 높은 진동수의 전기 진동을 만들어 내는 회로를 구성하여 전자기파를 발생시키고 이를 수신하는 실험에 착수했다. 하나의 코일을 이용해 높은 진동수의 전기 스파크를 일으키자 이 회로와 떨어져 있는 다른 코일에도 전기 스파크가 생겼다. 헤르츠는 이 실험을 더욱 발전시켜서, 오목거울로 평행한 전자기파를 만들어 내고 이를 이용하여 전자기파의 직진, 반사, 굴절, 편광 들의 성질을 조사했다.

이를 통해 헤르츠는 전자기파가 맥스웰의 예측대로 빛과 똑같은 성질을 가진다는 것을 보였다. 전자기파의 속력이 빛의 속력과 같다는 것도 확인했다. 이러한 일련의 실험은 1887년 10월에서 1888년 2월 사이에 이루어졌다. 헤르츠의 실험은 단순히 전자기파의 존재를 확인하는 데 그친 것이 아니라, 전자기파의 성질을 모두 규명한 것이었다. 맥스웰이 수학적 계산으로 예측했던 전자기파의 존재가 실험적으로 입증되자, 맥스웰 방정식은 빠른 속도로 전자기학의 중심 이론으로 자리 잡았다.

맥스웰이 이론적으로 예측하고 헤르츠가 실험을 통해 확인한 전자기파는 오늘날 우리 생활에서 중요한 역할을 하고 있다. 지금부터 130여 년 전에

실험을 통해 전자기파를 찾아낸 하인리히 루롤프 헤르츠.

는 그런 것이 존재하는지조차 알지 못했던 전자기파가 불과 130년 동안에 인류가 살아가는 방법을 완전히 바꿔 놓았다. 이는 지난 100년 동안에 전자기파와 관계된 기술이 얼마나 크게 발전했는지를 단적으로 말해 준다.

빛과 전자기파

과학자들은 오랫동안 빛의 정체를 밝혀내기 위해 노력해 왔다. 뉴턴이 활동하던 17세기에는 빛을 파동이라고 주장하는 사람들과 작은 입자의 흐름이라고 주장하는 사람들로 나뉘어 있었다. 그러나 뉴턴이 입자설을 지지하면서 18세기에는 대부분의 과학자들이 빛은 작은 알갱이의 흐름이라는 입자설을 받아들였다. 하지만 19세기 초에 빛을 입자라고 해서는 설명할 수 없는 여러 가지 현상이 발견되었다. 대표적으로 편광이나 복굴절과 같은 현상들이 그랬다. 이에 따라 19세기 초부터 빛이 파동이라고 주장하는 사람들이 나타나기 시작했다. 프랑스의 오귀스탱 장 프레넬Augustin Jean Fresnel, 1788~1827은 1819년에 파동설을 이용하여 간섭과 회절 현상을 설명하는 논문을 제출하고, 편광과 복굴절도 파동설로 설명하는 데 성공했다. 그에 따라 입자설을 제치고 파동설이 널리 받아들여지게 되었다. 그러나 프레넬은 빛이 어떤 파동인지를 설명하지는 못했다.

맥스웰이 맥스웰 방정식을 이용해 수학적으로 전자기파의 존재를 예측하고, 전자기파의 속력이 빛의 속력과 같다는 것을 알아낸 것은 빛의 정체를 밝히는 데 중요한 전기가 되었다. 그 후 헤르츠가 실험을 통해 전자기파를 실제로 발견하고 맥스웰이 예측했던 대로 전자기파가 빛과 똑같이 행동한다는 것을 밝혀냄으로써 빛이 전자기파의 일종이라는 것을 확인했다. 마침내 빛을 연구하는 광학과 전자기학은 하나의 학문 분야로 통합되었다.

전자기파에는 파장이 긴 전파에서부터 파장이 짧은 감마선에 이르기까지, 여러 가지가 있다. 사람의 눈은 전자기파 중에서 파장이 약 380나노미터에서 약 780나노미터 사이에 있는 아주 좁은 범위의 전자기파만 인식할 수 있다. 우리가 빛이라고 했던 것은 바로 이 좁은 범위의 파장을 가지는 전자기파로, 가시광선이라고 한다. 흔히 가시광선은 무지개 색인 빨주노초파남보의 7가지 색으로 이루어졌다고들 한다. 그러나 그것은 사실이 아니다. 전자기파의 파장은 연속적으로 변하고 있기 때문에 몇 가지 색깔로 나눌 수 없다. 우리 눈은 파장

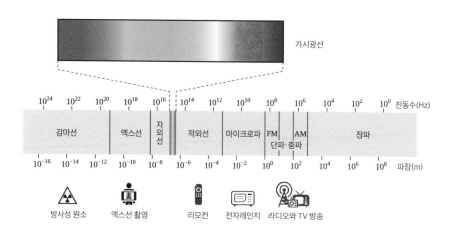

진동수나 파장에 따른 전자기파의 구분. 우리가 육안으로 볼 수 있는 좁은 범위의 전자기파가 가시광선이다.

의 변화를 정확하게 읽어 내지 못하고 대략 일곱 가지 색깔 정도로 구분하는 것이다. 나라에 따라서는 무지개를 다섯 가지 색깔로 구분하기도 한다. 무지개 색을 몇 가지로 보느냐는 하나의 관습이라 할 수 있다.

전자기파는 진동수(혹은 주파수)나 파장에 따라 분류한다. 방송이나 통신에 사용되어 우리 생활과 밀접한 관계가 있는 전파는 주로 주파수를 이용하여 분류하고, 적외선보다 파장이 짧은 전자기파는 파장을 이용하여 분류하는 것이 보통이다. 하지만 무엇으로 분류하든 과학적으로는 차이가 없다. 파장과 진동수를 곱하면 빛의 속력이 되어야 하기 때문에 파장과 진동수는 서로 반비례한다. 따라서 파장을 알면 진동수를 알 수 있고 진동수를 알면 파장을 알 수 있다.

방송과 통신에 주로 이용되는 전파

파장이 가장 긴 전자기파인 전파는 전통적으로 진동수에 따라 분류하므로 여기서도 진동수를 이용하여 분류해 보자. 전파는 진동수가 300기가헤르츠GHz(1GHz=10^9Hz)보다 적은 모든 전자기파를 말한다. 전파는 다시 파장에 따라 장파, 중파, 단파, 초단파(마이크로파)로 나누기도 하지만 필요에 따라 더욱 세밀하게 분류하기도 한다. 진동수가 300킬로헤르츠kHz(1kHz=10^3Hz)보다 적은 모든 전파를 장파라고 한다. 파장이 아주 긴 장파는 도달 거리가 멀어 원거리통신이나 AM 방송에 사용되고 있다. 장파는 물속에서도 잘 전달되므로 수중통신에도 이용되고, 선박이나 항공기의 통신에도 사용된다.

진동수가 300킬로헤르츠에서 3000킬로헤르츠 사이에 있는 전파는 중파로 분류한다. 중파는 AM 라디오 방송에 가장 많이 사용된다. 아마추어 무선사들이 사용하는 전파도 중파이다. 진동수가 3000킬로헤르츠와 30메가헤르츠MHz($1MHz=10^6Hz$) 사이인 전파가 단파이다. 단파는 지구 대기권 상공에 형성되어 있는 전리층과 지표면에 의해 반복적으로 반사되면서 멀리까지 전달되기 때문에 적절한 설비와 주파수를 사용하면 멀리 있는 나라와도 통신이 가능하다. 따라서 단파는 국제 라디오 방송에 널리 사용된다. 그러나 태양 활동의 변화로 지구 전리층이 계속 변하면서 전달되는 신호의 세기가 일정하지 않아 안정된 통신이 어렵다는 문제가 있다.

진동수가 30메가헤르츠에서 300기가헤르츠 사이에 있는 전파인 초단파는 마이크로파라는 이름으로 더 잘 알려져 있다. 초단파는 전리층에서 잘 반사되지 않아 우주로 달아나 버리고, 직진성이 커서 산이나 건물과 같은 장애물에 가로막히기 때문에 장거리 통신용으로 사용할 수 없다. 따라서 초단파를 이용하는 FM 방송이나 무선통신을 송수신하기 위해서는 중계소를 여러 곳에 설치해야 한다.

방송이나 통신에 사용되는 전파는 현대 문명의 중요한 자원이 되었다. 따라서 국제적인 조약과 각 나라의 법률에 의해 사용할 수 있는 주파수 대역이 할당되어 있다. 우리나라에서는 과학기술정보통신부에서 주파수를 분배한다. 전파의 사용이 늘어나자 최근에는 일정한 주파수대를 사용할 수 있는 권한을 경매를 통해 판매하기도 한다.

병원에서 질병을 진단할 때 사용하는 엠알아이MRI(자기공명영상)는 초단파를 이용하여 우리 몸 안을 살펴보는 장치이다. 에너지가 큰 엑

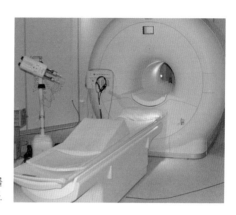

MRI는 에너지가 작은 초단파를
이용하는 안전한 진단 장치이다.

스선이나 감마선을 이용하는 다른 진단 장비와는 달리 MRI는 에너지가 작은 초단파를 이용하기 때문에 안전하다. 그러나 초단파를 발생시키는 강력한 자석으로 둘러싸인 좁은 공간에 들어가야 하기 때문에 여러 가지 생명 보조 장치를 달고 있거나 폐소공포증이 있는 환자는 사용이 어렵다.

파장이 긴 전파는 에너지가 작기 때문에 우리 몸에 별다른 손상을 입히지 않는 것으로 알려져 있다. 그러나 전파를 발생시키는 전자 제품을 많이 사용하면서 전파에 대한 우려의 목소리도 커지고 있다. 전파가 우리 몸에 끼치는 영향에 관해서는 더 많은 과학적 연구가 필요하다.

열작용을 하는 적외선

파장이 0.1밀리미터에서 약 800나노미터 사이에 있는 전자기파가 적외선IR이다. 적외선은 우리 눈으로 볼 수 없지만 따뜻함을 느끼게

°C
40
38
36
34
32
30
28
26

닭의 적외선 사진.
적외선 사진으로 동물
몸의 온도 분포를 알 수
있다.

한다. 태양 빛이 따뜻하게 느껴지는 것도 태양 빛에 들어 있는 적외선 때문이다. 적외선의 진동수는 원자와 분자의 진동수와 비슷하다. 따라서 적외선을 쬐면 우리 몸을 이루고 있는 원자와 분자가 활발하게 운동해서 체온이 올라간다. 모닥불이나 난롯불을 쬐이면 몸이 금방 따뜻해지는 것도 모닥불이나 난로와 같이 온도가 수백 도인 물체에서 적외선이 많이 나오기 때문이다.

우리 주변에 있는 모든 물체들도 적외선을 내고 있다. 하지만 세기가 강하지 않아서 따뜻함을 느끼기는 힘들다. 그러나 적외선 카메라로 찍으면 물체에서 나오는 적외선을 볼 수 있다. 이때 나오는 적외선의 파장을 측정하면 물체의 온도를 알 수 있다. 이러한 원리를 이용한 온도계가 적외선 온도계이다. 겨울철에 사용하는 여러 가지 난방기기들은 가능하면 많은 적외선이 나오도록 만들어져 있다. 텔레비전이나 에어컨과 같은 전자 제품을 작동시킬 때 사용하는 리모컨에도 적외선이 사용된다.

가시광선과 3원색

　가시광선은 약 380나노미터에서 780나노미터의 아주 좁은 파장 범위에 속한 전자기파이다. 사람의 눈으로 볼 수 있는 전자기파는 가시광선뿐이다. 가시광선이 여러 가지 다른 색깔로 보이는 것은 파장이 다르기 때문인데, 가시광선 중에서는 붉은빛의 파장이 가장 길고, 보랏빛은 파장이 가장 짧다. 금속을 불에 넣고 달구어 보면 온도가 낮을 때는 붉은색으로 보이다가 온도가 높아지면 푸른색으로 보인다. 이것은 온도가 낮을 때는 파장이 긴 붉은빛을 많이 내지만 온도가 높을수록 파장이 짧은 파란빛을 많이 내기 때문이다.

　어두운 밤을 밝히는 조명기구는 가능하면 많은 가시광선을 낼 수 있어야 한다. 이제는 거의 사용하지 않지만, 삼사십 년 전까지만 해도 널리 사용되던 전구는 필라멘트를 높은 온도로 가열하여 가시광선을 발생시켰다. 그러나 형광등에서는 음극에서 나와 양극으로 흐르는 전자들이 수은 증기와 충돌하여 파장이 짧은 엑스선을 발생시키고, 이 엑스선이 형광등 벽에 발라져 있는 형광물질에 흡수되면서 가시광선을 낸다. 요즘 많이 사용하고 있는 LED 등은 반도체의 성질을 이용하여 원하는 파장의 가시광선을 발생시킨다. 형광등이나 LED는 전구보다 적은 에너지로도 더 밝은 가시광선을 발생시킬 수 있어 전구 대신 널리 사용되고 있다.

　동물 중에는 사람이 보지 못하는 전자기파를 볼 수 있는 동물도 있고, 똑같은 전자기파의 색깔을 다르게 지각하는 동물도 있다. 예를 들면 벌이나 나비와 같은 곤충은 가시광선보다 파장이 짧은 자외선도

빛의 3원색인 RGB의 빛을 적당하게
섞으면 우리 눈에 다양한 색깔로 보이게
할 수 있다.

볼 수 있다. 새 중에는 자외선을 볼 수 있는 새도 많다. 동물마다 볼 수 있는 전자기파의 파장이 다르고, 색깔을 다르게 느끼는 것은 전자 기파를 감지하는 시세포의 구조가 다르기 때문이다.

사람의 눈에는 밝고 어두운 것을 감지하는 막대세포라는 시세포 와 색깔을 구별하는 원뿔세포라는 시세포가 있다. 600만 개가 넘는 원뿔세포에는 파장이 긴 노란빛에서 녹색빛 사이에 있는 빛을 감지 하는 L원뿔세포, 파장이 중간 정도인 청록에서 파란빛 사이의 빛을 감지하는 M원뿔세포, 파란색과 보랏빛 사이의 빛을 감지하는 S원뿔 세포가 있다. 가시광선이 이 세 가지 원뿔세포를 얼마나 강하게 자극 하느냐에 따라 우리는 여러 가지 다른 색깔로 느끼게 된다. 따라서 세 가지 색깔의 빛을 여러 가지 비율로 섞으면 우리 눈에 다양한 색깔로 보이게 만들 수 있다.

섞어서 모든 색깔의 빛을 만들어 낼 수 있는 붉은색R·녹색G·파란 색B을 빛의 3원색이라고 하는데, 이는 모든 색의 빛이 세 가지의 색 의 빛으로 이루어졌다는 뜻이 아니라 세 가지 빛을 적당하게 섞으면 우리 눈에 다양한 색깔로 보이게 할 수 있다는 뜻이다. 텔레비전이나 디지털 카메라에서는 세 가지 색의 빛을 적절하게 조합하여 여러 가지 색을 표현한다.

화학작용을 하는 자외선

자외선^{UV}은 파장이 380나노미터에서 10나노미터 사이인 전자기파이다. 자외선은 에너지가 크기 때문에 여러 가지 화학반응을 일으킬 수 있다. 따라서 자외선을 너무 많이 쪼이면 우리 몸 안에서 화학반응이 일어나 몸에 해로운 물질이 만들어질 수 있다. 자외선은 파장에 따라 자외선 A, 자외선 B, 자외선 C로 나뉜다.

자외선 A는 파장이 400나노미터에서 320나노미터 사이, 자외선 B는 파장이 320나노미터에서 290나노미터 사이, 자외선 C는 파장이 290나노미터에서 200나노미터 사이이다. 파장이 가장 짧은 자외선 C는 대기 상층부에 형성되어 있는 오존층을 통과하지 못하기 때문에 지상까지 도달하지 못한다. 그러나 자외선 A와 B는 지상에 도달하여 우리 피부에 여러 가지 나쁜 작용을 한다. 자외선의 90퍼센트를 차지하는 자외선 A는 에너지는 작지만 투과력이 커서 유리창을 통과할 수 있고, 피부 깊숙한 곳까지 침투하여 피부를 노화시키거나 면역력을 약화시켜 피부암을 발생시킬 수 있다. 파장이 짧은 자외선 B는 투과력이 낮아 유리를 통과하지 못하고 피부에서도 깊은 곳까지 침투하지 못하지만, 에너지가 커서 짧은 시간 노출에도 피부에 손상을 줄 수 있다.

자외선의 세기를 나타내는 자외선 지수는 0에서 9까지 10등급으로 나타내는데 숫자가 커질수록 자외선의 세기가 강해진다. 자외선 지수가 9 이상인 날에는 햇빛에 20분 이상 노출되면 피부에 붉은 반점인 홍반이 생기고, 자외선 지수가 7~8일 때는 햇빛에 30분 이상 노출 시 홍반이 생긴다. 따라서 햇빛 아래서 활동할 일이 있을 때는 자외선 차단제를 바르는 것이 좋다. 자외선 차단제에는 자외선이 통과하지 못하는 막을 만들어 피부를 보호하는 물리적인 자외선 차단제와 자외선을 흡수하여 열에너지로 전환시켜 피부를 보호하는 화학적인 자외선 차단제가 있다. 자외선 차단제를 선택할 때는 자외선 A와 B를 얼마나 효과적으로 차단할 수 있는지, 그리고 얼마나 오랫동안 차단 효과가 지속되는지를 고려해야 한다.

자외선 차단제에는 제품이 얼마나 효과적으로 자외선을 차단하는지를 나타내는 자외선 차단지수가 표시되어 있다. 이 중 PA지수는 자외선 A의 차단 정도를, SPF 지수는 자외선 B의 차단 정도를 나타낸다. PA지수는 PA+, PA++, PA+++, PA++++의 네 가지가 있는데 +의 개수가 많을수록 자외선 A를 효과적으로 차단한다. 자외선 B의 차단 정도를 나타내는 SPF지수는 다음과 같은 식에 의해 계산된다.

$$\text{SPF 지수} = \frac{\text{차단제를 바른 피부가 홍반을 일으키는 시간}}{\text{맨 피부가 홍반을 일으키는 시간}}$$

따라서 SPF 지수가 30이라는 것은 같은 자외선에 노출되었을 때 피부가 홍반을 일으킬 때까지 걸리는 시간이 30배 더 길어진다는 뜻이다. 다시 말해 이 자외선 차단제를 바르면 피부에 와 닿는 자외선 B의 양이 30분의 1로 줄어든다. 따라서 SPF 지수가 30인 자외선 차단제를 바르면 자외선 지수가 9인 경우 피부에 홍반이 생기는 데 10시간이 걸리고, 자외선 지수가 7~8인 경우에는 15시간이 걸린다. 그러나 자외선 차단제가 땀에 의해 씻겨 나간다면 차단 효과가 크게 줄어들 수 있다.

자외선은 에너지가 커서 세균을 죽이는 살균 용도로도 쓰인다. 칫솔 살균기나 병원의 의료기기 살균에도 자외선을 이용한다. 눈에 보이지 않는 자외선을 이용하는 자외선 살균 장치가 푸른색으로 보이는 것은 작동 중이라는 것을 알 수 있도록 파란빛을 내는 등을 달아놓았기 때문이다.

질병 진단에 사용되는 엑스선

파장이 10나노미터에서 0.01나노미터 사이인 엑스선x-ray은 자외선보다도 에너지가 크기 때문에 매우 조심해서 다뤄야 하는 전자기파이다. 엑스선을 가장 많이 사용하는 곳은 병원이다. 큰 에너지를 가지고 있는 엑스선은 물질을 투과하는 능력이 강해 몸 안을 들여다보고 질병의 종류와 위치를 알아내는 데 효과적이다.

엑스선을 이용하여 찍은 사진에는 부러진 뼈나 변형된 장기의 모습이 선명하게 나타난다. 특히 여러 방향에서 찍은 엑스선 사진을 컴퓨터를 이용하여 종합하고 재구성한 3차원 영상인 CT를 이용하면 몸 안을 직접 들여다보는 것처럼 자세히 살펴볼 수 있어 효과적으로 질병을 진단할 수 있다. 하지만 엑스선을 너무 자주 쬐면 몸이 손상을 입을 수도 있어 주의해야 한다.

엑스선은 질병의 진단 외에도 물질의 내부 구조나 분자의 구조를 알아내는 데도 쓰인다. 금속 내에 원자들이 어떻게 배열되어 있는지를 알아내거나 단백질이나 DNA 분자의 구조를 연구할 때도 엑스선을 사용한다. 물질 내부에 균열이 생긴 위치를 찾아내는 데도 엑스선을 이용한다.

에너지가 가장 큰 감마선

파장이 0.01나노미터보다 짧은 모든 전자기파를 감마선γ-ray이라고 한다. 감마선은 에너지가 아주 커서 우리 몸을 이루고 있는 세포를 심각하게 손상시킬 수 있다. 방사선을 내면서 다른 원소로 바뀌는 불안정한 원소를 방사성 원소라고 하는데, 방사성 원소가 내는 방사선에는 알파선·베타선·감마선이 있다. 이 중 감마선만이 전자기파이다.

방사선을 이용하여 질병을 진단할 때는 방사성 원소를 포함하는 물질을 체내에 주사하고 방사선 원소가 내는 방사선을 추적해 물질이 어느 부위로 이동하는지를 알아낸다. 예를 들어 방사성 원소를 포함하고 있는 당을 체내에 주사하고 방사선을 추적하면 당이 어디로 이동하는지 알 수 있고, 이를 통해 보통의 세포보다 훨씬 더 많은 당을 사용하는 암세포를 찾아낼 수 있다.

암세포를 찾아낸 뒤에 그것을 제거하여 질병을 치료하는 데도 방사선이 사용된다. 방사선은 에너지가 크기 때문에 암세포에 방사선을 조사하면 암세포를 파괴할 수 있다. 그러나 암세포를 파괴하는 동안 부근에 있는 정상세포도 파괴될 수 있다. 따라서 방사선을 이용하여 질병을 치료할 때는 정상적인 세포가 손상을 입지 않도록 여러 방향에서 약한 방사선을 쏘아 암세포로 이루어진 종양에 모이도록 하는 방법을 쓴다.

———

맥스웰 방정식에 의해 전자기학이 완성되고, 헤르츠가 실제로 전자기파를 발견하면서 전기 문명이 태동하기 위한 조건이 모두 갖춰졌다. 그러나 아직 전자기학이나 전자기파는 과학자들의 연구실이라는 알 속에 들어 있었다. 이들이 알에서 나와 세상을 바꾸기 위해서는 부화하는 과정이 필요했다. 1800년대 말에서 1900년대 초에 여러 가지 전기 제품들이 발명된 것은 전자기학이 알을 깨고 세상으로 나오는 부화 과정이었다.

7

발 명 의 시 대

대학을 졸업할 때가 가까워지자 유학을 준비하기 시작했다.
대학에 입학할 때까지만 해도 빨리 졸업하고 취직을 할 생각이었다.
그런데 졸업 때가 되자 물리학과 정원 30명 중에 25명 정도가
유학을 준비했다. 군대를 갔다 오지 않은 경우 대학을 졸업하고
국내에서 대학원에 진학했지만 그런 친구들도 대학원에 다니면서
병역 문제를 해결하고 유학 준비를 했다. 당시 우리나라 대학원은
유학 준비 과정이라고 할 수 있었다. 그런 분위기에 휩쓸려 나도
유학 준비를 시작했다. 어렸을 때는 물론이고 고등학교 때까지만
해도 외국 유학은 상상도 못 했었다. 그러고 보면 내가 인생의
모퉁이를 돌 때마다 전에는 생각하지도 못한 일들이 기다리고
있었던 것 같다.

유학을 가면 돈이 없어도 공부를 계속할 수 있다는 것이 유학을
결심할 수 있었던 가장 큰 이유였다. 유학 가서 장학금을 받고
공부했다는 이야기를 하는 사람들이 많았지만, 사실은 장학금을
받은 것이 아니었다. 외국 학생을 데려다 공짜로 장학금을 주는

디트로이트 포드 박물관에 재현되어 있는 에디슨의 실험실에서

1879년 무렵 에디슨이 전구를 개발하기 위해 사용했던

다양한 도구와 재료를 볼 수 있었다.

위쪽 사진은 유학 시절의 저자.
아래쪽 사진은 디트로이트 포드 박물관의 에디슨 실험실.

나라는 어디에도 없다. 당시 미국에서는 학생들이 어려운 이공계 공부를 기피하는 경향 때문에 실험실에서 교수를 도와 연구하는 연구 조교(RA)나 강의실에서 교수를 도와줄 교육 조교(TA)가 턱없이 부족했다. 그러자 외국 학생들을 조교로 받아들였다. 조교가 되면 학비를 면제받거나 감면받고 최저 임금 수준의 월급도 받을 수 있어 생활비까지 해결할 수 있었다. 미국 대학은 최저 임금으로 고급 인력을 고용할 수 있어 좋았고, 우리 입장에서는 내 돈 들이지 않고 공부를 하고 박사학위를 받을 수 있는 좋은 기회였다. 이런 이유로 당시 대부분의 미국 이공계 대학원에는 미국 학생보다 우리나라, 중국, 인도에서 온 학생들이 더 많았다.

대학을 졸업할 때가 되자 미국의 여러 대학에 지원서를 내고 좋은 조건을 제시하는 학교를 선택해서 유학을 갔다. 늦게 대학에 다녔던 나는 유학을 준비할 때 벌써 서른 살이 되어 있었다. 유학을 갔다 오면 서른도 중반을 넘길 터였다. 따라서 결혼을 해서 같이 유학을 가기로 했다. 결혼과 유학 준비는 일사천리로 진행되었다. 1981년 2월에 졸업하고, 5월에 결혼을 하고, 7월에 미국으로 떠났다. 마침 내가 선택한 학교에서는 미국에 도착하는 달부터 월급을 주기로 했다. 그것도 방학 동안에는 2배로 주겠다고 했다. 파격적인 조건이었다.

미국으로 갈 때는 입양되어 가는 아기들 6명을 데리고 갔다. 하룻저녁 고생으로 항공료를 절약할 수 있었기 때문이다. 우리가 미니애폴리스 공항까지 데려다준 아기들의 해맑은 얼굴이 생각날 때마다 그들이 어떻게 자라고 있는지 궁금해진다. 지금도 신문이나 방송에서 해외 입양된 사람들이 친부모를 찾는다는 뉴스를 보면, 혹시 내가 데려다준 아이가 아닌가 싶어서 미국에 간 게 언제였는지 확인하곤 한다. 그러나 아빠, 엄마, 형, 누나라는 명찰을 달고 미니애폴리스 공항에 나와 아기들을 기다리고 있던 입양 가족들의 따뜻한 표정을 떠올려 보면 내가 데려다준 아이들은 행복하게 잘 컸을 것이라 생각된다.

유학 생활은 평탄했다. 도착하는 달부터 학위 과정을 끝내고 돌아올 때까지 월급이 나와, 적어도 학비와 생활비 걱정은 하지 않아도 되었다. 마음이 급했던 나는 가능하면 모든 과정을 빨리 끝내고 돌아올 생각에 아침부터 밤까지 그리고 일주일 내내 실험실에만 붙어 있었다. 덕분에 4년 만에 박사학위를 받을 수 있었다. 미국에서 지내는 동안에는 한 번도 우리나라에 다녀가지 못했다. 정확하진 않지만 내 기억으로는 그때의 항공료가 지금과 비슷했다. 그러니 태평양을 한 번 건너기가 쉽지 않았다. 내가 미국에 있는 동안 아버지가 돌아가셨지만 그때도 다녀가지 못했다.

미국에서 공부하면서 나는 전자 현미경을 비롯한 많은 전자 장비를 다루어 볼 수 있었다. 전자 현미경 중에 주사 전자 현미경(SEM)은 전담 기사가 따로 있었기 때문에 시료를 만들어 가서 기사와 함께 전자 현미경으로 시료의 사진을 찍고 분석했다. 그러나 투과 전자 현미경(TEM)은 혼자서 작동해야 했다. 투과형 전자 현미경을 사용할 때는 작은 손수레를 끌고 가서 액체 질소를 20리터 정도 받아다가 현미경에 붓고 몇 시간씩이나 캄캄한 암실에서 작업했다. 엑스선 회절장치와 같은 실험 장비들을 작동해 본 것도 이때가 처음이었다.

지금은 우리나라 대학도 마찬가지지만, 미국 대학은 그때 이미 학위 과정을 마치려면 학회지에 논문을 발표해야 했다. 그래서 어느 정도 연구가 진척되었을 때 나도 학회에 참석해 다른 사람들의 발표도 듣고 내가 한 연구 결과를 발표하기도 했다. 다른 학회는 지금은 거의 기억이 나지 않는다. 하지만 디트로이트에서 열린 학회에 참석해서 연구 발표를 끝낸 뒤, 같이 갔던 인도 학생들과 함께 헨리 포드 박물관을 관람했던 일은 아직도 생생하게 기억하고 있다. 자동차와 관련된 전시물을 주로 전시하고 있던 포드 박물관에는 포드와 가까이 지낸 에디슨의 실험실도 재현되어 있었다. 그곳에서 1879년 무렵 에디슨이 전구를 개발하기 위해 사용했던 다양한 도구와 재료를 볼 수 있었다.

그 후 에디슨에 대한 이야기가 나오면 어두컴컴하던 그 실험실을 떠올리곤 했다. 아무리 성능이 좋은 컴퓨터가 있어도 그 컴퓨터에서 사용할 수 있는 소프트웨어가 없으면 컴퓨터는 무용지물이다. 패러데이가 발견한 전자기 유도 법칙을 이용해 세계 곳곳에 발전소가 건설되기 시작했지만 전기로 작동하는 제품들이 발명되지 않았다면 전기의 쓸모는 제한적이었을 것이다. 전기 문명이 과학자들의 실험실이라는 알 속에서 나오기 위해서는 전기를 사용하는 제품들이 발명되어야 했다. 19세기 후반, 내가 디트로이트에서 본 것과 유사했을 에디슨의 실험실은 전기 문명이 알에서 깨어나고 있던 역사의 현장이었다.

전신기의 발명

19세기 후반과 20세기 초에는 새로운 전기 제품들이 대거 발명되었다. 이 시기에 발명된 전기 제품들은 20세기와 21세기에 꽃을 피운 전기 문명의 기초가 되었다. 이 중 우리 생활을 가장 크게 변화시킨 것은 통신과 관련된 제품들이다. 먼 거리에서 전기 신호를 이용하여 메시지를 주고받는 전신기가 가장 먼저 발명되었다.

멀리 떨어져 있는 사람에게 소식을 전하는 일은 예로부터 중요한 일이었다. 전기가 사용되기 전에는 사람이 직접 달려가 소식을 전하기도 했고, 봉화를 이용해 연기로 신호를 보내기도 했다. 연기 대신 전기 신호를 이용하는 것이 전신기다. 전신기는 전기 스위치를 누르거나 뗄 때 전신기에 찍히는 점과 선을 이용하여 메시지를 전달한다. 스위치를 누르면 전깃불이 켜지고, 떼면 전깃불이 꺼지는 것을 이용해도 전신기와 같이 메시지를 전달할 수 있다. 이때 메시지를 점과 선으로 나타내고, 그것을 다시 메시지로 전환하기 위해서는 전기 신호와 메시지 사이에 일정한 규칙이 필요하다.

많은 사람들이 공동으로 사용할 수 있는 전신 규칙을 만든 사람은 미국의 화가이자 발명가 새뮤얼 모스Samuel F. B. Morse, 1791~1872였다. 미술 연구를 위해 이탈리아에 유학을 갔다가 전자기학을 접한 모스는 전기 신호를 이용하여 메시지를 주고받는 방법을 연구하기 시작했다. 귀국 후에도 연구를 계속한 그는 1837년에 알파벳을 점과 선으로 나타낸 모스 부호를 고안하고, 모스 부호를 이용해 메시지를 송수신할 수 있는 전신기를 발명했다.

처음으로 모스 부호와 전신기를 이용한 통신이 이루어진 것은 1844년이었다. 모스는 자신이 발명한 전신기를 이용하여 워싱턴에 있는 미국 의회에서 볼티모어로 '하느님이 창조하신 것What hath God wrought'이라는 메시지를 보내는 데 성공했다. 전신기는 다른 어떤 통신 수단보다도 빠르고 정확하게 메시지를 전달해 사람들을 놀라게 했다. 이후 모스 부호를 이용한 전신은 널리 상용화되어 미국 전역에 전신 통신망이 구축되었고, 곧 국제적인 모스 부호 통신망도 만들어졌다. 19세기 말에 전자기파가 발견된 후에는 모스 부호가 유선뿐 아니라 무선통신에서도 사용되어 세상이 더욱 가까워지게 되었다.

아직 전화기가 널리 보급되지 않았던 1970년대까지는 우리나라에서도 전신이 널리 사용되었다. 우체국에 가서 "부친 위독, 급히 귀가 바람"과 같은 내용의 전보를 치면 우체국 직원이 수신자가 사는 곳의 우체국으로 그 내용을 모스 부호를 이용해 전송하고, 우체국에서는

새뮤얼 모스와 전신기, 1857년.

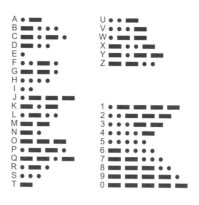

영어 알파벳의 모스 부호.

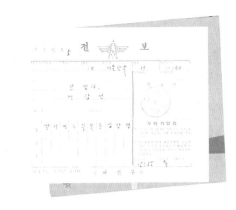

1969년의 전보. "쌀가게 소식 불통 급상경"이라는 내용이 적혀 있다.

그 내용을 적은 전보를 수신자에게 배달해 주었다. 전보 요금은 매우 비쌌다. 1965년에 시외 전보는 한 자당 50원으로, 당시 판매되던 라면 10봉지 값이었다. 따라서 전보를 칠 때는 가능한 글자 수를 줄여야 했다. 그래도 가장 빠른 통신 수단이었기 때문에 무슨 급한 일만 생기면 "전보는 쳤니?" 하고 묻곤 했다.

전화기가 널리 보급되면서 전보는 역사 속으로 사라졌다. 그러나 생존 기술을 익히는 훈련 과정이나 보이스카우트 같은 곳에서는 아직도 모스 부호를 가르치기도 한다. 영화 속에서도 모스 부호를 이용하여 통신하는 장면이 심심치 않게 등장한다. 감옥에 갇혀 있는 죄수들이 벽을 사이에 두고 돌로 벽을 두드리거나 긁어서 모스 부호를 주고받기도 하고, 무희로 변신한 간첩이 탭 댄스를 추면서 발로 신호를 보내기도 한다. 2020년에 아카데미 영화제에서 비영어권 영화로는 처음으로 작품상을 받아 세계적으로 많은 관심을 받은 〈기생충〉에도 모스 부호를 이용하여 메시지를 전달하는 장면이 있다. 이 영화에서는 밤에 전깃불을 켰다 껐다 하는 방법으로 메시지를 전달한다.

전화기의 발명

전기 신호로 메시지를 전달하는 전신은 획기적인 발명품이었지만 일반인들이 사용하기에는 불편했다. 따라서 사람들은 전선을 통해 음성을 전달할 수 있는 방법을 찾기 시작했고, 전화기가 발명되었다. 1849년 전화기를 처음 개발한 사람은 이탈리아 출신으로 쿠바의 아바나에서 활동하던 안토니오 무치Antonio Meucci, 1808~1889였다. 그러나 이 전화기는 불안정해서 정확하게 음성을 전달하는 데는 어려움이 있었다.

나는 어렸을 때 전화기의 발명자는 알렉산더 그레이엄 벨Alexander G. Bell, 1847~1922이라고 배웠다. 벨이 전화기를 발명하기 위한 실험을 하다가 조수에게 "왓슨, 이리 와"라고 한 것이 전선을 통해 전달되어 깜짝 놀랐다는 이야기는 전화기가 발명되던 순간을 전해 주는 유명한 일화였다. 실제로 1876년 3월 2일에 전화기 발명 특허를 받은 사람은 벨이었고, 1877년에 미국전기전신AT&T이라는 회사를 설립하여 전화를 널리 보급하고 사업에 성공한 사람도 벨이었다. 그러나 벨과 비슷한 시기에 전화기를 발명하고도 불과 몇 시간 늦게 특허를 신청하는

알렉산더 그레이엄 벨이 발명한 최초의 전화기, 벨이 설립한 AT&T 홍보 영상 화면.

바람에 특허를 받지 못한 엘리샤 그레이Elisha Gray, 1835~1901가 벨이 자신이 발명한 전화기 설계를 도용했다고 주장하여 많은 논란이 있었다. 사실 관계가 모두 밝혀진 것은 아니지만, 현재 많은 사람들은 벨이 독자적으로 전화기를 발명했다고 생각하지 않는다. 벨이 다른 사람들의 아이디어를 참고로 하여 자신의 전화기를 만들고, 인맥을 동원하여 특허를 빠르게 받았을 가능성이 크다는 것이다.

2002년 미국 하원은 안토니오 무치, 필리프 라이스, 엘리샤 그레이를 비롯한 여러 발명가가 전화기 발명에 공헌했다는 내용을 공식 기록으로 채택했다. 안토니오 무치를 전화기의 최초 발명자로 인정한 것이다. 그러나 미국으로 귀화하기 전 영국령 캐나다에 거주했던 벨을 캐나다인으로 간주하고 있는 캐나다 의회는 미국 의회가 무치를 전화기의 발명자라고 인정한 직후, 벨이 전화기의 발명자라고 의결했다. 전화기 발명자가 누구냐 하는 문제는 아직도 명확하게 결론이 나지 않은 셈이다.

우리나라에 전화기가 처음 소개된 것은 1882년이었다. 1881년 청나라 텐진으로 보낸 기술유학생(영선사)의 일원이었던 상운尙澐이라는 사람이 1882년 3월 귀국하면서 전화기와 전선 100미터를 가지고 왔다는 기록이 남아 있다. 1893년 11월에는 지금의 세관에 해당하는 총해관에 "일본 동경에서 들여오는 전화기와 전화기 재료를 면세하라"는 공문을 보낸 기록이 남아 있는 것으로 보아 이때도 전화기가 우리나라에 들어와 있었다는 것을 알 수 있다. 하지만 실제로 전화기가 설치되어 사용된 것은 1896년이었다.

대한제국 광무 2년이던 1896년 덕수궁에 우리나라 최초의 전화기가 설치됐는데, 고종의 명을 각 부처에 전달하기 위한 것이었다. 이 전화는 경복궁 주변의 주요 관아는 물론 멀리 인천까지 연결되어 있었다. 을미사변으로 명성황후가 시해되자 백범 김구 선생이 국모 시해의 복수를 하겠다며 일본인 쓰치다 조스케를 살해해 사형선고를 받고 인천 감옥에서 사형 집행을 기다리고 있을 때, 고종이 인천 감옥에 직접 전화를 걸어 김구의 사형 집행을 중지시킨 일은 널리 알려진 일화이다. 이는 전화가 개통되고 사흘째 되는 날이었다. 1902년 3월에는 서울과 인천 사이에 일반인들이 사용할 수 있는 공중전화가 개설되었다. 이후 서울과 개성, 개성과 평양, 서울과 수원 등을 연결하는 전화도 개설되었으나 1905년 4월 대한제국의 통신 사업권이 일본으로 넘어간 후에는 전화 보급이 한동안 중단되었다.

전화로 상대방과 대화를 하기 위해서는 내 전화와 상대방 전화가 전선으로 연결되어 있어야 하고, 통화하는 데 필요한 전기가 공급되

1938년 무렵의 전화 교환원.

대한제국 시기에
사용한 전화기.

어야 한다. 처음에는 전화기에 달려 있는 손잡이를 돌려 교환원에게 신호를 보내고, 교환원에게 통화하고 싶은 상대를 이야기하면 교환원이 상대방과 연결해 주는 수동식 교환기를 통해 상대방과 통화했다. 통화에 필요한 전기는 내 전화기에 달려 있는 송화용 전지로 공급했다. 이런 전화기는 손잡이로 자석을 돌려 전기를 발생시켜 교환원에게 연결했기 때문에 자석식 전화기라고 한다. 그러나 곧 손잡이를 돌리지 않아도 수화기만 들면 교환원과 연결이 되는 공전식 교환기가 개발되었다. 공전식 교환기에서는 통화에 필요한 전기를 교환기에서 공급했다.

전화기가 많이 보급되면서 교환원을 거치지 않고도 전화기의 다이얼을 돌리기만 하면 자동으로 상대방에게 연결되는 자동식 교환기가 사용되기 시작했다. 미국과 독일에서 처음으로 자동식 교환기가 개발된 것은 1887년이었고 우리나라에 자동식 교환기가 처음 도입된 것은 1935년이었다. 그러나 자동 교환기가 사용되기 시작한 뒤에도

왼쪽부터 시계 방향으로 자석식 전화기, 공전식 전화기, 다이얼식 전화기, 전자식 교환기를 사용하는 버튼식 전화기.

오랫동안 구내전화나 국제전화는 교환원을 통해 상대방과 연결했다. 내가 군에 근무하던 1973년경에는 물론이고 대학에 처음 교수로 왔을 때도 구내전화는 수동식 교환기를 사용했다.

다이얼을 돌리는 대신 버튼으로 상대방 전화번호를 눌러 상대방과 연결하는 전자식 교환기가 미국에서 개발된 것은 1960년으로, 우리나라에 도입된 것은 1979년이었다. 전자식 교환기에서는 사용자가 누르는 번호를 컴퓨터가 인식하여 상대방을 연결해 준다.

그러나 전화선 없이도 전자기파를 이용하여 통화하는 휴대전화가 발전하면서 교환기를 이용해 상대방과 통화하던 전화기는 구시대의 유물이 되었다. 아직도 유선전화기가 있는 집이 있긴 하지만 사용 횟수는 점점 줄어들고 있다. 우리 집에도 경비실과 연결되어 아파트 인터폰을 겸하는 유선전화기가 아직 있지만 가끔 경비실에서 걸려 오는 전화를 받을 때와 스마트폰을 찾기 위해 전화를 거는 것을 제외하면 사용할 일이 거의 없다.

내가 처음 전화를 받아 본 것은 중학교 1학년 때였다. 어느 주말엔가 형이 일하던 학교 서무과에 갔을 때였다. 서무과에는 나와 형밖에 없었는데, 그때 사무실 전화벨이 울렸다. 형은 나보고 전화를 받으라고 했다. 한 번도 전화를 사용해 보지 않은 나에게 전화를 경험하게 하려는 형의 배려였을 것이다. 나는 주저하다가 떨리는 손으로 전화를 받았다. 수화기 안에서 형을 찾는 목소리가 들렸다. 나는 제대로 대꾸도 못 하고 얼른 수화기를 형에게 넘겨주었다. 지금 생각하면 웃음이 나오는 일이지만 처음 전화를 받으면서 떨었던 일은 지금도 잊을 수 없다.

내가 대학에 다닐 때까지만 해도 집에 전화기가 있는 집은 드물었다. 그래서 전화가 있는 집에서는 이웃 사람들에게 걸려 오는 전화를 바꿔 주기도 하고, 한 전화기를 같은 집에 사는 여러 세대가 같이 쓰기도 했다. 대학 시절 내 자취방에서도 주인집 전화를 연결해서 쓰는 전화기를 사용했다. 그래서 가끔 전화를 걸기 위해 수화기를 들었다가 주인의 통화를 듣게 되는 일도 있었다. 프라이버시를 중요하게 여기는 요즘 같아서는 어림도 없는 일이지만 그때는 그런 일이 흔했다.

영화의 발명

바쁘게 돌아가는 세상사에서 벗어나 잠시 다른 세상을 경험하게 해 주는 영화는 점점 더 많은 사람들의 사랑을 받고 있다. 영화는 촬영기를 이용하여 연속으로 찍은 영상을 영사기로 스크린에 비추어 움직이는 영상을 볼 수 있게 만든 것이다. 시각의 잔상을 통해 스틸 이미지를 연속적인 움직임으로 인식하도록 하기 위해서는 1초 동안에 16개 이상의 프레임이 지나가야 한다.

이런 기준에 맞는 영화를 처음 만든 사람은 프랑스의 뤼미에르 Lumière 형제였다. 영화를 뜻하는 시네마cinema라는 말은 뤼미에르 형제가 영화를 만들고 상영하는 데 사용한 시네마토그래프cinematograph에서 유래했다. 뤼미에르 형제는 1895년 12월에 촬영기와 영사기를 겸했던 시네마토그래프로 찍은 〈시오타 정거장에 기차의 도착〉이라는 50초짜리 영화를 유료 관객들에게 상영했다. 아무런 스토리도 없이 열차가 도착하는 장면만을 보여 준 이 영화는 초당 16프레임의 영

[왼쪽] 시네마토그래프로 촬영하는 모습. 1897년 《세기의 매거진(LE MAGAZINE DU SIECLE)》에 실린 삽화. [오른쪽] 1903년에 제작된 〈대열차 강도〉 영화 속 장면.

상이 지나가도록 제작되었다. 처음에는 한 장소에서 촬영한 간단한 영화가 만들어졌다. 하지만 1903년 에디슨 연구소에서 일하던 에드윈 포터Edwin S. Porter, 1870~1941가 여러 장소에서 촬영한 영상을 편집하여 〈대열차 강도〉라는 극영화를 만들었다. 이 영화를 시초로 미국에서 서부영화가 제작되기 시작했다. 1907년에는 프랑스에 필름 다르film d'art라는 영화 회사가 설립되어 문학작품을 영화로 만들면서 영화의 예술성이 강조되기 시작했다.

　움직이는 영상에 소리까지 더해진 유성영화를 만들려는 움직임은 처음 영화가 만들어진 1890년대부터 있었지만 1927년에야 비로소 유성영화가 만들어졌다. 뉴욕의 워너극장에서 상영된 최초의 유성영화 〈재즈 싱어〉가 큰 성공을 거두자 많은 회사들이 유성영화 제작에 나섰다. 일부만 녹음이 이루어진 〈재즈 싱어〉와는 달리 전체가 녹음된 최초의 유성영화는 1928년에 제작된 〈뉴욕의 등불〉이었다. 영화 제작자 중에는 무성영화만이 진정한 예술이라고 주장하면서 무성영화의 제작을 고집하는 사람들도 있었지만, 관객들은 영상과 소리를 함께 즐길 수 있는 유성영화에 열광했다.

우리나라에서 '활동사진'으로 불렸던 영화가 처음 상영된 것은 1903년 이전으로 알려져 있다. 그러나 이때 상영된 영화의 내용이나 제작자가 누구였는지는 알려져 있지 않다. 우리나라에서 제작된 최초의 극영화는 조선총독부 체신국에서 제작하여 1923년 4월 9일에 처음 상영한 〈월하의 맹서〉다. 저축을 장려하기 위한 계몽 영화였는데 촬영과 현상은 일본인들이 담당했지만 각본, 감독, 연기는 우리나라 사람이 맡았다. 이 영화는 계몽 영화였기에 극장에서는 상영되지 않았다.

우리나라 영화 역사상 최고의 작품 중 하나로 꼽히며 처음으로 상업적인 성공을 거둔 영화는 1926년 10월 1일에 단성사에서 개봉한 〈아리랑〉이다. 조선키네마프로덕션이 제작하고 나운규가 감독한 〈아리랑〉은 큰 인기를 끌어서 1932년까지 5년 동안 전국에서 상영되었고, 일본에서도 상영되었다. 1927년에 '나운규 프로덕션'이라는 영화 회사를 설립한 나운규 감독은 〈풍운아〉(1926), 〈사랑을 찾아서〉(1928), 〈벙어리 삼룡이〉(1929), 〈오몽녀〉(1937) 등을 제작하여 우리나라 영화 발전에 크게 공헌했다. 이들 영화는 모두 변사가 대사를 읽어 주는 무성영화였다. 무성영화 시대에는 화려한 언변으로 사람들을 웃기고 울렸던 변사들이 큰 인기를 끌었다. 인기 있는 변사는 극장들이 서로 모셔 가려고 경쟁을 했기 때문에 대우도 좋았다.

우리나라에서 만들어진 최초의 유성영화는 1935년에 이필우와 이명우 형제가 이광수의 소설 『일설 춘향전』을 원작으로 하여 만든 〈춘향전〉이다. 유성영화가 만들어지기 시작한 이후에도 무성영화는 계속 만들어졌고, 변사들도 계속 활동했다. 그러나 1945년 이전의 영화 필름은 대부분 소실되어 현재 남아 있는 것은 몇 안 된다.

6·25 전쟁으로 침체기를 겪은 한국 영화가 다시 크게 발전하기 시작한 것은 1950년대 말이다. 1950년대 말에는 1년에 100편의 영화가 제작될 정도로 전성기를 맞았다. 이때 제작된 대표적인 영화는 정비석의 동명 소설을 1957년에 한형모 감독이 영화화한 〈자유부인〉이었다. 〈자유부인〉은 서울에서만 11만 명의 관객을 동원하는 큰 성공을 거두었다. 수도극장 한곳에서만 상영했던 것을 감안하면 이것은 현

1971년 상영 중인 영화 간판이 걸린 영화관 풍경.

재의 1000만 관중 영화에 비견될 만한 큰 성공이었다.

내가 영화를 처음 본 것은 중학교 때였다. 학생들이 극장에 가는 것을 엄격하게 금지했던 당시에는 각 학교에서 학생 생활 담당 선생님이 극장에 나와 순찰을 돌면서 몰래 극장에 온 학생들을 색출했다. 당시 학생들 사이에서는 극장에서 학생주임 선생님에게 걸렸다든지 선생님을 용케 따돌렸다든지 하는 이야기가 무용담처럼 회자되었다. 하지만, 단속에도 불구하고 몰래 극장을 들락거리던 몇몇 친구들과는 달리, 대부분의 학생들은 극장에 갈 엄두를 내지 못했다. 그런 학생들에게는 학교 차원의 단체 관람이 영화를 볼 수 있는 유일한 기회였다. 단체 관람이 있는 날에는 극장이 학생들로 꽉 찼다. 내가 처음 본 영화는 중학교 때 단체 관람한 〈광야의 호랑이〉다. 광야의 호랑이라는 별명을 가진 주인공이 일본군 수용소에서 독립군을 구출해 낸 후 교량을 폭파하고 끝까지 싸우다 전사하는 영화였다. 주인공이 일본군과 싸우다 전사하는 장면에서는 모두들 눈물을 흘렸다. 이 영화에는 신영균, 황해, 허장강, 서영춘과 같은 전설적인 배우들이 모두 출연했다. 그 뒤로 나는 학교에서 가는 단체 영화 관람을 빠진 적이 거의 없다. 아마 다른 학생들도 마찬가지였을 것이다.

전구의 발명

내가 읍내 중학교에 진학하면서 처음으로 만난 전기 문명이 전깃불이듯이, 전기의 쓰임새 중에 가장 중요한 건 아무래도 조명일 것이다. 전깃불 전에는 가스를 이용하는 가스등이나 등유를 사용하는 등잔이 조명으로 사용되었다. 그러나 백열전구가 발명되면서 사람들의 생활 패턴과 밤의 모습이 완전히 달라졌다.

처음 발명된 전구는 공기를 제거한 유리구 안에 저항이 큰 발열체를 넣고 밀봉한 것이었다. 이 발열체에 전류를 흘리면 높은 온도로 가열되면서 빛을 냈다. 이 경우 발열체의 저항이 너무 크면 작은 전류가 흘러 높은 온도로 가열되지 않고, 저항이 너무 작으면 너무 큰 전류가 흘러 순식간에 발열체가 녹아 버린다. 따라서 전구를 만들기 위해서는 적당한 크기의 저항을 가지고 있으면서도 높은 온도에 잘 견딜 수 있는 발열체를 찾아야 한다. 유리 전구 안을 진공으로 하는 것은 높은 온도에서 발열체가 산화되어 끊어지는 것을 막기 위해서이다.

전구를 처음 발명한 사람은 토머스 에디슨이라고 알려져 있다. 그러나 1800년대에는 많은 사람들이 적당한 발열체를 찾아내기 위해 주위에 있는 거의 모든 물체를 가지고 실험을 했다. 실험을 통해 백열

에디슨이 세상에 발표한 최초의 전구와 1918년 무렵의 토머스 에디슨.

전구를 처음 발명한 사람은 스코틀랜드 과학자 겸 발명가 제임스 보먼 린지James Bowman Lindsay, 1799~1862였다. 그러나 린지가 1835년에 발명한 백열전구는 수명이 너무 짧아 상품화되지 못했다. 1860년에 진공으로 된 유리구 안에 탄소 필라멘트 발열체를 밀봉시켜 만든 수명이 긴 백열전구를 발명한 사람은 영국의 조지프 스원Joseph Wilson Swan, 1828~1914과 미국의 토머스 에디슨이었다.

두 사람은 1879년에 독자적으로 특허를 받았다. 에디슨이 개발한 전구는 저항이 큰 필라멘트를 사용한 것으로 병렬로 연결해 사용할 수 있었고 수명이 길었다. 반면, 스원이 발명한 전구는 저항이 작은 필라멘트를 사용했기 때문에 직렬로 연결해서 써야 했고 수명도 짧았다. 그러나 스원이 가지고 있던 영국에서의 특허권을 사용하기 위해 에디슨과 스원은 1883년에 합작회사인 '에디슨과 스원 전기조명회사'를 차려 함께 전구를 생산했다. 이 회사는 두 사람의 이름을 조합하여 에디스원Ediswan이라고 불리기도 했다. 에디스원에서는 스원이 1881년에 개발한 셀룰로오스 필라멘트를 사용한 전구를 생산했다. 그러나 영국 밖에서는 에디슨 전기조명회사가 개발한 대나무 필라멘트를 사용하는 전구를 생산했다.

사업에 크게 성공했던 에디슨 전기조명회사는 멀리 떨어져 있는 우리나라에까지 전구를 수출했다. 1887년 경복궁 향원정에 설치된 수력발전기에서 생산한 전기로 경복궁을 밝혔던 전구가 바로 에디슨 전기조명회사에서 생산된 전구였다. 이 일을 기록한 승정원일기에는 에디슨의 이름이 의대손宜代孫이라고 쓰여 있다.

전류 전쟁

오늘날 가정이나 산업 현장에서 사용하는 전기는 대부분 교류이다. 교류는 변압기를 이용하여 전압을 올리거나 내리기가 쉬워 전력을 멀리까지 전송하는 데 유리하기 때문이다. 그러나 전기가 널리 사용되기 시작하던 19세기 말에는 교류와 직류의 사용을 놓고 많은 논란이 있었다. 직류를 사용하는 것이 유리하다고 주장한 대표적인 사람은 에디슨이었고, 교류의 사용을 주장한 사람은 세르비아 출신으로 미국에서 활동한 니콜라 테슬라Nikola Tesla, 1856~1943였다.

전기 산업 발전에 공헌한 것에 비해 비교적 덜 알려져 있는 테슬라는 프랑스 파리의 콘티넨탈 에디슨 회사의 직원으로 일했었다. 1884년에 미국으로 건너간 테슬라는 에디슨 회사에서 에디슨과 같이 일을 하기도 했지만 성과급 지급 문제로 에디슨과 헤어진 후 테슬라 전기 회사를 설립했다. 하지만 사업에 성공하지 못했다.

독자적인 사업에 실패한 테슬라는 조지 웨스팅하우스와 함께 일하게 되었다. 웨스팅하우스는 1867년 철도 차량용 공기 브레이크를 발명한 후 웨스팅하우스 에어브레이크 회사를 차려 전 세계에 공기 브레이크를 공급했으며, 사업 영역을 전기 분야까지 넓히고 있었다. 테슬라와 함께 일하게 된 웨스팅하우스는 교류의 사용을 강력하게 주장했다. 따라서 직류와 교류의 사용을 놓고 벌인 전류 전쟁은 엄밀하게 말하면 에디슨과 테슬라 사이의 전쟁이 아니라 에디슨과 웨스팅하우스 사이의 전쟁이었다.

송전에는 교류가 편리했지만 모터를 작동시킬 수 있다는 점에서

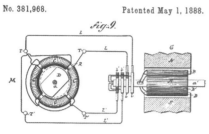

No. 381,968.   Patented May 1, 1888.

[위쪽] 1888년 5월 1일 테슬라가
제출한 특허 출원 서류에 포함된
교류 전동기의 구조 그림.
[오른쪽] 실험 중인 니콜라 테슬라.

직류가 유리했다. 그러나 에디슨과 결별한 후 테슬라가 교류 모터를 개발해 직류의 비교 우위가 사라져 버렸다. 1888년에 테슬라는 미국 전기 공학 학회의 초청 강연에서 교류 발전기와 교류 모터에 대해 설명했다. 그러나 에디슨은 직류에 비해 교류가 위험하다고 주장하면서 교류의 사용을 반대했다. 에디슨은 교류가 위험하다는 것을 보여 주기 위해 교류로 코끼리를 죽이는 실험을 하기도 했으며, 교류를 이용한 사형 집행 장치인 전기의자를 고안하기도 했다. 이에 맞서 웨스팅하우스는 1889년『교류 체계의 안정성』이라는 책을 발간하여 교류 사용을 권장했다. 에디슨은 미국 당국을 설득하여 1890년 교류를 이용하여 사형을 집행하게 함으로써 교류는 위험하다는 이미지를 사람들에게 각인시키고자 했다. 그러나 1893년 시카고에서 열렸던 만국 박람회 조명 시설 설비 공급권을 웨스팅하우스가 따내고, 1895년에는 나이아가라 폭포 수력발전소 건설 공사마저 웨스팅하우스가 맡게 되면서 점차 교류 사용이 우세하게 되었다.

교류 모터를 개발한 테슬라는 이 밖에도 로봇공학, 탄도학, 컴퓨터 공학, 핵물리학, 이론물리학 등 다양한 분야의 발전에 직접 간접으로 크게 기여했다. 그러나 자신의 재정 상황에 관심이 없었던 그는 발명에 대한 정당한 대가를 받지 못하고 가난과 무관심 속에서 말년을 보내다 세상을 떠났다. 20세기 말에야 그의 업적이 재조명되면서 다양한 기념사업이 전개되었고, 그의 고국인 세르비아에 테슬라 기념관과 기념비가 세워졌다. 자기장의 세기를 나타내는 단위는 그의 업적을 기념하기 위해 테슬라^{T}라고 부른다.

오늘날에는 송전에 유리한 교류가 주로 사용되고 있지만 전기분해를 이용해 알루미늄을 생산하는 것과 같이 양극과 음극을 구별해야 하는 전기화학 공정에는 직류가 사용된다. 가전제품 중에서 열이나 빛을 이용하는 전등이나 난방 장치 그리고 모터로 작동하는 선풍기 등에는 교류를 사용하지만, 반도체 소자나 콘덴서와 같이 전류의 방향에 따라 작동이 달라지는 소자를 포함하고 있는 컴퓨터나 스마트폰 등에는 직류가 쓰인다. 충전지를 사용할 때도 직류를 써야 한다. 일부 전자 제품의 경우 어떤 부분은 교류를 사용하고 다른 부분은 직류를 사용하기도 한다. 예를 들면 전기밥솥에서 열을 이용해 밥을 하는 부분에는 교류가, 온도나 시간 등을 제어하는 부분에는 직류가 쓰인다. 이처럼 부분적으로 직류를 사용할 때는 다이오드를 이용해 교류를 직류로 바꾼다. 하지만 전체적으로 직류를 쓰는 컴퓨터나 스마트폰의 경우에는 어댑터를 이용해 교류를 직류로 바꾸어 전자 제품에 공급한다.

무선통신의 발전

헤르츠가 전자기파의 존재를 확인한 뒤로 전자기파를 이용한 무선통신이 급속히 발전했다. 무선통신 발전에 크게 공헌한 사람은 이탈리아의 전기 공학자 굴리엘모 마르코니Guglielmo Marconi, 1874~1937였다. 이탈리아의 볼로냐 근교에서 태어난 마르코니는 볼로냐와 피렌체에서 교육을 받고 리보르노의 기술학교에서 물리학을 공부하면서 전자기파를 통신에 이용하는 방법을 연구했다.

1895년에 마르코니는 전자기파를 이용하여 짧은 거리에서 통신하는 방법을 알아냈고, 그 후 송신기와 수신기를 개량하면서 통신 거리를 확대해 나갔다. 14.4킬로미터 거리의 무선통신에 성공하자 그는 1896년에 영국으로 가서 특허를 받았다. 영국에 있는 동안에는 약 120킬로미터 떨어진 지점 간의 무선통신에 성공했고, 1899년에는 무

1901년《라이프》잡지에 실린 마르코니의 사진. 그의 왼쪽에 무선통신용 송신기가, 오른쪽에 수신기가 보인다.

선통신기를 이용해 영국의 조난선을 구조했으며, 1901년에는 대서양을 건너는 무선통신에 성공했다. 이때부터 전자기파를 이용한 무선통신이 상용되기 시작했다. 1907년에는 마르코니가 유럽과 미국 사이의 무선통신 사업을 시작했다. 마르코니는 무선통신 기술을 발전시킨 공로로, 브라운관을 발명한 독일의 카를 페르디난트 브라운Karl Ferdinand Braun, 1850~1918과 함께 1909년 노벨 물리학상을 수상했다.

사실 전자기파를 이용한 무선통신 기술을 개발한 사람은 마르코니만이 아니었다. 전기와 관련된 기술 발전에 크게 기여한 니콜라 테슬라나 원자핵을 발견하여 물리학 발전에 공헌한 어니스트 러더퍼드도 무선통신 기술 발전에 기여했다. 미국에서는 테슬라가 마르코니보다 먼저 무선통신에 대한 특허를 받았다. 1943년에 미국 대법원은 1887년에 테슬라가 받은 무선전신 특허(특허 번호 645576)가 1904년에 받은 마르코니의 특허(특허 번호 763772)보다 우선권이 있다고 판결했다. 그러나 이 판결이 나온 것은 테슬라가 경제적으로 어려운 말년을 보내다 세상을 떠난 후였다.

무선통신 기술이 급속하게 발전하면서 전자기파가 전기 문명의 주역으로 자리 잡기 시작했다. 텔레비전과 스마트폰 그리고 각종 리모컨이 널리 사용되고 있는 오늘날 전자기파는 전기 문명의 주축을 이루고 있다.

축음기의 발명

소리를 저장하는 방법을 처음 발명한 사람은 프랑스의 에두아르레옹 스콧Edouard Leon Scott de Martinville, 1817~1879이라고 알려져 있다. 스콧은 1853년부터 기계적인 방법을 이용하여 사람 목소리의 떨림을 이미지로 나타내는 방법을 개발해서 1857년에 특허를 받았다. 그는 사람의 목소리를 시각적 이미지로 바꾸는 데는 성공했지만 이것을 소리로 재생하지는 못했다. 그러나 2008년에 로렌스 버클리 국립연구소의 과학자들이, 스콧이 1860년에 만든 이미지를 다시 소리로 재생하는 데 성공했다. 소리를 이미지로 만들어 놓으면 언젠가 다시 소리로 바꿀 수 있을 것이라던 스콧의 생각이 옳았다.

1876년에 알렉산더 그레이엄 벨이 전화기를 발명한 뒤로 많은 이들이 소리를 녹음했다가 재생할 수 있는 방법을 찾고자 연구했다. 전선을 통해 소리를 전달할 수 있다면 소리를 저장할 수도 있을 것이라 생각한 것이다. 소리를 저장했다가 재생하는 축음기를 처음 만든 사람은 토머스 에디슨이었다. 1000건이 넘는 발명을 해낸 에디슨에게 발명왕이라는 칭호는 잘 어울린다. 물론 에디슨이 발명한 것으로 알려진 발명품 중 상당수는 에디슨의 창작품이 아니라 다른 사람의 발명품을 개량한 것이지만, 실용성이 적은 발명품을 널리 사용할 수 있는 제품으로 개량하는 일 역시 그의 뛰어난 창의성이 없었으면 가능하지 않았을 것이다.

에디슨이 개량했거나 발명한 물건 중에서 가장 널리 알려진 것이 바로 축음기이다. 에디슨이 최초로 발명한 축음기는 1877년의 포노그래프였다. 포노그래프는 표면이 주석으로 된 원통이 일정한 속도로 회전할 때 원통 표면에 닿아 있는 바늘이 소리의 떨림에 따라 주석에 긁힌 자국을 내는 방식으로 소리를 저장했다. 재생할 때는 이 긁힌

에디슨이 만든 축음기인
포노그래프(오른쪽)와 원통 모양의 음반(왼쪽).

자국에 따라 진동판을 떨게 하여 소리를 냈다. 그레이엄 벨이 설립한 볼타 연구소에서는 에디슨의 포노그래프를 개량하여 주석 대신 왁스(밀랍)를 입힌 원통에 소리를 저장하는 그래포폰graphophone을 개발하여 1885년에 특허를 받았다. 그래포폰은 주석 막을 입힌 에디슨의 포노그래프가 쉽게 손상되는 것을 보완한 것이었다.

1887년에는 독일 출신으로 미국에서 활동했던 발명가 에밀 베를리너Emile Berliner, 1851~1929가 원통이 아니라 아연 원반에 소리를 저장하는 그래머폰gramophone을 발명했다. 처음 만든 원반형 축음기는 원통형 축음기에 비해 음질이 좋지 않았지만 점차 개선되어 원통형 축음기와 경쟁할 수 있게 되었다. 베를리너는 1894년 미국 그래머폰 회사를 설립했고, 1897년에는 영국 베를리너 그래머폰 회사를 설립했으며, 곧이어 캐나다와 독일에도 회사를 설립하고 그래머폰 보급에 나섰다. 1898년에는 도이치 그래머폰이 창립되었다. 1890년대부터 1920년대까지는 원통형 포노그래프와 원반형 그래머폰이 시장에서 경쟁을 벌였지만 원통형보다 적은 비용으로 복사본을 만들 수 있어 가격이 저렴했던 원반형 그래머폰이 승자가 되었다.

우리나라에 축음기가 소개된 것은 1890년대로 추정되지만, 우리나라 사람의 목소리가 처음으로 녹음된 것은 1907년이었다. 1907년 6월 주한 미국 영사 알렌의 주선으로 시카고 박람회에 참가한 열 명의 국악인 중 하나였던 경기 명창 박춘재가 미국 빅터사에서 녹음을 했다. 1908년에는 일본 빅터사에서 취입하고 미국에서 생산한 음반이 국내에서 판매되었다. 이후 1911년까지 100여 종의 음반이 제작되었으며 음반을 재생하는 유성기(녹음은 못 하고 재생만 되는 축음기)도 보급되기 시작했다.

일제 강점기에도 우리나라 고객들을 위해 우리나라 가수들이 부른 노래를 취입한 다양한 음반이 제작되어 판매되었다. 그러나 당시 우리나라에는 음반 생산 시설이 없었기 때문에 모든 음반은 일본에서 제작되었다. 초기에는 유성기와 음반의 가격이 비싸 널리 보급되지는 못했으나 1926년에 일본에서 취입된 윤심덕의 〈사의 찬미〉가 인기를 끌면서 음반 보급이 크게 확대되었다.

컬럼비아사의 전축(전기 축음기)과 1931년 빅터사에서 생산된 아리랑 음반.

1933년에는 조선 사람이 오케레코드사를 설립했지만 녹음과 생산은 일본에서 했다. 1940년대에는 국내에도 녹음 시설이 갖춰져 일부 노래가 국내에서 녹음되었다. 하지만 음반 생산은 여전히 일본에서 이루어졌다. 일제 강점기 동안에는 음반 시장이 철저하게 일본에 예속되어 있었다. 우리나라에서 녹음하고 생산된 음반이 처음 발매된 것은 1945년이었다. 그 이후 녹음과 생산 시설을 확충하기 시작한 우리나라 음반 산업은 1960년대부터 비약적으로 발전하기 시작했고, 1980년대에는 오늘날과 같은 구조로 자리 잡았다.

1970년대와 1980년대를 지나면서 텔레비전과 전축은 우리나라 가정의 필수품이 되었다. 대학 때 내 자취방에도 전축이 있었다. 음악을 좋아했기 때문이라기보다 음악을 좋아해 보려는 노력 때문이었다. 당시 대학생들 사이에는 팝송이 대단한 인기를 끌고 있었다. 그러나 팝송을 접할 기회가 없었던 나는 알고 있는 팝송이 거의 없었다. 클래식에 대해서는 더욱 문외한이었다. 촌티를 벗기 위해서는 음악과 친해져야 할 것 같았다. 그래서 매번 아르바이트 월급을 받으면 가장 먼저 음악 레코드판을 사기도 했지만 팝송을 더 많이 알게 되지도 못했고, 클래식 음악과 친해지지도 못했다.

라디오 방송국의 등장

라디오의 역사는 무선통신 기술의 발명 시기까지 거슬러 올라간다. 앞에서 살펴본 것처럼 1888년 헤르츠가 발견한 전자기파를 이용하여 이탈리아의 마르코니가 1890년대 말에 첫 무선통신에 성공했고, 1901년에는 대서양을 횡단하는 무선통신에 성공했다. 그 후 과학자들은 전자기파를 이용하여 전기 신호가 아니라 사람의 음성을 직접 전달할 수 있는 방법을 연구하기 시작했다.

1876년에 알렉산더 그레이엄 벨이 전화기를 발명하고, 여러 발명가들이 음성을 기록하는 축음기를 발명하자 전자기파를 이용하여 음성을 전달하는 연구가 활기를 띠었다. 최초로 성공을 거둔 사람은 캐나다의 레지널드 페센던Reginald Aubrey Fessenden, 1866~1932이었다(우리나라에서는 '페든슨'으로 표기하기도 한다). 페센던은 마이크를 이용하여 음성 신호를 전기 신호로 바꾸고 이 전기 신호를 전자기파와 결합시켜 송신하면, 상대방이 전자기파와 결합해 있던 전기 신호를 읽어 내 음성을 재생하는 시스템을 개발했다. 1901년 12월 23일 페센던은 자신의 기지국에서 최초로 음성 신호가 포함된 전자기파를 송출했다.

1906년에 미국의 리 디포리스트Lee de Forest, 1873~1961가 약한 전기 신호를 강한 신호로 증폭할 수 있는 3극진공관을 발명하자 전자기파를 이용하여 음성을 전달하는 라디오 방송이 가능해졌다. 페센던이 진폭 변조를 이용한 최초의 라디오 방송을 실시한 것은 1906년 12월 24일이었다. 페센던은 미국 매사추세츠주 플리머스로부터 수 킬로미터 떨어진 곳에 있던 선박으로 자신의 목소리와 녹음된 음악을 전송하는 데 성공했다. 1909년에는 프랑스 파리에 있는 에펠탑에서 유럽최초로 음성이 변조된 전자기파가 송출되었다. 이듬해인 1910년에는 카루소의 노래를 방송했으며, 1911년에는 뉴욕의 선거 결과를 방송했다. 이후 미국에서는 많은 라디오 방송국이 설립되어 실험 방송을 시작했다.

1922년 미국 여배우 플로렌스 비더 (Florence Vidor)가 자신의 집에서 오페라 라디오 방송을 듣는 모습.

　제1차 세계대전 동안에는 미국 정부가 해군 외에는 전자기파를 이용한 방송을 하지 못하도록 제한했다. 제1차 세계대전이 끝난 후 유럽에서는 방송을 공공 서비스로 취급하여 국가가 운영하는 방송사 설립이 추진되었고, 미국에서는 영리 목적으로 운영되는 사설 방송국이 설립되기 시작했다. 1920년 1월에는 미국 워싱턴 D.C. 근교의 해군비행장에서 있었던 군악대 연주가 방송되었고, 같은 해 11월 2일에는 웨스팅하우스사에서 세계 최초로 정규 라디오 방송을 시작했으며 그해 실시된 제29대 대통령 선거 결과를 방송했다. 영국에서는 1920년 마르코니 무선회사에서 실험 방송을 시작하고, 1922년에 영국의 BBC 방송국이 뉴스 프로그램 방송을 시작했다. 프랑스에서는 1921년에 국영방송국이 개국했고, 1923년에는 독일의 국영방송국도 개국했다.

　처음에 실시된 라디오 방송은 음성 신호를 전자기파의 진폭과 결합시킨 진폭 변조AM 전자기파 형태로 송출되었다. 그러나 1933년 미국의 에드윈 하워드 암스트롱Edwin Howard Armstrong, 1890~1954이 음성 신호를 전자기파의 진동수와 결합시킨 주파수 변조^{FM} 방법을 개발하여 특허를 받았다. 그로부터 4년 후인 1937년에 암스트롱은 최초의 FM 라디오 방송국을 설립해 FM 방송을 시작했다.

AM과 FM 변조는 무엇이며, 변조는 왜 필요한 것일까? 사람이 귀로 들을 수 있는 음파는 진동수가 20헤르츠에서 2만 헤르츠 사이인 파동이다. 음파의 진동수는 소리의 높고 낮음을 나타내고, 진폭은 소리의 세기를 나타낸다. 만약 우리가 들을 수 있는 음파를 그대로 전자기파 신호로 바꾼다면 이 전자기파 역시 20헤르츠에서 2만 헤르츠 사이의 진동수를 가지게 될 것이다. 전자기파에서 이 영역은 파장이 매우 긴 장파에 해당되는데, 무선통신에서는 사용되지 않는다. 이런 장파를 수신하기 위해서는 아주 큰 안테나가 필요하기 때문이다. 따라서 음성 신호는 송수신이 용이한 주파수의 전자기파에 실어서 보내야 한다. 음성 신호를 실어 나르는 전자기파를 반송파라고 하고, 반송파에 음성 신호를 싣는 것을 변조라고 한다. 변조에는 진폭변조와 주파수변조가 있다.

진폭변조$^{AM, Amplitude Modulation}$는 반송파의 진폭 변화가 음파의 진폭과 진동수를 나타내도록 한 것이다. 따라서 AM 변조파에서 진폭의 변화만을 떼어 내 그려 보면 음파와 같은 모양이 된다. 파장이 긴 전자기파를 이용하는 AM 변조파는 멀리 도달할 수 있다는 장점이 있지만 잡음이 발생할 가능성이 높아 깨끗한 음질을 보내는 데는 적당하지 않다. 반면, 주파수변조$^{FM, Frequency Modulation}$는 반송파의 진동수 변화를 이용하여 음파의 진동수와 진폭을 나타내는 방법이다. 즉, 음파의 진폭이 큰 부분에서는 반송파의 진동수가 증가하고, 진폭이 작

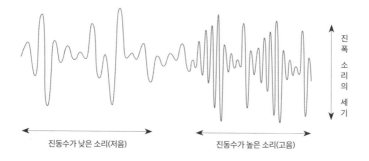

음파는 진동수가 20헤르츠에서 2만 헤르츠 사이인 파동이다.

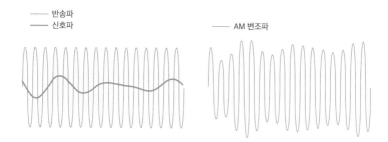

AM 변조파에서는 진폭의 변화가 음파의 진폭과 진동수의 변화를 나타낸다.

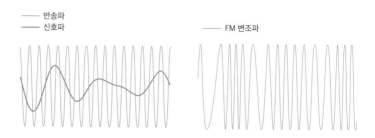

FM 변조파에서는 진동수의 변화가 음파의 진폭과 진동수에 대한 정보를 가지고 있다.

은 부분에서는 진동수가 작아지도록 변조된다. 주로 단파를 사용하는 FM 방송은 멀리까지 도달하지 않아 중계소를 많이 설치해야 하고 필요한 주파수의 범위가 AM에 비해 넓다는 단점이 있지만, 기상 상황의 영향을 덜 받고 잡음이 발생할 가능성이 적어 깨끗한 음질을 선호하는 음악 방송에 널리 이용된다. 우리나라에서 AM 방송은 주로 531킬로헤르츠에서 1602킬로헤르츠 사이의 주파수 대역을 사용하고 FM 방송은 88메가헤르츠에서 108메가헤르츠 사이의 전자기파를 사용한다. 방송에 할당된 주파수 대역은 나라마다 달라서, 예컨대 일본에서는 76메가헤르츠에서 95메가헤르츠 사이의 주파수 대역을 FM 방송용으로 할당해 놓고 있다.

우리나라에서는 일제 강점기인 1915년경에 최초의 무선전화 송수신 실험이 있었는데, 약 800미터 정도 떨어져 있던 경성우편국(현 중앙우체국)과 조선총독부 체신국(현 세종로 광화문우체국) 사이에서 실시되었다. 우리나라 최초의 정규 라디오 방송은 1927년 2월 16일 조선총독부에 의해 설립된 사단법인 경성방송국(호출부호:JODK)이 주파수 690킬로헤르츠, 출력 1킬로와트로 시작했다. 초기에는 주로 일본어로 방송했고, 약간의 우리말 방송이 포함되어 있었다. 1933년 4월 26일에야 별도의 우리말 방송이 시작되었고, 이후 각 지역 라디오 방송국이 설립되었다.

해방 후인 1947년 9월 3일에는 국제무선통신회의로부터 일본 호출부호 'JO' 대신 한국의 호출부호 'HL'을 배당받아 10월 2일부터 사용하기 시작했다. 이후 1954년에는 국내 최초의 민간 방송국인 기독교방송CBS이 개국했고, 1961년 12월에는 부산에서 최초의 상업 방송국인 문화방송MBC이 개국했다. 1965년 6월에는 최초의 FM 방송인 서울 FM방송국이 개국했다.

내가 처음 라디오를 본 것은 초등학교 다닐 때였다. 당시 마을에는 산 너머에 있는 강물을 끌어와 농업용수로 사용하기 위해 산에 터널을 뚫는 공사가 한창 진행 중이었다. 그 공사의 감독으로 와 있던 분이 우리 집 사랑채에 기거했는데, 내가 처음 본 라디오는 그 감독관이 가져온 것이었다. 나는 사람의 목소리와 음악 소리가 나오는 라디오를 보고 깜짝 놀랐다. 감독관이 방에서 라디오를 틀어 놓으면 나는 문밖에 쪼그리고 앉아 몇 시간이고 라디오 소리에 귀를 기울이곤 했다. 라디오에서는 노래도 나오고 연속극도 나왔다. 나는 정말로 라디오 안에 작은 사람들이 들어 있는 줄 알았다. 따지고 보면, 사랑방 문 앞에 쪼그리고 앉아 들었던 라디오 소리야말로 내가 처음 경험한 전기 문명이었다. 하지만 그때는 라디오가 전기로 작동하는지도 몰랐다. 전기가 무엇인지도 몰랐으니까.

내가 대학에 다닐 때는 건강이 좋지 않았던 아버지가 늘 라디오를 머리맡에 놓고 들으셨다. 아르바이트 월급을 받아 커다란 라디오를 한 대 사 드렸던 기억이 난다. 내가 아버지를 위해 무언가를 해 드린 것은 그것이 처음이고 마지막이었다.

텔레비전 시대 개막

텔레비전 이야기를 하기 전에 먼저 텔레비전이라는 말의 의미를 생각해 보자. 텔레비전television이라는 낱말은 원격 영상, 다시 말해 멀리서 보내온 영상 혹은 원격으로 보내는 영상이라는 뜻이다. 따라서 방송국에서 보내온 영상이 텔레비전이고, 그런 영상을 보는 장치는 텔레비전 수상기라고 해야 맞다. 그러나 일상생활에서는 텔레비전이라는 말이 텔레비전 수상기를 뜻하는 말로 사용되고 있다. 원래의 낱말 뜻과 같이 원격 영상을 지칭할 때도 있지만, 앞뒤 문맥을 통해 텔레비전이 원격 영상을 나타내는지 아니면 텔레비전 수상기를 나타내는지 알 수 있기 때문에 별문제는 없다. 따라서 이 책에서도 텔레비전 수상기를 그냥 텔레비전이라고 쓰기로 하자.

1873년 아일랜드의 전신 기사 윌러비 스미스Willoughby Smith, 1828~1891가 셀렌에 빛을 비추면 전자가 튀어나와 전류가 흐르는 광전 효과를 발견했다. 2년 후인 1875년에는 미국의 조지 케리가 광전 효과를 이용하여 영상을 전기 신호로 바꾸는 데 성공했다. 셀렌으로 만든 수많은 광전관을 전구에 연결한 뒤 셀렌 판 앞에 물체를 놓아두자 물체에서 나온 빛이 셀렌에서 전자를 방출했다. 그리고 광전관과 연결된 전구에 밝기가 다른 불이 켜지면서 물체의 윤곽을 드러냈다. 그러나 이런 방법으로 선명한 영상을 만들어 내기 위해서는 무수히 많은 셀렌 광전관과 전구를 각각 연결해야 했다.

이러한 문제점을 해결한 사람은 독일의 전기 기술자 파울 고틀리프 닙코Paul Gottlieb Nipkow, 1860~1940였다. 1884년, 닙코는 셀렌 광전관 앞에 24개의 구멍이 뚫린 원판을 설치하고, 이를 모터로 회전시켜 물체에서 나온 빛을 순차적으로 광전관에 도달하도록 만들었다. 그리고 이때 나오는 전기 신호를 하나의 전선으로 전달한 다음 순차적으로 각각의 전구에 배분하여 전구의 불을 켰다. 빛이 순차적으로 이미

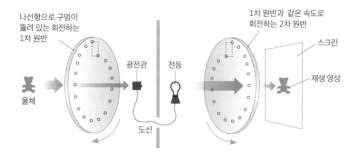

 자리에

나선형으로 구멍이
뚫려 있는 회전하는
1차 원반

광전관 전등

1차 원반과 같은 속도로
회전하는 2차 원반

스크린

재생 영상

물체

도선

파울 고틀리프 닙코가 고안한 기계식 텔레비전의 원리.

지를 재현하더라도 잔상 효과 때문에 사람의 눈은 전체 이미지로 받
아들인다는 사실을 이용한 것이다.

닙코의 장치는 전기망원경이라고 불렸다. 1926년 영국의 사업가
존 로지 베어드John Logie Baird, 1888~1946는 닙코의 전기망원경을 이용하
여 원거리에 영상을 전달하는 사업을 시작했다. 베어드는 자신이 만
든 영상 전송 장치를 '텔레바이저'라고 불렀다. 텔레바이저는 음극선
관을 이용하는 텔레비전과 구별하여 기계식 텔레비전이라고도 부른
다. 1929년 BBC는 세계 최초로 기계식 텔레비전을 이용하여 텔레비
전 방송을 시작했다.

1925년에 존 로지 베어드가
최초의 텔레비전 시스템인
텔레바이저(기계식 텔레비전)를
시연하는 모습.

1990년대까지 널리 사용된 텔레비전용 브라운관을 발명한 사람은 독일의 카를 페르디난트 브라운Karl Ferdinand Braun, 1850~1918이다. 1897년에 브라운이 발명한 브라운관은 진공으로 만든 음극선관의 음극에서 방출된 전자가 형광 물질을 바른 화면에 부딪칠 때 내는 빛을 이용하여 영상을 만들었다. 브라운관은 LCD나 LED 디스플레이가 발명되기 전까지 오랫동안 텔레비전과 컴퓨터의 모니터로 사용되었다. 텔레바이저가 기계식 텔레비전이었다면 브라운관은 전자식 텔레비전이었다.

텔레비전이란 말이 처음 등장한 것은 1900년 8월 25일 파리에서 열린 국제전기기술총회에서였다. 그 후 많은 과학자와 발명가가 브라운관을 이용하여 영상을 재생하는 텔레비전을 연구하기 시작했다. 고등학교 때부터 텔레비전 발명을 위해 연구한 미국의 필로 판즈워스Philo Farnsworth, 1906~1971가 텔레비전의 시제품을 만든 것은 1927년이었다. 미국의 방송사 RCA는 1930년 러시아에서 미국으로 이민한 발명가 블라디미르 코지미치 스보리킨Vladimir K. Zworykin, 1888~1982을 고용해 텔레비전 연구를 시작했다. 스보리킨은 판즈워스의 연구소를 방문한 뒤 그의 아이디어를 빌려 전자식 텔레비전을 완성했다.

독일은 스보리킨을 비롯한 여러 사람의 발명을 종합하여 1935년에 세계에서 처음으로 텔레비전 방송을 시작했고, 손기정 선수가 마라톤에서 금메달을 딴 1936년 베를린 올림픽을 생중계했다. 미국에서는 RCA와 판즈워스가 텔레비전 특허의 우선권을 놓고 소송전을 벌였다. 소송 중이던 1939년 4월에 RCA는 뉴욕에서 열린 세계박람회에서 한 루즈벨트 대통령의 연설을 텔레비전으로 방송했다. 그해

10월 특허권 소송에서 패한 RCA는 판즈워스에게 로열티를 지불해야 했다. 그러나 곧이어 발발한 제2차 세계대전으로 인하여 텔레비전 산업이 제약을 받으면서 판즈워스는 사람들의 기억에서 멀어졌다. 전쟁이 끝난 후 미국 텔레비전 사업을 독점하게 된 RCA는 자신들이 텔레비전을 발명했다고 광고했다. 그러자 판즈워스는 자신이 텔레비전을 발명했다는 것을 사람들에게 알리기 위해 노력했다. 1999년 타임 지는 판즈워스를 20세기의 가장 중요한 인물 100명 중 한 명으로 선정했다.

1930년대까지 방송된 텔레비전은 흑백텔레비전이었다. 최초로 컬러텔레비전을 개발한 사람은 영국의 존 로지 베어드였다. 그는 1928년 7월에 세 가지 색깔의 영상을 조합하여 컬러 영상을 만들어 내는 컬러텔레비전 방송을 시험했고, 1938년 2월에는 영국의 도미니언 극장에서 최초로 컬러텔레비전 방송을 시작했다.

전자식 텔레비전 기술을 이용한 컬러텔레비전 방송은 제2차 세계대전 이후 미국의 연방 통신 위원회에 의해 추진되었다. 1950년 1월 12일에 워싱턴 D.C.에서 최초로 컬러텔레비전 방송을 내보낸 것은 컬럼비아 방송국이었다. 컬럼비아 방송국은 1950년 11월 뉴욕의 공공장소에 컬러텔레비전 수상기를 설치하였고, 다음 해 1월에는 시카고에서도 컬러텔레비전 방송을 시작했다.

우리나라에서는 1956년 5월 12일에 대한방송이 세계 15번째로 텔레비전 방송을 시작했다. 한국 RCA가 설립한 대한방송은 코캐드 KORCAD-TV라고도 불렸다. 처음에는 격일제로 하루 두 시간씩 방송했지만 그해 11월부터는 두 시간씩 주 6회 방송했다. 코캐드-TV는 서울 시내 주요 상점 앞에 21인치 텔레비전을 설치해 놓고 사람들의 이목을 끌었다. 그러나 국내에서는 텔레비전이 생산되지 않았고, 값이 비싼 수입산 텔레비전만 판매되고 있어 텔레비전 보급률이 매우 낮았기 때문에 이 방송국은 재정난을 겪어야 했다. 1년 만에 방송사의 경영권은 한국일보사로 넘어갔고, 경영이 정상화될 무렵인 1959년에는 원인 모를 화재로 방송국 전체가 소실되었다. 그 후 미군과 미국 공보원의 지원으로 임시 방송을 했으나 1961년 KBS의 전신인 서울텔레비전방송국에 채널 번호를 포함한 모든 권리를 넘겼다.

1962년에는 동양텔레비전방송국TBC이 개국하였으며, 1969년에는 문화방송MBC이 텔레비전 방송국을 개국하여 우리나라도 본격적인 텔레비전 방송시대로 접어들었다. 그러나 1970년대에는 흑백텔레비전밖에 없었다. 우리나라에서 컬러텔레비전이 시판되기 시작한 것은 1980년 8월부터였고, 컬러 방송은 그해 12월부터 시작되었다. 우리나라에서 컬러텔레비전의 방송이 늦어진 것은 지나친 소비 풍조의

[왼쪽] 1962년 텔레비전을 보는 중산층 가정. [오른쪽] 1969년 문화방송 개국 전야제 행사.

확산을 막는다는 이유로 정부에서 허가하지 않았기 때문이다.

내가 고등학교 다닐 때 흑백텔레비전으로 본 장면 중에서 가장 인상에 남는 것은 1969년 7월 20일에 있었던 닐 암스트롱의 달 착륙 장면이었다. 그것이 생중계였는지 녹화 방송이었는지는 기억나지 않지만 암스트롱이 달에 첫발을 내딛는 순간은 참으로 감격적이었다. 서울에서는 남산에 있는 어린이 회관 앞에 커다란 텔레비전을 설치해놓아 집에 텔레비전이 없는 많은 시민들이 함께 방송을 볼 수 있도록했다. 암스트롱이 달에 첫발을 내딛는 장면을 본 사람들은 이제 곧 사람이 달에 가서 사는 우주시대가 시작될 것이라고 생각했다. 그러나 50년이 지난 지금도 달에는 아무도 살고 있지 않다. 과학이 급속히 발전하면서 대부분의 분야가 사람들의 예상보다 빠르게 발전했지만, 우주 개발 분야에서는 사람들의 예상을 따라가지 못했다.

19세기 말에서 20세기 초까지 이어진 발명의 시대를 거치면서 전기 문명이 본격적으로 사람들의 생활 방식을 바꾸기 시작했다. 그러나 전기 문명이 우리 생활 속으로 깊숙이 들어오기 위해서는 아직도 몇 가지 기술 혁신을 거쳐야 했다. 그러한 기술 혁신은 크기가 작으면서도 기능이 다양하고 가격이 싼 전자 제품을 생산하기 위해 꼭 필요한 일이었다. 새로운 기술 혁신은 전기적으로 쓸모없어 보이던 반도체를 이용하여 반도체 소자를 만드는 것에서부터 시작되었다.

8

전 자 공 학 과 기 술 혁 신

서울 올림픽과 전자공학 강의

미국에서 박사학위를 받자마자 서둘러 우리나라로 돌아와 신생 사립대학 물리학과 교수가 되었다. 현재는 박사학위를 받아도 박사후 연구 과정을 거치면서 논문을 많이 발표한 뒤에야 교수가 될 수 있지만 많은 대학이 새로 설립되던 1980년대 초에는 박사학위만 있으면 대학에 자리 잡는 일이 그리 어렵지 않았다. 내가 교수가 되어 첫 출근을 한 것이 1985년 3월이었으니 우리 나이로 34세가 되던 해였다. 빠른 나이도 아니었지만 그리 늦은 나이도 아니었다. 전통 농경사회에서 태어나 전기 문명의 한 가운데로 진입하는 데 많은 시간을 허비한 것을 감안하면 빠른 편이었다.

교수가 기본적으로 해야 할 일은 강의, 학생 지도 그리고 연구하여 논문을 발표하는 일이다. 그러나 아직 체계가 제대로 잡혀 있지 않고 직원도 많지 않았던 신생 대학에서는 교수가 해야 할 일이 이 밖에도 많았다. 나는 첫 번째 여름 방학에 학교를 방문한 외국 대학 총장 일행을 안내한 것이 계기가 되어 외국에서 오는 손님을 접대하거나 외국 대학과의 교류 관련 업무를 맡게 되었다. 처음에는

최첨단 전자 제품의 경연장이기도 했던 올림픽을 통해

많은 사람이 최신 전자 제품에 익숙해졌다.

사진은 1988년 서울 올림픽 선수단 입촌식. 앞줄 오른쪽이 저자.

일이 많지 않았지만 학교가 커지면서 일도 늘어났다.

국제 교류 일을 맡아 하다 보니 얼마 후에는 카리브해에 있는 작은 나라의 명예영사 일까지 맡게 되었다. 우리나라는 그 나라에 상주 대사관을 설치하고 대사가 나가 있었지만, 그 나라는 우리나라에 상주 대사관을 설치하지 않고 일본에 있는 대사가 겸직하고 있었다. 따라서 그 나라 방문 비자를 발급하는 것과 같은 외교 업무를 명예영사관에서 맡아 해야 했다. 내가 있던 대학의 설립자가 명예총영사였고, 나는 명예영사였다. 우리나라에서 큰 기업을 운영하는 이들 중에는 기업과 연관이 있는 나라의 명예영사나 총영사를 맡아 정부 차원에서 하기 어려운 여러 가지 일을 하고 있는 사람들이 많다. 그 나라에서 고위 인사가 방문하는 경우에는 외무부에서 일정을 관리하지만 그런 경우에도 쇼핑을 한다든지 관광을 하는 것과 같은 개인적인 일은 명예영사관에서 맡는 경우가 많았다. 한국의 전통 음식을 대접하는 일도 우리 몫이었다.

내가 명예영사를 맡았을 때 했던 일 중에 가장 큰 일은 올림픽을 치른 것이었다. 올림픽 때 나는 그 나라의 연락관으로 일하며 서울 올림픽 조직 위원회와 그 나라 선수단 사이의 연락 업무를 담당했다. 따라서 올림픽이 열리는 동안 선수촌과 경기장에 수시로 들락거리면서 그 나라 선수단과 관련된 자질구레한 일을 처리해야 했다.

하루는 달리기에서 은메달을 딴 그 나라 선수의 친구가 우리나라에 왔다. 은메달을 딴 선수는 친구를 선수촌에 초대하고 싫어 했지만 삼엄한 경비 때문에 들어갈 수가 없었다. 나는 그 선수와 함께 은메달을 들고 다니면서 관련된 사람들을 만나 그 친구가 선수촌에 들어올 수 있도록 해 주었다. 그 나라 선수들을 응원하기로 되어 있던 교회와 연락해 응원 일정을 잡기도 하고, 후원 업체와 의논해 선수들에게 식사로 갈비를 대접해 주기도 했다. 선수단 중 일부가 입국하거나 귀국할 때는 공항까지 마중을 나가거나 전송해야 했다.

올림픽을 유치하는 동안에는 올림픽 유치를 반대하는 여론도 많았다. 많은 돈을 들여 2주 동안의 스포츠 행사를 치르는 것은 낭비라는 논리였다. 그러나 일단 올림픽 유치가 결정되자 나라 전체가 마치 올림픽을 위해 사는 것처럼 열심히 올림픽을 준비했다. '86아시안게임과 88올림픽이 끝나면 이제 목표가 없어져 어떻게 하지?' 하는 걱정이 들 정도였다.

경제학자가 아닌 나는 올림픽이 얼마나 큰 경제적 파급 효과를 거두었는지 알지 못한다. 하긴 경제학자들이 나열하는 숫자들을 그다지 신뢰하지도 않는다. 그러나 올림픽을 계기로 우리나라가 크게 달라진 것은 분명하다. 고속도로 휴게소의 화장실이 깨끗해진 것에서부터 식당의 위생 상태와 서비스가 눈에 띄게 좋아진 것에 이르기까지 사회 전반의 수준이 높아졌다. 무엇보다 가장 중요한 것은, 서양의 앞선 전기 문명을 따라가기에 급급했던 나라에서 그들과 어깨를 나란히 하는 나라로 바뀐 것이다. 올림픽을 치른 후 갑자기 우리나라가 첨단 전자 제품을 척척 생산해 내기 시작한 것은 아니었다. 그러나 최첨단 전자 제품의 경연장이기도 했던 올림픽을 통해 많은 사람들이 최신 전자 제품에 익숙해졌다. 그것은 그런 제품들에 대한 수요로 이어졌고, 최고의 전자 제품을 생산하는 나라로 가는 길을 열어 주었다.

교수의 업무와는 관계없는 명예영사 일이나 올림픽 일로 시간을 빼앗겼지만, 강의나 학생 지도를 게을리할 수는 없었다. 대학에 온 첫 해에는 1학년 일반물리학과 2학년 전자공학 및 실험 그리고 물리학과 학생들이 아닌, 일반 학생들을 위한 자연과학 개론이라는 과목을 강의했다. 2학년 전자공학 및 실험 과목은 본격적인 전자공학이 아니라 물리 실험에 필요한 전자공학 이론과 실험 방법을 가르치는 과목이어서 교양과목처럼 물리학과 교수가 돌아가며 강의하던 과목이었다.

전자공학을 전공하지 않은 내게는 생소한 내용이 많았기 때문에 많은 시간을 들여 강의 준비를 해야 했다. 그러나 열정이 넘치던 젊은 시절이었기 때문에 비교적 잘해 냈다. 전자공학의 기본 원리와 논리 회로를 가르치면서 나도 많은 것을 배울 수 있었다. 지금도 생각나는 것은 학기 말에 학생들에게 기본적인 게이트들만으로 전자시계를 만드는 실습을 하도록 한 것이었다. 부품들을 얼기설기 납땜으로 연결해 커다란 LED 판에 시간과 분이 표시되는 전자시계를 만들어 보는 실습이었다. 학생들은 게이트를 이용해 디지털 신호를 제어하는 방법을 익히는 이 실습을 매우 열심히 했다. 며칠 밤을 새워 가며 납땜을 해서 전자시계를 만든 학생도 있었다.

서울 올림픽을 통해 최신 전기 문명을 경험하고 전자공학을 강의하며 학생들과 전자시계를 만드는 나도, 그리고 학생들도 이제

더 이상 100년 전에 만들어진 전자기학 이론을 공부하는 사람이
아니라 현재 진행되고 있는 전기 문명에 참여하는 사람이 되었다.
전기와는 멀리 떨어져 있던 내가 어느 사이 전기 문명의 한가운데에
서게 된 것이다.

진공관의 발명

대부분의 공과대학에는 전기공학과와 전자공학과가 있다. 요즘은 학과 이름을 다양하게 고쳐서 부르기 때문에 이름만으로는 무엇을 가르치는지 알 수 없는 낯선 이름의 학과가 많아졌지만 전기공학과 전자공학과의 커리큘럼과 유사한 과목을 강의하는 학과들은 아직도 공과대학에서 중심 역할을 하고 있다. 그런데 전기공학과 전자공학은 어떻게 다를까?

예전에는 '강전'과 '약전'이라는 말이 있었다. 강전은 말 그대로 강한 전기를 뜻하고 약전은 약한 전기를 뜻한다. 발전소를 건설하고, 발전소에서부터 도시까지 전기를 송전하여 공장이나 가정에 전기를 공급하는 일은 높은 전압과 큰 전류를 취급하는 일이어서 강전에 해당했다. 이에 비해 라디오나 텔레비전 또는 전축과 같이 여러 전자 제품을 설계하고 생산하는 일은 약한 전기를 취급하는 일이라고 하여 약전이라고 했다. 간단히 정리하면, 전기공학은 강전과 관련된 분야이고 전자공학은 약전과 관련된 분야라고 할 수 있다.

20세기가 시작되기 전에는 전기공학과 전자공학의 구별이 없었다. 그러나 진공관이 발명되고 진공관을 이용하는 전자 제품이 만들어지면서 이들을 다루는 전자공학이 새로운 학문 분야로 자리 잡게 되었다. 이제는 거의 사용하지 않아 젊은 세대에게는 생소한 전자 부품이 되었지만, 진공관은 전기 문명의 역사에서 매우 중요하다.

전자공학에서 가장 중요한 것은 여러 가지 전기 소자를 연결하여 원하는 기능을 하는 회로를 구성하는 일이다. 전자 회로에 쓰이는 전기 소자들은 크게 선형소자와 비선형소자로 구분된다. 저항, 축전기, 코일 등이 선형소자인데, 이들에 흐르는 전류는 기본적으로 그 소자에 걸리는 전압의 변화에 따라 연속적으로 변한다. 선형소자라고 부르는 이유도 소자에 흐르는 전류와 전압의 관계를 선형 방정식이라는 미분 방정식으로 나타낼 수 있기 때문이다. 따라서 선형소자에 흐르는 전류를 알고 싶으면 미분 방정식을 풀면 된다. 그러나 선형소자만으로는 다양한 기능을 하는 전자 제품을 만들 수 없다. 전자 제품에서 핵심적인 역할을 하는 것은 비선형소자이다. 비선형소자에 흐르는 전류의 세기는 소자의 특성에 따라 달라지기 때문에 방정식으로 풀어낼 수 없다. 비선형소자는 주로 전류의 흐름을 제어하는 스위치 역할을 하거나 작은 신호를 큰 신호로 바꾸는 증폭작용을 한다.

전자 제품에 처음 사용되기 시작한 비선형소자가 바로 진공관이다. 진공관에는 2극 진공관과 3극 진공관이 있다. 2극 진공관은 높은 온도로 가열되어 전자를 방출하는 캐소드cathode와 전자를 받아들이는 플레이트plate로 이루어져 있다. 2극 진공관의 캐소드에 마이너스 전압이 걸리고, 플레이트에 플러스 전압이 걸리면 캐소드에서 방출된 전자가 플레이트로 이동해 전류가 흐른다. 그러나 반대 방향의 전압이 걸리면 전자가 이동하지 않아 전류가 흐르지 않는다. 유리관 안을 진공으로 만드는 까닭은 전자가 공기 분자의 방해 없이 이동할 수 있도록 하기 위해서이다.

2극 진공관은 마치 수로에 설치된, 한쪽 방향으로만 열리는 수문과 같은 역할을 한다. 한쪽 방향으로만 열리는 수문이 설치된 수로에서는 물이 한쪽 방향으로만 흐를 수 있는 것처럼 2극 진공관이 설치된 회로에는 전류가 한쪽 방향으로만 흐를 수 있다. 따라서 2극 진공관은 교류를 직류로 바꾸는 정류 작용을 할 수 있고, 전류의 방향에 따라 전류를 차단하는 스위치 역할도 할 수 있다.

또 다른 비선형소자는 3극 진공관이다. 3극 진공관은 2극 진공관의 캐소드와 플레이트 사이에 그리드grid라고 부르는 전극을 하나 더 추가해서 만든다. 3극 진공관에서는 그리드에 흐르는 작은 전류의 변화에 따라 캐소드와 플레이트 사이에 흐르는 전류의 세기가 크게 변한다. 따라서 3극 진공관은 작은 전류의 변화를 큰 전류의 변화로 바꾸는 증폭작용을 할 수 있다. 수로에 작은 힘으로 여닫을 수 있는 수문을 설치하면, 수문을 열고 닫는 작은 힘으로 물의 흐름을 크게 변화시킬 수 있듯이 3극 진공관은 약한 전기 신호를 커다란 신호로 바꿀 수 있다. 정류작용을 할 수 있는 2극 진공관과 증폭작용을 할 수 있는 3극 진공관의 발명으로 전자공학 시대가 열렸다.

2극 진공관의 발명은 에디슨의 전구 실험과 관련이 있다. 실용성 있는 전구를 발명하기 위해 여러 가지 실험을 하던 에디슨은 빛을 내는 용도의 필라멘트 외에 또 하나의 전극을 넣었는데, 이 전극에 양의 전압이 걸리면 필라멘트에 불이 들어올 때 필라멘트에서 이 전극으로 전류가 흐른다는 것을 발견했다. 진공을 통해 전류가 흐르는 이 현상을 '에디슨 효과'라고 한다. 전구 개발에 집중하고 있던 에디슨은 에디슨 효과에 별다른 관심을 보이지 않았다. 그러나 에디슨 효과를 알게 된 영국의 전기 기술자 존 앰브로즈 플레밍John Ambrose Fleming, 1849~1945이 진공으로 만든 유리 공 안에 두 개의 전극을 설치한 2극 진공관을 발명하고 1904년 특허를 받았다.

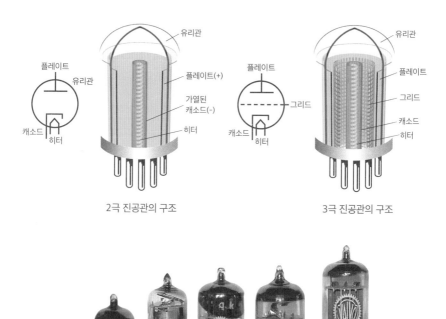

2극 진공관의 구조

3극 진공관의 구조

여러 가지 모양의 진공관

진공관이 5개인 필코(philco)사의 5석 라디오(1938년경).

1907년에는 미국의 리 디포리스트가 2극 진공관의 두 극 사이에 그물처럼 생긴 그리드를 넣으면, 그리드에 걸리는 전압이 두 극 사이의 전기장에 영향을 주어 두 극 사이에 흐르는 전류가 변하는 것을 발견했다. 디포리스트는 이 실험을 바탕으로 그리드에 걸리는 작은 전기 신호를 두 극 사이에 흐르는 커다란 전류 신호로 바꾸는 3극 진공관을 발명하고 오디온audion이라고 불렀다. 초기에 만들어진 진공관은 진공도가 높지 않아 성능이 좋지 못했지만 차츰 진공도를 높인 진공관이 개발되어 다양한 전자 제품에 사용되기 시작했다.

1912년에는 미국의 해럴드 아널드Harold D. Arnold, 1883~1933가 진공관의 내부 구조를 바꾸고 진공도를 크게 높인 진공관을 만들었고, 1914년에는 3극 진공관이 장거리 전화선의 신호 증폭기로 사용되었다. 이후 1920년대에 미국의 제너럴 일렉트릭사에서 앨버트 헐Albert W. Hull, 1880~1966이 3극 진공관의 기능을 향상시킨 실용적인 4극 진공관을 개발했고, 1926년에는 네덜란드의 공학자 베르나르트 텔레헌Bernard D.H. Tellegen, 1900~1990이 5극 진공관을 만들었다. 4극 진공관이나 5극 진공관은 3극 진공관의 기능을 개선한 것으로 기본적인 기능은 3극 진공관과 같이 약한 전기 신호를 증폭하는 것이다. 진공관이 널리 사용되면서 라디오, 텔레비전, 전축과 같은 전자 제품이 잇달아 개발되어 전자공학 시대가 본격적으로 시작되었다.

내가 고등학교에 다닐 때만 해도 전자 제품에는 모두 진공관이 들어 있었다. 작은 라디오 안에도 여러 개의 진공관이 들어 있었는데 진공관의 수에 따라 3석 라디오, 5석 라디오라고 불렀다. 진공관의 수가 많을수록 좋은 라디오라고 생각했던 아이들은 서로 자기네 라디오의 진공관 수를 자랑했다. 전축이 있는 가정도 많았는데, 전축에도 진공관이 들어 있어 전축을 틀면 진공관에 빨갛게 불이 들어오는 것이 보였다. 당시 판매되던 흑백텔레비전에도 진공관이 들어 있었다.

진공관을 사용하는 전자 제품은 스위치를 켜자마자 작동되는 것이 아니라 진공관이 빨갛게 가열되어 전자를 방출할 때까지 기다려야 한다. 얼마 뒤에 나온 개량된 텔레비전은 사용하지 않을 때도 진공관을 어느 정도 가열해 놓아 스위치를 켜면 잠깐 있다가 켜졌다. 하지만, 그러지 않아도 많은 전기가 필요한 진공관을, 사용하지 않을 때 예열까지 하게 되자 전기 소모가 더 늘었다. 그래서 당시의 전기 절약 캠페인에는 사용하지 않는 전자 제품의 플러그를 빼 놓으라는 내용이 꼭 포함되어 있었다. 요즘도 전기 제품을 사용하지 않을 때는 플러그를 빼 놓으라고 하는데 그것은 예열 때문이 아니라 전기 제품을 사용하지 않을 때도 여러 가지 지시등이나 센서가 작동하고 있어 전력이 소모되고, 먼지나 습기로 인한 사고나 고장의 위험이 있기 때문이다.

다이오드와 트랜지스터의 개발

진공관과 같은 일을 하면서도 진공관의 단점을 모두 해결한 다이오드와 트랜지스터의 발명은 전자공학 분야의 가장 큰 기술 혁신이었다. 20세기에 전기 문명이 놀라운 발전을 이룩할 수 있었던 것은 반도체 소자인 다이오드와 트랜지스터가 발명되었기 때문이다.

앞에서 이야기했듯이 모든 물질은 전기 저항에 따라 도체, 반도체, 부도체로 나눌 수 있다. 이 중 전기를 잘 통하는 것도 아니고 그렇다고 전기를 전혀 통하지 않는 것도 아니어서, 도선으로도 절연체로도 사용할 수 없는 것이 반도체이다. 주기율표에서 보면 14족 탄소^C 바로 아래 있는 규소^{Si}와 게르마늄^{Ge}이 대표적인 반도체다.

양자역학에 의하면 전자와 같이 작은 입자들은 모든 에너지를 가질 수 있는 것이 아니라 띄엄띄엄한 에너지만 가질 수 있다. 그렇다면 금속에 있는 자유전자들은 어떤 에너지를 가질 수 있을까? 자유전자들도 모든 에너지를 가질 수 있는 것이 아니라 양자역학적으로 허용된 에너지만을 가질 수 있다. 그런데 원자 안에 있는 전자들의 에너지 준위는 서로 떨어져 있지만, 많은 원자들이 배열되어 있는 결정^{結晶}에서는 에너지 준위들 사이의 간격이 좁아서 연속적인 에너지를 가질 수 있는 것처럼 보인다. 이처럼 허용된 에너지 준위들이 매우 가까이 분포하는 영역을 에너지띠$^{energy\ band}$라고 한다.

결정을 이루고 있는 원자들끼리의 상호작용으로 인해 에너지띠와 에너지띠 사이에는 전자가 들어갈 수 없는 간격이 존재한다. 에너지띠의 모양과 에너지 간격의 너비는 물질에 따라 다른데, 열역학적 분석에 의하면 상온에서 자유전자들은 아래쪽에 있는 에너지띠부터 채운다. 아래쪽에 있는 에너지띠부터 전자가 채워질 때 전자가 채워진 가장 위쪽의 에너지띠를 공유띠라고 하고, 전자가 채워진 공유띠 바로 위에 있는 빈 에너지띠를 전도띠라고 한다. 부도체인지, 반도체인지, 도체인지를 결정하는 것은 공유띠와 전도띠의 상태, 그리고 공유띠와 전도띠 사이의 에너지 간격 크기이다. 공유띠와 전도띠 사이의 에너지 간격이 큰 것이 부도체이다. 반면에 공유띠가 부분적으로 채워져 있거나 공유띠와 전도띠 사이의 에너지 간격이 작으면 도체가

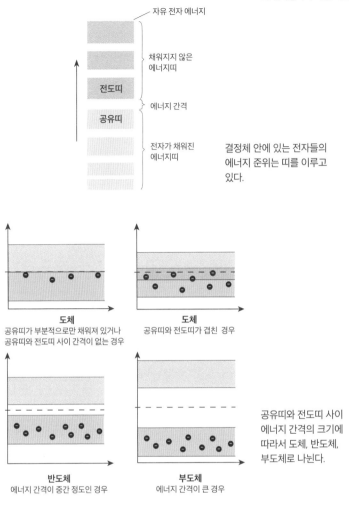

자유 전자 에너지

채워지지 않은
에너지띠

전도띠

에너지 간격

공유띠

전자가 채워진
에너지띠

결정체 안에 있는 전자들의
에너지 준위는 띠를 이루고
있다.

도체
공유띠가 부분적으로만 채워져 있거나
공유띠와 전도띠 사이 간격이 없는 경우

도체
공유띠와 전도띠가 겹친 경우

반도체
에너지 간격이 중간 정도인 경우

부도체
에너지 간격이 큰 경우

공유띠와 전도띠 사이
에너지 간격의 크기에
따라서 도체, 반도체,
부도체로 나뉜다.

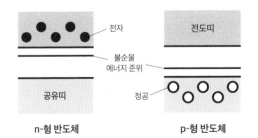

전자

불순물
에너지 준위

전도띠

공유띠

정공

n-형 반도체

p-형 반도체

반도체에 약간의 불순물을
첨가하면 n-형과 p-형
반도체가 된다.

된다. 전자들이 작은 에너지로도 비어 있는 전도띠로 쉽게 이동할 수 있기 때문이다. 반도체는 공유띠와 전도띠와의 에너지 간격이 3전자볼트eV 이하로, 가시광선 정도의 에너지를 받으면 공유띠의 전자들이 전도띠로 올라갈 수 있는 물질이다.

전기가 잘 통하지도 않고, 그렇다고 전류를 차단하지도 않아 쓸모가 없는 것처럼 보였던 반도체에 약간의 불순물을 첨가하면 독특한 전기적 성질이 나타난다. 14족에 속하는 반도체에 붕소B나 인듐In과 같은 13족 원소를 조금 첨가하면 p-형 반도체가 되고, 인P, 비소As, 안티몬Sb 같은 15족 원소를 조금 첨가하면 n-형 반도체가 된다. n-형 반도체에서는 불순물 원자의 에너지 준위에서 전도띠로 올라온 전자들이 전류를 흐르게 하고, p-형 반도체에서는 반도체의 공유띠에 있던 전자들이 불순물의 에너지 준위로 이동하면서 공유띠에 생긴 빈자리를 통해서 전류가 흐른다. 이 빈자리는 마치 양전하를 띤 알갱이처럼 행동하기 때문에 정공正孔 또는 양공陽孔이라고 부른다.

다시 말해 14족 반도체 물질에 13족 원소를 소량 첨가하면 양전하를 띤 정공이 있는 p-형 반도체가 만들어지고, 14족 반도체에 15족 원소를 첨가하면 쉽게 이동할 수 있는 전자가 있는 n-형 반도체가 만들어진다. 이렇게 만들어진 p-형 반도체와 n-형 반도체를 접합시켜 놓은 것이 다이오드이다. 다이오드는 2극 진공관과 마찬가지로 한 방향으로만 전류가 흐르게 하기 때문에 정류작용이나 스위치 역할을 할 수 있다.

1941년에 다이오드를 처음 개발한 곳은 독일의 지멘스사였다. 지멘스사가 개발한 다이오드는 게르마늄을 이용한 다이오드였다. 다이오드의 개발은 3극 진공관을 대체할 트랜지스터의 개발로 이어 졌다. 미국 벨연구소의 연구원이었던 윌리엄 쇼클리William B. Shockley, 1910~1989, 존 바딘John Bardeen, 1908~1991 그리고 월터 하우저 브래튼Walter Houser Brattain, 1902~1987은 1940년대부터 p-형 반도체와 n-형 반도체를 이용하여 트랜지스터를 만들기 위한 연구를 시작했고, 1947년 12월 마침내 전기 신호를 증폭할 수 있는 트랜지스터를 발명했다고 발표 했다. 트랜지스터에는 두 개의 p-형 반도체 사이에 n-형 반도체를 끼 워 넣은 PNP형과 두 개의 n-형 반도체 사이에 p-형 반도체를 끼워 넣 은 NPN형이 있다. 쇼클리와 바딘 그리고 브래튼은 트랜지스터를 발 명한 공로로 1956년 노벨 물리학상을 공동 수상했다. 존 바딘은 후에 초전도체를 양자역학적으로 설명하는 이론을 제안하고 1972년에 두 번째 노벨 물리학상을 수상하여 노벨 물리학상을 두 번 받은 유일한 사람이 되었다.

다이오드와 트랜지스터가 발명되자 1960년대부터 진공관을 사용 하던 전자 제품이 다이오드와 트랜지스터를 사용하는 전자 제품으 로 교체되기 시작했다. 1960년대까지는 진공관을 사용하는 라디오 와 텔레비전이 생산되었지만 1970년대부터는 더 이상 이런 라디오와 텔레비전이 생산되지 않았다. 음향기기도 반도체 소자를 사용하는 제품으로 교체되었다. 하지만 진공관을 사용하는 음향기기는 아직도 생산되고 있다. 개인적인 취향에 따라 진공관을 사용한 음향기기가 내는 소리를 선호하는 사람들이 있기 때문이다. 이런 음향기기는 소 량만 생산되기 때문에 가격이 비싸다.

다이오드나 트랜지스터와 같은 반도체 소자는 진공관에 비해 여

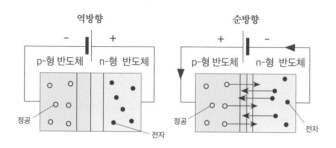

다이오드. 순방향 전압이 걸렸을 때만 전류가 흐르기 때문에
2극 진공관처럼 정류작용이나 스위치 역할을 할 수 있다.

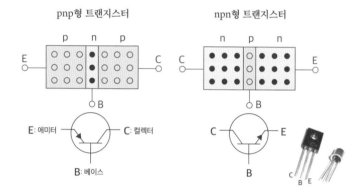

트랜지스터. 전기 신호를 증폭할 수 있어 3극 진공관 대신 사용할 수 있다.

1960년대 중반의
트랜지스터 라디오와 회로판.

236

러 가지 장점이 있다. 우선 전자를 방출하지 않아도 되어 가열할 필요가 없기 때문에 전력 소비가 적고, 진공관에 비해 크기가 작아 전자 제품을 소형화하는 데 유리하다. 반도체의 주요 재료인 규소는 지구상에 가장 흔하게 존재하는 물질 중 하나여서 가격이 싼 제품을 만들수 있다는 것도 장점이다. 높은 온도로 가열하여 전자를 방출하는 진공관과 달리 열을 가하지 않아도 되는 반도체 소자는 수명 또한 길다. 단 하나의 단점은 열에 약하다는 것이다. 전자 제품을 사용하다 보면 제품에 열이 발생하게 마련인데 이런 열로 인해 온도가 올라가면 반도체가 도체와 비슷한 특성을 띠게 된다. 따라서 반도체 소자를 사용하는 전자 제품에는 냉각장치가 필요하다. 트랜지스터를 커다란 알루미늄 방열판에 붙여 사용하거나, 컴퓨터 CPU와 같이 많은 전기를 사용하는 부품에 개별적으로 송풍기를 다는 것은 이 때문이다.

아날로그 신호에서 디지털 신호로

요즘 사용되고 있는 대부분의 전자 제품은 디지털 신호를 이용한다. 따라서 21세기는 디지털 시대라고 해도 크게 틀린 말이 아닐 것이다. 1900년대 말에 전기 문명이 크게 발전할 수 있었던 이유 중 하나는 아날로그 신호가 디지털 신호로 대체되는 기술 혁신이 일어났기 때문이다.

아날로그 신호는 세기가 연속적으로 변하는 신호이다. 소리의 세기, 전압이나 전류의 세기, 빛의 밝기, 그 밖에 자연에서 발생하는 신호는 대부분 아날로그 신호이다. 따라서 우리의 감각기관은 아날로그 신호를 받아들여 자연에 대한 정보를 파악한다. 아날로그 신호는 세기를 연속적으로 변화시켜 다양한 정보를 전달할 수 있다는 장점이 있다. 그러나 아날로그 신호는 보내는 사람과 받는 사람이 신호의 세기를 똑같이 측정하지 못해 잘못된 정보가 전달될 수 있다. 대략적인 위험의 정도만 알려 줘도 문제가 없을 때는 이것으로도 충분하다. 그러나 위험의 정도가 45인지 46인지가 문제가 되는 경우에는 틀린 신호 전달로 위험에 처할 수도 있다.

정확한 정보를 알려 주는 것이 필요할 때는 아날로그 신호보다는 디지털 신호를 사용하는 것이 좋다. 두 집이 전등 두 개를 달아 놓고 전등이 켜졌느냐 꺼졌느냐를 이용하여 신호를 주고받는다고 생각해 보자. A 전등에 불이 켜지면 위험도가 1, B 전등에 불이 켜지면 위험도 2, A와 B 전등이 모두 켜지면 위험도 3, 그리고 두 전등의 불이 모두 꺼져 있을 경우 위험도가 0이라고 약속되어 있다면 두 개의 전등을 이용해서 네 가지 정보를 정확하게 전달할 수 있다. 연속적으로 변하는 값이 아니라, 이처럼 있느냐(1) 없느냐(0)와 같이 불연속적인 값을 신호의 내용으로 하는 것이 디지털 신호이다.

이런 경우 주고받아야 할 신호의 종류가 많아지면 전등의 수를 늘려야 한다. 전등이 3개면 8가지의 정보를 주고받을 수 있고, 전등이 5개 있으면 32가지, 전등이 8개이면 256가지 정보를 주고받을 수 있다. 8개의 전등을 이용하는 디지털 신호를 8비트[b, bit] 신호라고 한다. 초기 컴퓨터에서는 8비트 신호 체계가 사용되었지만 주고받을 정보의 양이 많아지자 요즘은 32비트 디지털 신호가 사용되고 있다. 32비트 디지털 신호를 이용하면 이론적으로는 2^{32}가지 정보를 주고받을 수 있다. 8비트 신호 체계는 0과 1로 이루어진 8개의 비트가 하나의 정보를 나타낸다는 의미이다. 이렇게 하나의 정보를 나타내는 단위가 바이트B, byte이다. 그러니까 16비트 신호 체계에서는 1바이트가 16개의 비트로 이루어져 있고, 32비트 신호 체계에서는 1바이트가 32비트로 이루어져 있다.

디지털 신호는 어떤 방법으로 주고받을까? 한 가지 방법은 여러 개의 선을 연결해 놓고, 각 선에 5볼트의 전압이 걸리거나(1) 걸리지 않은 것(0)을 전달하는 방법이다. 그렇게 하면 빠르고 정확하게 정보를 주고받을 수 있다. 컴퓨터 내에서 CPU와 메모리, 또는 CPU와 하드디스크는 여러 개의 선으로 이루어진 케이블을 통해 정보를 보내고 받는다. 이런 방법으로 정보를 주고받는 것을 패러렐parallel 방식이라고 한다. 그러나 멀리 있는 컴퓨터 사이에는 이런 방법을 사용할 수 없다. 여러 개의 선으로 이루어진 케이블로 멀리 떨어져 있는 컴퓨터들을 연결하는 것은 엄청난 낭비이다. 이런 경우에는 하나의 회선을 통해 한 비트씩 차례로 보낸다. 한 비트씩 보내서 한 바이트가 다 전송되면 이것들을 모아 정보를 읽어 내고 다시 다음 바이트의 신호를 보내는 것이다. 이렇게 한 비트씩 차례로 보낸 것을 모아 정보를 읽어내는 방법을 시리얼serial 방법이라고 한다.

소리의 세기나 빛의 세기와 같은 아날로그 신호도 디지털 신호로 바꿀 수 있다. 소리의 세기가 1초 동안 10에서 20까지 변하는 경우 1초를 10으로 나누고, 0.1초 동안의 평균 세기를 그때 소리의 세기로 정하는 것이다. 그렇게 되면 1초 동안의 소리 세기 변화를 10개의 숫자로 나타낼 수 있다. 그러나 이 10개의 숫자로는 원래의 소리와 똑같은 소리로 재생할 수 없을지도 모른다. 그런 경우에는 0.001초 간격으로 소리의 세기를 측정해 1초 동안의 세기 변화를 1000개의 숫자로 나타낸다. 이런 방법으로 원래의 소리를 거의 똑같이 재생할 수 있을 때까지 작은 구간으로 나누어 소리의 세기를 나타내면 아날로그 신호를 디지털 신호로 바꾼 것이 된다.

사진은 연속적으로 변하는 빛의 세기를 이용해 이미지를 만들어낸다. 따라서 사진에서 다루는 신호는 아날로그 신호이다. 사진을 디지털 신호로 바꾸기 위해서는 화면을 아주 작게 나누어 그 부분의 평균 밝기를 숫자로 나타내면 된다. 화면을 작게 나누면 나눌수록, 다시 말해 화소의 수가 많아질수록 이미지의 밝기를 나타내는 숫자도 많아지지만 이것을 이용해 만든 이미지는 원래의 이미지와 더 비슷해진다.

이처럼 구간을 작게 나누어 각 부분의 신호 값을 숫자로 나타내면 모든 아날로그 신호를 디지털 신호로 바꿀 수 있다. 아날로그 신호를 디지털 신호로 바꾸는 장치를 아날로그 디지털 변환기AD 컨버터라고 부른다. 일단 아날로그 신호를 디지털 신호로 전환해 놓으면 컴퓨터

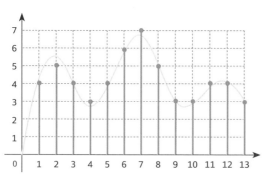

연속적으로 변하는 아날로그 신호를 적당한 구간으로 나누어 값을 정하면 디지털 신호로 바꿀 수 있다.

를 이용하여 전송하거나 저장하고 재생하는 것이 쉬워진다. 초기에 제작된 컴퓨터는 아날로그 신호를 이용하는 컴퓨터였다. 그러나 디지털 신호를 사용하기 시작하면서 컴퓨터가 크게 발전할 수 있었다. 요즘에는 전통적으로 아날로그 신호를 취급하던 카메라나 음향 기기들도 모두 디지털 신호를 사용하고 있다. 우리나라에서는 2012년 12월 31일에 아날로그 신호를 이용하던 텔레비전 방송이 종료되었다. 따라서 현재는 모든 텔레비전 방송이 디지털 신호를 사용하고 있다.

현재 컴퓨터에서 사용하는 디지털 신호에서는 한 비트가 0이나 1의 값만 가질 수 있다. 이렇게 하나의 비트가 두 가지 값만 가지는 것을 2진법 디지털 신호라고 한다. 만약 하나의 비트가 세 가지 값을 가질 수 있다면 어떻게 될까? 예를 들어 전등에 R, G, B의 세 가지 불이 켜질 수 있다면 하나의 전등으로는 세 가지 신호를, 그리고 두 개의 전등으로는 아홉 가지 신호를 주고받을 수 있으며, 8개의 전등으로는 3^8가지 즉, 6561가지 신호를 주고받을 수 있다. 이렇게 하나의 비트가 3가지 값을 가질 수 있는 것을 3진법 신호라고 한다.

자연에는 4진법 디지털 신호를 이용하고 있는 곳이 있다. 바로 생명체의 설계도를 가지고 있는 DNA 분자로, DNA 분자는 4진법 3비트 디지털 신호를 이용하여 유전 정보를 저장한다. DNA 분자는 뉴클레오티드라고 부르는 작은 단위들이 길게 연결된 분자인데, 하나의 뉴클레오티드는 네 가지 염기(A, G, C, T) 중 하나를 가질 수 있고, 세 개의 뉴클레오티드가 가진 염기의 순서(예컨대 ACT, CCG처럼)가 유전 정보가 된다. 다시 말해 네 가지 값을 가질 수 있는 세 개의 비트가 하나의 유전 정보이다. 만약 우리 컴퓨터가 DNA와 같은 방식으로 정보를 교환할 수 있다면 훨씬 적은 비트로 더 많은 정보를 주고받을 수 있을 것이다.

집적회로의 발전

반도체 소자와 디지털 신호에 이어 전자공학 분야에 일어난 또 하나의 기술 혁신은 집적회로IC, Integrated Circuit의 개발이었다. 손톱 크기의 반도체에 수십억 개의 트랜지스터와 전기 소자를 심어 복잡한 기능을 할 수 있게 한 집적회로는 크기가 작고 가격이 쌀 뿐 아니라 작동 속도가 빠르고 전력 소모도 작다. 이러한 집적회로의 개발로 컴퓨터를 비롯한 모든 전자 제품의 성능이 크게 발전할 수 있었다. 오늘날에는 거의 모든 전자 제품에 집적회로가 사용되고 있다. 자동차나 건축 장비와 같이 전자 제품으로 분류되지 않던 기계들도 집적회로를 이용하여 작동하는 것들이 늘어나고 있다.

1949년에 처음으로 집적회로를 개발한 사람은 독일의 공학자인 베르너 야코비Werner Jacobi, 1904~1985였다. 야코비가 특허를 받은 반도체 증폭기는 5개의 트랜지스터를 하나의 기판 위에 심은 3단 증폭기였다. 야코비는 작은 소리를 크게 증폭시키는 보청기에 이 집적회로를 사용하자는 의견을 냈지만 실제 제품으로 만들어지지는 않았다. 그 후 미국에서는 작은 기판 위에 여러 개의 전기 소자를 심는 다양한 방법이 제안되었다.

현재 널리 쓰이고 있는 집적회로를 처음 만든 사람은 미국의 잭 킬비Jack S. Kilby, 1923~2005였다. 1958년 텍사스 인스트루먼트사에 입사한 킬비는 그해 7월에 처음으로 집적회로에 관한 아이디어를 제안했고, 1958년 12월 12일에 실제로 작동하는 집적회로를 만들었다. 킬비는 트랜지스터뿐만 아니라 축전기와 전기 저항 같은 소자들까지 반도체 기판 위에 심는 방법을 개발했다. 그러니까 작은 반도체 기판 위에 전기 회로를 구성하는 모든 소자를 심어 복잡한 가능을 수행할 수 있는 완전한 회로를 갖춘 칩을 만든 것이다. 1959년 2월 6일 그는 특허 신청서에 자신이 발명한 집적회로에는 모든 소자가 전자회로 안에 완벽히 집적되어 있다고 설명했다. 킬비는 집적회로를 발명한 공로로 1982년에는 미국 발명가 명예의 전당에 올랐고, 2000년에는 노벨 물리학상을 받았다.

킬비가 집적회로를 발명하고 몇 달 뒤 페어차일드 반도체 회사의 로버트 노이스Robert N. Noyce, 1927~1990는 킬비의 집적회로를 개선한 새로운 집적회로를 고안했다. 노이스가 고안한 집적회로는 게르마늄을 바탕으로 했던 킬비의 집적회로와는 달리 실리콘을 바탕으로 한 것이었다. 공유띠와 전도띠 사이의 에너지 간격이 1.14전자볼트인 실리콘은 0.67전자볼트인 게르마늄보다 높은 온도에서도 안정적으로 작동한다.

초기 집적회로는 몇 개의 트랜지스터만을 포함하고 있었고 회로도 단순했다. 그러나 새로운 설계 방법이 사용되고, 재료와 제조 관련 기술이 발전하면서 수십억 개의 트랜지스터를 하나의 칩에 심을 수 있게 되었다. 집적회로는 칩에 포함되어 있는 트랜지스터의 수에 따라 SSI, MSI, LSI 등으로 분류하기도 한다. 대략 몇십 개의 트랜지스터만 심어져 있던 초기의 집적회로는 소규모 집적이라는 뜻에서

SSI^{Small Scale Integration}라고 불렀다. 1960년대 후반에 개발된 중간 규모의 집적회로인 MSI^{Middle Scale Integration}는 한 개의 칩에 100개에서 1000개 사이의 트랜지스터와 여러 가지 소자들을 포함하고 있었다. MSI는 SSI보다 생산 단가는 비쌌지만 훨씬 더 작은 크기로 더 복잡한 시스템을 구현할 수 있었기 때문에 매우 효율적이었다.

1970년대 중반에는 수만 개의 트랜지스터를 포함하는 LSI^{Large Scale Integration}가 개발되었다. 용량이 1킬로바이트^{KB}(1KB=1024B)인 메모리칩이나 계산기 칩, 초기 컴퓨터의 CPU와 같은, 1970년대에 생산된 집적회로들은 4000개 이하의 트랜지스터를 포함하고 있었다. 그러나 1974년에 생산된 컴퓨터의 메인 메모리와 마이크로프로세서에는 1만 개에 가까운 트랜지스터를 포함하는 LSI 칩이 사용되었다.

1980년대에 생산을 시작해서 현재까지도 사용되고 있는, 1만 개 이상의 트랜지스터가 포함된 대규모 집적회로는 VLSI^{Very Large Scale}

집적회로를 이용한 회로판과 여러 가지 모양의 IC 칩.

Integration라고 부른다. CPU와 같은 비메모리용 집적회로의 발전과 함께 정보를 저장하는 데 사용되는 메모리용 집적회로도 크게 발전했다. 1986년에는 100만 개가 넘는 트랜지스터를 포함하는 1메가바이트MB(1MB=1024KB) 크기의 램이 생산되었다. 1989년에 생산된 CPU 칩에는 100만 개가 넘는 트랜지스터가 들어갔고, 2005년에는 10억 개의 트랜지스터가 들어간 CPU가 만들어졌다. 2007년에는 수십억 개의 트랜지스터가 들어간 메모리칩이 개발되기도 했다. 100만 개 이상의 트랜지스터를 포함하고 있는 집적회로는 ULSIUltra Large Scale Integration라고 부르기도 한다. 인텔의 486이나 펜티엄 CPU가 ULSI에 해당한다. VLSI나 ULSI는 집적회로의 집적도를 대략적으로 나타내는 것이어서 이들을 구분하는 명확한 기준은 없다.

집적도가 큰 복잡한 집적회로를 설계하고 개발하는 데는 많은 비용이 들지만 일단 설계가 끝나고 생산라인이 갖추어지면 대량으로 생산하는 것은 어렵지 않다. 집적회로의 집적도를 높이는 것은 다양한 기능을 수행할 수 있으면서도 가격이 싼 집적회로를 생산하기 위해 꼭 필요한 과정이다. 따라서 집적회로를 생산하는 반도체 회사들은 집적도를 높이기 위해 무한경쟁을 벌인다.

반도체 기판 위에 복잡한 회로를 심는 데는 포토리소그래피photo lithography라는 방법을 이용한다. 포토리소그래피는 빛을 받으면 화학적 성질이 변하는 감광제를 사용하여 기판 위에 전기 회로를 형성해 가는 방법이다. 우선 실리콘 단결정으로 이루어진 반도체 기판을 만들고, 그 위에 빛을 받으면 화학적 성질이 달라지는 감광제를 입힌다. 감광제를 바른 반도체 기판 위에 심고자 하는 전기 회로가 그려져 있는 포토마스크photomask를 얹어 놓고 위에서 자외선을 비추면 감광제에는 자외선이 비춘 부분과 그렇지 않은 부분이 생긴다. 빛을 받은 부분과 빛을 받지 않는 부분은 화학적 성질이 다르기 때문에 적당한 화학 약품을 이용하면 빛에 노출되었던 부분 또는 빛에 노출되지 않았던 부분만을 녹여 낼 수 있다. 그렇게 반도체 기판 위에 전기 회로가 그려지게 된다. 증착 방법을 이용하여 필요한 물질을 적당한 부분에 도포하면 기판 위에 전기 회로가 새겨진다.

이런 작업을 반복하면 아주 복잡한 전기 회로를 작은 기판 위에 심을 수 있다. 이때 특정한 부분을 p-형 반도체로 만들기 위해서는 그 부분에 p-형 반도체를 만드는 붕소와 같은 이온을 주입하면 된다. 보통의 원자는 전기를 띠고 있지 않기 때문에 빠른 속도로 가속시키기 쉽지 않지만, 전자를 잃거나 얻어 전기를 띠게 된 이온은 높은 전압을 이용하면 빠르게 가속시킬 수 있다. 빠르게 달리는 이온을 반도체 표면에 충돌시키면 표면을 뚫고 안으로 침투한다. 이런 방법을 이용하

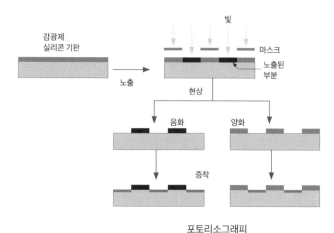

포토리소그래피

면 반도체 기판의 특정 부분에는 p-형 반도체를, 다른 부분에는 n-형 반도체를 심을 수 있다. 반도체 기판 위에 복잡한 전기 회로를 심어 넣는 포토리소그래피와 이온 주입 방법이 발달함에 따라 작은 크기의 반도체 기판 위에 더 많은 전기 소자를 심을 수 있게 되었다.

페어차일드 반도체 회사와 인텔사를 공동으로 창업한 고든 무어 Gordon E. Moore, 1929~ 는 1965년에 집적회로에 내장되는 트랜지스터의 수가 매년 두 배로 증가할 것이라는 무어의 법칙을 제시했다. 후에 이 법칙은 2년에 두 배 늘어나는 것으로 수정됐다. 그러나 많은 자료에서는 18개월에 두 배로 증가한다고 이야기한다. 인텔사의 데이비드 하우스가 칩에 내장되는 트랜지스터 수의 증가와 함께 수행 속도가 빨라지는 것을 감안하여 18개월마다 집적회로의 수행 능력이 두 배가 된다고 수정했기 때문이다.

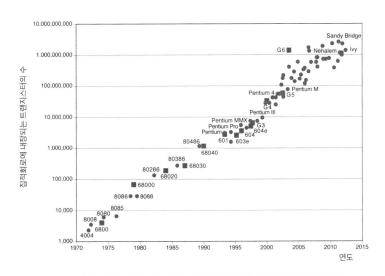

실제 집적도의 발전은 무어의 법칙에서 예측한 것과 대체로 일치했다.

무어의 법칙은 자연법칙이 아니라 기술 발전의 경향을 나타내는 것이어서 그대로 지켜질 수는 없다. 그러나 이 법칙은 2010년대까지의 집적 기술 발전을 대체적으로 잘 반영했다. 그것은 도리어 이 법칙이 집적 기술 개발을 주도하는 회사들의 개발 목표를 제시했기 때문이기도 했다.

———

반도체 소자 개발과 디지털 신호 체계 사용 그리고 집적회로의 개발로 전자공학이 비약적으로 발전한 1900년대에는 전자공학 이론 역시 빠르게 발전했다. 1960년대와 1970년대 초까지 대학에서 사용하던 전자공학 교과서는 진공관을 사용하는 회로에 관한 내용이 주를 이루고 있었다. 그러나 1980년대부터는 모든 전자공학 교과서가 다이오드와 트랜지스터를 사용하는 회로를 다루었다. 따라서 나이가 많은 교수들은 젊은 교수들에게 뒤지지 않기 위해 새로운 이론을 열심히 공부해야 했다. 연륜이 쌓일수록 권위가 생기는 인문학의 경우와는 달리 빠르게 발전하는 전자공학 분야에서는 오랜 경력이 자랑거리가 되지 못했다.

전자공학의 비약적인 발전은 컴퓨터를 바탕으로 하는 고도 전기 문명과 정보화 사회의 기반이 되었다. 20세기 후반에 등장한 컴퓨터는 전자공학에 힘입어 급속히 발전했고, 불과 50년도 안 되어 우리 생활의 일부가 되었다. 이제 컴퓨터의 시대로 들어가 보자.

9

컴 퓨 터   시 대

나의 첫 컴퓨터

 내가 대학생이던 1970년대에 이미 우리나라에서도 컴퓨터가
사용되기 시작했다. 아직 강의실이나 연구실까지 컴퓨터가
보급되지는 않았지만 대학에 컴퓨터 센터가 설치되어 일부
학생들은 컴퓨터를 이용했다. 그러나 나는 대학 때는 컴퓨터를
사용한 적이 없었다. 내가 컴퓨터를 처음 사용한 것은 미국에
유학을 가서였다.

 미국에 있는 동안에 나는 대학원생들을 위한 아파트에서
생활했다. 거실과 방이 하나 달린 아파트였는데 주위에 넓은
잔디밭이 있어서 푸른 들판 한가운데에서 사는 느낌이었다. 우리가
미국에 가서 놀란 것 중 하나는 전기를 마음대로 쓸 수 있다는
것이었다. 매달 일정한 금액을 내는 월세에 전기료가 포함되어
있었다. 조명이나 전자 제품은 물론 음식의 조리에도 전기를
사용했지만 전기료를 따로 더 내지 않아도 되었다.

 전기료를 절약하기 위해 전기를 아껴 쓰는 것이 몸에 밴
우리로서는 전기를 마음대로 쓸 수 있다는 것이 신기했다. 처음에는

미국에서 공부하는 동안 많은
전자 장비를 다루어 볼 수 있었다.
내가 최초로 구입한 애플 IIc
컴퓨터는 모니터가 달려 있지 않아
외부 모니터를 연결해 사용했다.

위쪽 사진은 유학했던 미국의 대학교 실험실.
아래쪽 사진은 1984년 출시된 애플IIc 컴퓨터.

저녁에 외출할 때 전깃불을 끄고 다녔지만 차츰 외출할 때도 불을
켜 두게 되었다. 우리나라에서는 비싼 소꼬리가 미국에서는 소고기
중 가장 싸서, 우리는 소꼬리를 사다가 꼬리곰탕을 자주 해 먹었다.
하루 종일 꼬리곰탕을 고아도 전기료를 걱정할 필요가 없었다.

컬러텔레비전도 한 대 샀다. 흑백텔레비전을 거치지 않고
곧장 컬러텔레비전 시대로 건너뛴 것이다. 작은 전축과 슬라이드
프로젝터도 장만했다. 컬러텔레비전이나 전축은 누구나 사는
것이어서 특별할 것이 없었지만 슬라이드 프로젝터를 가지고
있는 사람은 당시에도 흔하지 않았다. 나는 천체 사진 슬라이드
모으는 것을 좋아했기에 슬라이드 프로젝터가 필요했다. 슬라이드
프로젝터를 산 후에는 더 부지런히 각종 슬라이드를 사서 모았다.
그때 샀던 슬라이드 프로젝터와 슬라이드 사진들은 정년퇴직할
때까지 내 연구실 한구석을 차지하고 있었다.

1980년대 초 미국에는 벌써 은행에 현금 인출기가 설치되어
있었다. 은행 창구 앞에 줄을 서지 않고도 카드 하나로 돈을 찾을 수
있는 것이 신기했다. 당시 미국에는 중국 사람들이 많이 와 있었다.
한번은 지도 교수의 부탁으로 중국에서 온 사람들을 공항까지
태워다 준 적이 있다. 공항으로 가는 도중에 내가 차에서 내려 현금
인출기에서 돈을 찾자 그들도 전부 내려서 현금 인출기 앞에서
기념사진을 찍었다. 그들 역시 현금 인출기가 신기했던 것이다.
당시는 우리나라가 아직 중국과 국교를 맺기 전이어서 중국인들과
이렇게 어울려 사진을 찍어도 괜찮을까 생각하기도 했었다.

내가 컴퓨터를 사용하기 시작한 것은 강의 시간에 내주는

숙제를 하기 위해서였다. 당시에는 포트란이나 코볼과 같은 언어로 짠 프로그램을 이용해서 컴퓨터를 작동했다. 이공계 학생들은 코볼보다는 포트란을 더 많이 사용했는데, 컴퓨터 센터에 등록하면 순서에 따라 1주일 동안 포트란 교육을 받을 수 있었다.

포트란을 이용하여 짠 프로그램을 가지고 컴퓨터 센터에 가서 OMR 카드와 비슷하게 생긴 펀치 카드에 프로그램을 입력했다. 타자기처럼 생긴 기계에 카드를 넣고 타자를 치면 입력하는 내용대로 카드에 구멍이 뚫렸다. 프로그램의 한 줄이 카드 한 장에 기록되었기 때문에 조금 긴 프로그램을 기록하려면 수십 장의 카드가 필요했다. 이 카드를 컴퓨터에 넣고 돌리면 은행에서 지폐를 셀 때 사용하는 기계가 지폐를 빨아들이듯이 카드를 빨아들이면서 읽은 후 결과가 인쇄되어 나왔다. 아직 모니터를 사용하기 전이어서 컴퓨터의 계산 결과는 인쇄물로만 확인할 수 있었다. 컴퓨터 센터는 사용하고 버린 카드와 보고 버린 출력 용지로 늘 지저분했다.

유학 생활이 끝날 때쯤에는 개인용 컴퓨터도 등장했다. 나는 애플에서 나온 애플 IIc라는 모델의 컴퓨터를 사서 논문 작성에 사용하고, 귀국할 때 가져왔다. 애플에서 애플 IIc를 판매하기 시작한 것이 1984년 4월 24일이었는데 내가 산 것은 1984년 6월이었으니까 이 모델이 나오고 두 달도 안 되었을 때였다. 8비트 디지털 신호를 사용하던 이 컴퓨터는 128킬로바이트의 메모리가 내장되어 있었고, 하드디스크는 없었으며, 5.25인치 플로피디스크를 사용할 수 있었다. 나는 이 컴퓨터를 1295달러를 주고 샀다. 우리 돈으로 환산하면 대략 150만 원 정도 된다. 당시로서는 물론 지금으로 보아도 매우 비싼 가격이었다. 두 달치 조교 월급에 해당하는 돈이었으니 나로서는 큰 돈을 투자한 셈이다. 모니터가 달려 있지 않아 별도의 모니터에 연결해야 사용할 수 있었지만, 요즘의 노트북보다 조금 더 큰 크기에 키보드가 달려 있어 인기가 좋았다. 귀국한 다음에 주변 사람들에게 이 컴퓨터를 많이 자랑했던 기억이 난다.

몇 년의 유학 생활을 통해 나는 컴퓨터 시대로 진입했고 그것은 나의 생활을 크게 바꿔 놓았다.

컴퓨터의 발전

반도체 소자의 개발과 집적 기술의 발전은 20세기를 컴퓨터의 시대로 만들었다. 대단위 생산 설비를 갖춘 공장이나 정밀한 실험을 하는 연구실은 물론, 학교와 가정 그리고 여가 생활에도 컴퓨터의 사용이 보편화되었다. 이제 자동차를 비롯해서 건설 장비, 통신 장비 모두, 내장되어 있는 컴퓨터를 이용해 작동한다. 그런가 하면 바둑과 같은 두뇌 스포츠에서도 컴퓨터를 이용한 인공지능이 중요한 역할을 하고 있다. 이렇게 컴퓨터는 우리 생활 곳곳에 깊숙이 침투해 있다.

컴퓨터는 언제 처음 등장했을까? 고대에도 주판과 같은 계산기를 만들어 사용하였지만 그것을 컴퓨터의 전신이라고 할 수는 없을 것이다. 그러나 19세기에 만들어진 정교한 자동계산기 중에는 컴퓨터의 전신이라고 할 만한 것이 많았다. 영국 출신의 찰스 배비지Charles Babbage, 1791~1871가 1833년에 만든 자동계산기는 이런 종류의 기계 중에서도 가장 우수했다. 하지만 전 재산을 들인 그의 노력에도 불구하고 완전한 계산기를 제작하는 데는 실패했다.

1980년대까지만 해도 컴퓨터 시장에서 가장 중요한 자리를 차지했던 미국 회사 IBM도 계산기 제조 회사로 출발했다. IBM의 창업자인 허먼 홀러리스Herman Hollerith, 1860~1929는 1890년 미국에서 실시한 센서스의 통계 처리를 위해 전기로 작동하는 자동계산기를 제작했다. 그는 이 기계를 이용해 1890년의 인구조사 결과를 불과 6주 만에 처리하고, 미국의 인구가 6262만 2250명이라는 결과를 발표했다. 이러한 성과에 고무되어 많은 통계 자료를 처리해 달라는 요청이 줄을 잇자 홀러리스가 워싱턴에 '태블레이팅 머신'이라는 회사를 세웠는데, 이 회사가 IBM으로 성장했다. 그 후에도 자동계산기는 계속 개선되어 1936년에는 100만 개의 부품이 들어가고 제작 기간이 5년이나 걸린 거대한 자동계산기가 만들어지기도 했다. 제2차 세계대전 중에 해군에서 사용하였던 이 기계는 전쟁이 끝난 후 일반에게 공개되었다. 이 자동계산기는 속도가 느리기는 했지만 계산 능력이 뛰어나서, 덕분에 IBM은 많은 돈을 벌 수 있었다.

1940년대에는 영국에서 진공관을 이용한 디지털 컴퓨터가 제작되었다. 그러나 암호 해독용으로 제작된 이 컴퓨터는 다른 용도로 사용하는 데는 한계가 있었다. 일반적인 여러 가지 계산에 이용할 수 있는 컴퓨터를 만드는 연구는 하버드 대학의 물리학 교수였던 하워드 에이킨Howard Aiken, 1900~1973에 의해 이루어졌다. 1937년에 '자동순차 제어 계산기'라고 부른 전기 기계식 컴퓨터를 제작한 에이킨은 IBM의 재정 지원을 받아서, 이를 개량한 '하버드 마크 I' 또는 '마크 I'이라고 부르는 계산기를 만들었다. 이 계산기가 하버드 대학에 인계되어 미국 해군을 위한 계산을 시작한 것은 1944년 2월이었다. 76만 5000개의 부품과 수백 킬로미터의 전선으로 이루어져 무게가 4.3톤에 달했던 마크 I은 스물세 자릿수의 연산을 몇 초 안에 해낼 수 있었다.

1946년에는 펜실베이니아 대학의 프레스퍼 에커트J. Presper Eckert, 와 존 모클리John William Mauchly, 1907~1980가 최초의 범용 컴퓨터라고 인정받는 에니악ENIAC, Electronic Numerical Integrator and Calculator을 제작했다. 1만 8800개의 진공관, 7만 개의 저항 그리고 1만 개의 축전기로 이루어진 에니악은 소비전력이 150킬로와트, 무게는 27톤이나 되었다. 에니악을 설치하기 위해서는 교실 두 개 크기의 방이 필요했다. 에니악은 더하기나 빼기는 매초 5000번, 곱셈은 385번, 나눗셈은 40번 정도 할 수 있었다.

에니악은 원래 포탄의 탄도를 계산하기 위해 만들어졌다. 사람의 손으로 하면 몇 시간이 걸리는 탄도 계산을 불과 몇 초 만에 할 수 있었기에 에니악은 '총알보다 빠른 계산기'라는 찬사를 받기도 했다. 제2차 세계대전이 끝난 뒤에는 난수, 우주선 연구, 풍동 설계, 일기 예보 등에 사용되었다. 하지만 여러 찬사에도 불구하고 에니악은 많은 문제점을 가지고 있었다. 에니악으로 새로운 계산을 하기 위해서는 잭을 다시 꼽아야 했고, 경우에 따라서는 회로를 새로 구성해야 했다. 또한 진공관 때문에 사용 중에는 불이 들어와 있었는데, 밝은 불빛을 쫓아 날벌레가 날아드는 바람에 합선 사고가 자주 일어나기도 했다.

최초의 전자식 컴퓨터 에니악. 여성 둘이 새로운 계산을 위해 잭을 바꿔 끼우고 있다.

가동할 때 발생하는 많은 열과 소음도 골칫거리였다.

에니악이 최초의 컴퓨터라는 데 이의를 제기하는 사람들도 있다. 1937년부터 1942년까지 미국 아이오와 주립대학에서 ABC 컴퓨터라고도 불리는 아타나소프-베리Atanasoff-Berry 컴퓨터를 제작한 존 빈센트 아타나소프John Vincent Atanasoff, 1903~1995와 클리포드 베리Clifford Berry, 1918~1963는 자신들의 컴퓨터가 세계 최초 컴퓨터라고 주장했고, 1973년 10월 19일 미국 법원은 ABC가 최초의 컴퓨터라고 판결했다. 그러나 아직도 대부분의 사람들은 에니악을 최초의 컴퓨터라고 생각하고 있다.

헝가리 태생으로 미국에서 활동하고 있던 존 폰 노이만John von Neumann, 1903~1957은 1945년에 발표한 그의 논문에서 전자계산기의 기억장치에 연산의 순서를 부호화하여 기억시킨 후 순차적으로 연산을 실행하는 프로그램을 내장한 컴퓨터를 개발하자고 주장했다. 그러면 일일이 사람의 손을 거치지 않고도 순식간에 프로그램을 변경시킬 수 있다는 것이다. 1949년에 최초로 프로그램 내장 방식을 채택한 'EDSV'를 설계한 사람은 모리스 윌킨스Maurice Wilkins, 1916~2004였다. 1951년에는 노이만 등이 이 방식을 채택한 컴퓨터인 에드박EDVAC, Electronic Discrete Variable Automatic Computer을 제작했다. 이후 컴퓨터는 급속히 발전했다. 1950년 이후 현재까지 컴퓨터의 발전 과정은 몇 세대로 나누어 볼 수 있다.

1950년대에 개발되어 사용된 진공관 컴퓨터를 1세대 컴퓨터로 분류한다. 진공관을 사용했기 때문에 전력 소모가 컸고, 많은 열이 발생했으며, 고장이 잦았다. 열을 식히기 위한 냉각장치가 필요했고, 부피가 커서 공간을 넓게 차지했다.

1954년에는 트랜지스터를 사용하여 부피가 작고 전력 소모가 적으며 작동 속도가 빠른 컴퓨터가 벨연구소에서 만들어졌다. 이 컴퓨터에는 800여 개의 트랜지스터가 사용되었다. 1955년에는 트랜지스터만을 사용한 유니박-II UNIVAC, UNIVersal Automatic Computer가 발표되었고, 1960년에는 트랜지스터만 사용하는 제2세대 컴퓨터의 시대가 본격적으로 시작되었다. 2세대 컴퓨터는 크기가 작아지고 소비전력이 적어진 데다 고장이 줄어 신뢰성이 높아졌다. 이때부터 기억용량이 큰 하드디스크가 보조기억장치로 사용되기 시작했으며, 계산속도는 100만 분의 1초(1마이크로초) 단위 정도까지로 향상되었다. 2세대 컴퓨터는 운영체제를 도입하고, 다중 프로그램 방식을 실현하였으며, 관리업무와 과학기술계산 등 다양한 목적으로 사용되었다. 포트란 FORTRAN, FORmula TRANslation, 코볼 COBOL, COmmon Business Oriented Language, 알골ALGOL, ALGOrithmic Language 등의 프로그램 언어가 개발되어 컴퓨터의 이용이 보다 쉽게 된 것도 이 시기였다.

1964년 4월 7일 IBM은 '시스템 360'을 발표함으로써 집적회로를 사용한 제3세대 컴퓨터 시대를 열었다. 컴퓨터에 집적회로가 쓰이면서 중앙처리장치는 소형화된 반면 정보 저장 용량은 커졌고, 다양한 소프트웨어를 사용할 수 있게 되었다. 이 시기부터 컴퓨터의 계산 결과를 영상으로 보여 주는 모니터가 널리 사용되기 시작했다. 이전까지의 컴퓨터에는 모니터가 달려 있지 않아 계산 결과를 보려면 프린터를 이용해 출력해야만 했다.

오늘날 사용되는 대규모 집적회로를 이용한 컴퓨터는 제4세대 컴

집적회로를 사용한 3세대 컴퓨터인 IBM 시스템 360.

퓨터로 분류된다. 대규모 집적회로에는 작은 칩 속에 수백 만 개 이상의 논리소자를 집어넣을 수 있다. 연산 속도가 피코세컨드ps(1ps는 1000억 분의 1초)에 이르는 초대형 컴퓨터 중에는 수행 속도가 초당 1억 5000만 번에 이르는 것도 있다. 대용량 고속 컴퓨터의 개발과 함께 진행된 개인용 컴퓨터의 급속한 발전으로 사무 자동화, 공장 자동화, 가정 자동화가 가능해졌고, 인터넷과 인공위성을 통한 컴퓨터 정보 통신망의 발달로 전 세계가 하나의 정보권이 되었다.

　컴퓨터의 발전 과정에서 일관적으로 추구해 온 방향 중 하나는 컴퓨터를 가능하면 작게 만들려는 소형화이다. 최초의 컴퓨터는 진공관과 전선으로 연결되어 있어서 간단한 기능을 수행하는 컴퓨터도 엄청나게 클 수밖에 없었다. 그러나 집적 기술의 발달이 컴퓨터를 소형화하는 데 크게 기여하여 최근에는 한 손으로 들고 사용할 수 있는 태블릿 PC나 스마트폰과 같은 작은 컴퓨터도 있다.

컴퓨터 발전의 또 다른 방향은 고속화이다. 컴퓨터가 다양한 용도로 사용되면서 컴퓨터는 점점 복잡한 기능을 수행하도록 요구되어 왔다. 이런 복잡한 기능을 해내는 데 가장 중요한 요소는 컴퓨터의 수행 속도였다. 따라서 컴퓨터의 수행 속도를 높이려는 노력이 계속되었으며 이제는 개인이 쓰는 컴퓨터도 예전의 슈퍼컴퓨터가 하던 일을 척척 해낼 수 있을 정도로 수행 속도가 빠르다.

컴퓨터 발전 방향의 또 다른 목표는 저가화이다. 이 또한 성공을 거두어, 오늘날에는 복잡한 기능을 수행할 수 있는 컴퓨터의 가격이 누구나 구입할 수 있는 수준으로 낮아졌다. 컴퓨터가 일반화될 수 있었던 것은 성능이 향상되면서도 가격은 계속 내려갔기 때문이다. 프로그램이 가능한 컴퓨터를 만든 노이만은 자신이 만든 컴퓨터가 세상을 바꾸어 놓을 것이라는 걸 내다봤으면서도, 컴퓨터의 성능이 좋아짐에 따라 크기가 커지고 점점 더 비싸져 거대한 산업체나 국가 기관에서만 컴퓨터를 사용할 수 있을 것이라고 예상했다. 정부에서 일하는 어떤 사람이 그에게 미래에 미국이 필요로 하는 컴퓨터가 몇 대나 되겠느냐고 묻자 "18대"라고 대답했다고 전해진다.

컴퓨터가 세상을 바꿔 놓을 것이라는 노이만의 예상은 적중했지만, 노이만은 컴퓨터의 성능이 좋아지는 것과 동시에 크기는 더 작아지고 가격은 더 내려갈 것이라고는 생각하지 못했다. 그는 각 가정에서 가계부를 정리하거나 어린이들이 숙제를 하기 위해 컴퓨터를 사용하고, 유치원 어린이들의 장난감으로 사용될 것이라고는 예상하지 못했다.

개인용 컴퓨터의 발전

내가 미국에서 사 가지고 온 애플 IIc는 개인용 컴퓨터PC의 초기 모델이었다. 그러나 1980년대에 우리나라에서는 애플 컴퓨터가 거의 사용되지 않았고, IBM에서 출시된 개인용 컴퓨터나 인텔에서 만든 CPU를 이용해 중소기업에서 조립한 개인용 컴퓨터가 널리 사용되었다. 초기의 개인용 컴퓨터는 청계천이나 용산에 있는 전자 상가에서 먼저 출시된 후에 중견 기업체나 대기업에서 같은 CPU를 사용하는 컴퓨터가 출시되는 경우가 많았다.

1970년대 말에 처음 출시되어 1980년대 초반에 널리 사용된 개인용 컴퓨터는 '8088'이라는 이름의 CPU를 쓰는 IBM XT 컴퓨터였다. XT 컴퓨터는 8비트 디지털 신호를 사용했다. XT 컴퓨터에는 하드디스크가 내장되어 있지 않았고, 5.25인치 플로피디스크 드라이버 두 개가 장착되어 있었다. 이런 컴퓨터로 조금 긴 프로그램을 실행하려면 플로피디스크를 여러 번 바꿔 넣어야 해서 프로그램 수행 도중에 디스크를 바꿔 넣으라는 메시지가 뜨곤 했다.

XT 컴퓨터보다 속도가 빨라진 IBM AT 컴퓨터가 개발된 것은 1982년이었지만 우리나라에서 널리 사용된 것은 1980년대 후반이었다. 이 컴퓨터는 16비트 디지털 신호를 처리하는 '80286' CPU를 사용했기 때문에 286컴퓨터라는 이름으로 더 잘 알려져 있다. 저장 용량이 20메가바이트인 하드디스크가 내장되어 있던 286컴퓨터의 가격은 100만 원이 넘었다. 이것은 당시 대학 등록금과 맞먹는 금액이었다. 대기업에서 만든 컴퓨터와 전자 상가에서 조립한 컴퓨터의 가

[왼쪽] 1981년 8월에 출시되어 널리 쓰인 IBM 5150 컴퓨터.
8088 CPU를 쓰는 XT 컴퓨터였다. [오른쪽] 1983년 행정부
공무원들이 컴퓨터 교육을 받고 있는 모습.

격 차이가 커 많은 사람들이 대기업 제품 대신 전자 상가에서 조립한 컴퓨터를 사용했다.

1980년대 말에는 32비트 디지털 신호를 처리하는 80386 CPU를 채용한 386컴퓨터가 등장했다. 1990년대 초반에 생산된 386컴퓨터에는 메모리 용량이 100메가바이트가 넘는 하드디스크가 내장되기도 했다. 현재의 기준으로 보면 아무것도 아니지만 당시에는 386컴퓨터가 최고급 컴퓨터였다. 486컴퓨터가 등장한 것은 1993년이었다. 128메가바이트 이상의 메모리를 내장하고 있었고, 500메가바이트 용량의 하드디스크가 장착된 486컴퓨터의 가격은 당시 300만 원이 넘었다. 486컴퓨터 이후에는 CPU의 이름이 펜티엄으로 바뀌었다. 요즘은 여러 개의 CPU가 동시에 서로 다른 프로그램을 수행하는 병렬 컴퓨터까지 등장했다. 따라서 예전에는 슈퍼컴퓨터만 할 수 있던 작업을 개인용 컴퓨터도 할 수 있게 되었다.

1980년대에 이미 한글과 같은 워드 프로세서들이 나와 있어서 문서 작성에는 이런 프로그램을 사용하였지만, 마우스를 클릭하여 원

하는 작업을 할 수 있는 윈도우가 사용되기 전이어서 컴퓨터로 작업을 하기 위해서는 DOS^{Disk Operating System} 명령어를 일일이 쳐서 넣어야 했다. 컴퓨터를 잘 사용하기 위해서는 DOS 명령어를 익혀야 했기 때문에 컴퓨터를 잘하는 사람과 그렇지 않은 사람의 실력 차이가 뚜렷했다. 마우스 하나로 누구나 쉽게 컴퓨터를 사용할 수 있는 윈도우가 사용되기 시작한 것은 1990년대였다.

나는 처음 한동안 미국에서 가지고 온 애플 IIc를 사용했지만 하드디스크가 내장된 AT 컴퓨터가 나온 이후에는 새로운 컴퓨터가 나올 때마다 새 컴퓨터를 샀다. 연구실에 한 대, 집에 한 대, 가지고 다닐 수 있는 노트북 하나, 이렇게 세 대의 컴퓨터를 늘 사용했다. 나 같은 이들이 부지런히 새로운 제품을 사서 사용했기 때문에 컴퓨터 산업이 이렇게 빠르게 성장할 수 있었는지도 모른다.

인공지능

2016년 3월 9일부터 15일까지 우리나라의 프로 바둑기사 이세돌과 인공지능 알파고^{AlphaGO}가 하루에 한 판씩 총 다섯 판을 겨루는 딥마인드 챌린지 매치를 벌였다. 이 대회 이전에도 인공지능과 프로 바둑기사의 대결에서 인공지능이 우수한 성적을 보인 적이 있었지만 그래도 고도의 두뇌 게임인 바둑에서 인공지능이 인간을 뛰어넘을 수는 없을 거라는 생각이 지배적이었다. 그러나 인공지능은 세계바둑선수권대회에서 수차례 우승했던 이세돌 기사를 4:1로 이겼다. 그 후에도 여러 번 인공지능과 프로 기사의 대결이 있었지만 인공지능이 일방적으로 승리했다. 이런 결과를 매우 충격적으로 받아들인 사람들은 인공지능에 큰 관심을 보이기 시작했다.

인공지능AI, Artificial Intelligence이라는 용어가 처음 등장한 것은 1956년에 미국 다트머스에서 열린 학회에서 미국의 컴퓨터 과학자 존 매카시John McCarthy, 1927~2011가 이 말을 사용하면서부터였다. 물론 존 매카시 이전에도 인간의 두뇌와 비슷한 기능을 하는 컴퓨터를 생각한 사람들은 있었다. 그러나 컴퓨터의 성능이 향상되고 인간만이 할 수 있을 것이라고 생각했던 복잡한 수학 문제를 컴퓨터가 풀 수 있게 되자, 인공지능 컴퓨터를 실제로 개발하려는 노력이 시작되었다. 하지만 그러한 노력은 정보의 부족 및 정보 처리 능력의 한계로 여러 번 좌절되었고, 그로 인해 인공지능에 대한 관심과 연구가 크게 줄어드는 '인공지능 겨울'을 몇 차례 겪기도 했다. 그러나 2000년대 들어 하드웨어의 빠른 성장에 힘입어 인공지능이 다시 일반 사람들과 연구자들의 관심을 끌었고 연구도 활발해졌다. 그 결과물 중 하나가 이세돌과의 대결에서 승리한 알파고였다.

1980년에 존 설John Searle, 1932~은 인공지능을 강한 인공지능과 약한 인공지능으로 구분했다. 강한 인공지능 연구에서는 사람의 두뇌 작용과 컴퓨터의 연산 작용을 기본적으로 같은 것으로 보고, 두뇌와 같은 기능을 가진 소프트웨어를 갖춘 컴퓨터를 개발하는 것을 목표로 한다. 다시 말해 인간의 정신 작용과 같은 기능을 하는 컴퓨터를 만드는 것이 강한 인공지능의 목표이다. 영국의 수학자이며 논리학자였던 앨런 튜링Alan M. Turing, 1912~1954은 1950년 질문과 답변만으로 사람인지 기계인지를 가려내는 '튜링 테스트'를 제안했는데, 기계가 사람이라는 판정을 받으면 튜링 테스트를 통과했다고 본다. 강한 인공지능 연구에서는 튜링 테스트를 통과하는 컴퓨터를 만드는 것을 목표로 하고 있다. 반면에 강한 인공지능과는 달리, 특정한 문제를 해결할 수 있는 인공지능이 약한 인공지능이다. 약한 인공지능 연구에서는 물체를 인식하거나 소리를 듣고 상황을 파악하는 것과 같이 특정한 일을 손쉽게 할 수 있는 소프트웨어를 개발하는 데 중점을 두고 있다. 다시 말해 약한 인공지능 연구에서는 사람의 마음이라는 막연한 목표가 아니라, 구체적이고 현실적인 기능을 목표로 연구한다.

현재까지 개발된 인공지능은 모두 약한 인공지능에 속한다. 약한 인공지능은 이미 알고 있는 알고리즘과 방대한 데이터를 바탕으로 지능적으로 보이는 행동이나 결정을 할 수 있다. 인공지능이 스스로의 학습을 통해 더 나은 결과를 만들어 내기도 하고, 특정한 분야에서는 인간을 능가하는 능력을 보이기도 한다. 하지만 아직도 인간 두뇌의 학습 능력과 문제 해결 능력을 부분적으로 따라 하는 수준이다. 바둑이라는 게임을 위해 개발된 소프트웨어인 알파고가 학습을 통해 더욱 강해지고 있다고 하지만 아무리 강해져도 더 많은 기보를 기억하고, 더 빠르게 연산 작용을 할 뿐이다.

강한 인공지능을 구현하는 것은 생각보다 어렵다. 강한 인공지능 연구는 인간과 똑같은 의식 작용을 하는 프로그램을 개발하는 것을 목표로 한다. 하지만 인간의 의식 작용이라는 것이 무엇을 의미하는지조차 아직 명확하지 않다. 인간의 의식이 복잡한 기능을 수행할 수 있는 프로그램에 지나지 않는 것인지, 그런 것과는 전혀 다른 어떤 것인지조차 확실하지 않다. 따라서 인간과 같은 의식을 지닌 인공지능과, 외부에서 볼 때 의식이 있는 것처럼 보일 뿐 사실은 의식을 가지고 있지 않은 인공지능을 구별할 수 있는 방법이 없다. 다시 말해 강한 인공지능에서는 인간과 같은 마음을 가진 컴퓨터를 만드는 것을 목표로 하고 있지만 인간의 마음이 무엇인지 아직 모르고 있는 것이다.

반면, 특정한 문제 해결에 초점을 맞추는 약한 인공지능은 사람으로서는 절대로 할 수 없는 일을 해내는 것이 가능하다. 자동차와 사람이 빨리 달리기 내기를 한다면 자동차가 이길 것이 확실하다. 자동차는 빨리 달리는 것을 목표로 개발된 기계이기 때문이다. 그렇게 보면 바둑에서 알파고가 사람을 이긴 것 역시 당연하다. 알파고는 빠르게 계산할 수 있도록 만들어진 기계이다. 계산의 빠르기와 기억 능력만 비교한다면 그것을 위해 특수 제작된 컴퓨터가 사람을 이기는 것이 조금도 이상할 것이 없다.

인공지능을 강한 인공지능과 약한 인공지능으로 구별한 존 설은 정보 처리 장치는 정보를 잘 처리할 수 있을 뿐 정보 자체를 이해할 필요가 없다고 했다. 그는 한문을 전혀 모르는 소프트웨어가 소프트웨어의 알고리즘만으로 한자를 습득하여 새로운 문장을 만들어 낼 수 있다는 것을 보였다. 그러나 소프트웨어가 한자를 배우고, 새로운 문장을 만들어 낼 수 있다고 해서 중국어를 이해하는 것은 아니라고 지적했다. 더 빠른 계산 능력과 뛰어난 정보 저장 능력을 이용하여 인공지능이 바둑에서 사람을 이길 수는 있지만 바둑에서 이기는 것이 가지는 의미는 알지 못한다는 것이다. 사람들은 이기기 위해 바둑을 두지만 인공지능은 주어진 계산을 수행하여 그 결과를 내놓을 뿐이

[왼쪽] 2005년 개발된 독일의 휴머노이드 로봇 림A(Reem-A). 걷고 손으로 조작할 수 있었다. [오른쪽] KAIST에서 개발한 대한민국 휴머노이드 로봇 휴보(Hubo). 미국에서 열리는 재난로봇대회(DRC)에서 2015년 우승했다.

다. 인공지능이 하는 일이 겉보기에는 사람이 하는 것처럼 보여도 사실은 반복 계산과 정보 처리의 결과일 뿐이다. 아직까지는 그렇다.

많은 사람들은 인공지능이라고 하면 사람과 똑같은 일을 할 수 있는 로봇을 생각한다. 실제로 현재 개발되고 있는 로봇 중에는 인간의 행동을 흉내 내는 것들이 많아 이런 생각을 하는 것이 이상하지 않다. 그러나 인공지능 연구와 로봇을 만들기 위한 연구는 많이 다르다. 사람의 두뇌가 할 수 있는 기능을 수행하는 소프트웨어와 그런 소프트웨어를 구현할 수 있는 컴퓨터 환경을 만드는 것이 인공지능 연구라면, 로봇 개발에서 중요한 것은 로봇의 각 부분을 구동하는 구동 시스템과 원하는 행동을 하도록 구동 시스템을 제어할 수 있는 제어 시스템을 만드는 것이다. 따라서 인공지능을 연구하는 일은 컴퓨터공학에 속하는 일이고, 로봇을 제작하는 일은 기계공학에 속하는 일이다. 그러나 사람처럼 행동하는 로봇을 만들기 위해서는 두 분야가 상호보완적으로 협력해야 할 것이다.

세상을 연결하는 인터넷

컴퓨터가 널리 사용되면서 컴퓨터에 많은 정보가 저장되었다. 그러나 다른 컴퓨터에 저장되어 있는 정보는 내게 아무 소용이 없었다. 따라서 컴퓨터를 연결해 다른 컴퓨터에 저장되어 있는 정보를 공유하려는 노력이 시작된 것은 어쩌면 당연한 수순이었다. 그 결과 탄생한 것이 인터넷이다. 인터넷은 전 세계 컴퓨터를 하나로 연결해 모든 사람들이 손쉽게 다른 컴퓨터가 가지고 있는 정보에 접근할 수 있게 만들었다. 인터넷이 세상을 하나로 연결한 것이다.

인터넷이 처음 등장한 것은 1970년대였다. 국방 관련 프로젝트를 수행하고 있던 미국 캘리포니아 대학교 로스앤젤레스^{UCLA}와 SRI 연구소의 컴퓨터를 연결하여 사용하기 시작한 것은 1969년 10월로, 이것을 아파넷^{ARPANET}이라고 불렀다. 1981년에는 미국국립과학재단^{NSF}이 컴퓨터 과학넷인 CSNET을 개발했고, 1986년에는 미국국립과학재단이 주도한 국립과학재단넷^{NSFNET}이 미국의 연구 및 교육 단체의 슈퍼컴퓨터들을 연결했다. 1980년대 말에는 상용 인터넷 서비스 제공자^{ISP, Internet Service Provider}가 등장했으며 1995년에 일반인들의 국립과학재단넷 연결이 허용되었다.

멀리 떨어져 있는 컴퓨터를 연결하여 정보를 공유하기 위해서는 모든 컴퓨터가 공통으로 사용하는 통신 규약인 프로토콜^{protocol}이 필요하다. 여러 가지 프로토콜이 개발되었지만 TCP/IP 프로토콜이 인터넷을 대표하는 프로토콜로 자리 잡았다. TCP/IP 프로토콜은 컴퓨터가 다른 컴퓨터와 정보를 교환하는 방법을 규정한 전송 제어 프로토콜TCP, Transmission Control Protocol과 컴퓨터를 상대방 컴퓨터와 연결해 주는 데 필요한 인터넷 프로토콜IP, Internet Protocol로 이루어진다.

상대방에게 전화를 걸어 메시지를 전달한다고 하자. 상대방에게 전화를 걸기 위해서는 전화기에 상대방의 전화번호를 입력해야 하고, 전화국 시스템을 통해 상대방 전화기의 벨을 울려야 한다. 그러면 상대방이 전화를 받아 통화가 시작된다. 이렇게 상대방과 통화를 시작할 때까지의 과정을 규정하는 것이 인터넷 프로토콜이 하는 일이다. 그러니까 인터넷 프로토콜은 전 세계 수많은 컴퓨터 중에서 내가 원하는 정보를 가지고 있는 컴퓨터에 접속할 수 있도록 하는 일을 한다. 이런 일이 가능하기 위해서는 인터넷에 연결된 컴퓨터가 고유한 IP 주소를 가지고 있어야 한다.

전화가 연결된 다음에는 메시지를 주고받아야 한다. 만약에 두 사람이 동시에 말한다면 메시지를 제대로 주고받을 수 없을 것이다. 한 사람이 길게 혼자만 말하는 것도 통화에 도움이 되지 않는다. 의사소통이 제대로 이루어지고 있는지를 확인하기 위해서는 내가 한 말을 상대방이 제대로 알아들었는지 확인하는 과정도 필요하다. 제대로 알아듣지 못했을 때는 특정한 부분을 다시 한번 말해 달라고 할 수도 있어야 한다. 오류 없이 메시지를 주고받기 위한 규칙을 약속해 놓은 것이 전송 제어 프로토콜이다. 인터넷 프로토콜이 내가 필요로 하는 정보를 가지고 있는 컴퓨터에 연결시켜 주면 그 컴퓨터와 정보를 주고받게 되는데, 컴퓨터들이 서로 정보를 주고받는 방법을 규정한 것이 전송 제어 프로토콜이다.

TCP/IP 프로토콜이 통신에 적용된 것은 1982년이다. '인터넷'이라는 말은 TCP/IP 프로토콜을 제안한 사람들이 모든 컴퓨터를 하나의 통신망으로 연결하자는 의미에서 인터내셔널 네트워크Internationl Network라고 불렀던 것에서 유래했다. 그들의 생각대로 인터넷은 세계를 하나로 연결하는 데 성공하여 모든 사람들이 정보를 공유할 수 있게 되었다.

처음 개발된 네트워크는 교육이나 연구와 같은 공공사업용이었지만 민간 기업이 참여하면서 상업용을 비롯한 다양한 용도로 사용하는 사람들이 생겨났다. 인터넷이 빠르게 확산된 것은 1993년에 브라우저인 모자이크Mosaic가 개발된 뒤부터였다. 전 세계의 수많은 컴퓨터가 인터넷으로 연결되자 내가 필요한 정보를 가지고 있는 사이트를 찾아내는 것이 어려운 일이 되었다. 따라서 수많은 인터넷 사이트 중에서 내가 필요로 하는 정보를 가지고 있는 사이트를 찾아 주는 검색 엔진이 개발되기 시작했고, 이런 일만을 주로 하는 사이트들이 생겨났다. 1994년에 대표적 검색 사이트인 야후Yahoo가 개설되었고, 1995년에는 새로운 브라우저인 익스플로러Explorer와 넷스케이프Netscape가 등장해 인터넷의 확산을 견인했다.

우리나라에서는 1982년 5월에 한국전자기술연구소의 컴퓨터와 서울대학교 컴퓨터공학과의 컴퓨터를 연결하여 문자를 교환한 것이 최초로 구축된 네트워크였다. 현재 사용하는 인터넷과는 달리 전화선을 이용하여 정보를 주고받는 것이었지만 우리나라 인터넷의 효시라고 할 수 있다. 1991년에는 한국전기통신공사가 하이텔이라는 이름의 PC 통신 서비스 업체를 설립하고, 1992년부터 회원 중심의 유료 서비스를 시작했다. 1995년에는 데이콤이 천리안이라는 이름으로 온라인 PC 통신 서비스를 시작했다. 1993년에는 우리나라에서도 국제 인터넷 망에 연결하여 사용할 수 있게 되었다. 내가 학과에 있는 작은 컴퓨터를 서버로 하여 인터넷 홈페이지를 개설한 것은 1996년 경이다. 이 무렵부터 우리나라에서도 인터넷이 널리 확산되기 시작했다. 그 후 우리나라 인터넷 가입자 수가 폭발적으로 늘어나 2000년에는 100만 명을 넘어섰다. 스마트폰을 이용하여 인터넷에 접속할 수 있게 된 현재는 거의 모든 사람이 인터넷을 이용하고 있다.

인터넷은 또한 다른 기술들과 연결되면서 사회를 새롭게 바꾸어 놓았다. 그중의 하나가 CCTV이다. CCTV가 인터넷에 연결되면서 언제 어디에서든지 실시간으로 상대방을 감시하는 것이 가능해졌다. 농부는 멀리 떨어진 곳에서도 자신이 관리하는 농장이나 축사에서 일어나는 일을 실시간으로 볼 수 있다. 골목마다 설치되어 있는 CCTV는 범죄를 예방하거나 범인을 검거하는 데 큰 위력을 발휘하고 있다. 그러나 인터넷과 CCTV가 많이 사용되면서 개인의 프라이버시를 침해하는 문제가 중요한 이슈로 대두되었다. 항상 감시받고 있다는 것은 기분 좋은 일이 아니다. 편리함과 보안이 더 중요한가, 아니면 개인의 프라이버시가 더 중요한가 하는 문제는 쉽게 결론을 내릴 수 있는 사안이 아니다. 그럼에도 불구하고 우리 주변에는 점점 더 많은 CCTV가 설치되고 있다. 인터넷과 CCTV가 앞으로 사람 사이의 관계를 어떻게 바꿔 놓을지 두고 볼 일이다.

4차 산업혁명과 빅 데이터 시대

최근에는 4차 산업혁명이라는 말을 사용하는 사람들이 많아졌다. 4차 산업이 단기간 동안에 크게 발전하여 사회 구조에 큰 영향을 주고 있다고 보는 것인데, 그렇다면 4차 산업은 무엇일까? 영국의 경제학자 콜린 클라크Colin G. Clark, 1905~1989는 1940년에 출판한『경제적 진보의 제 조건The Conditions of Economic Progress』이라는 책에서 산업을 1차 산업, 2차 산업, 3차 산업으로 분류하고 농림·수산업을 1차 산업에, 광업과 공업을 2차 산업에, 상업과 운수업을 비롯한 서비스 산업을 3차 산업에 포함시켰다. 그러나 3차 산업의 비중이 점차 높아지자 3차 산업은 상업·금융·보험·수송 등에 국한시키고, 정보·의료·교육·서비스 산업 등 지식 집약적 산업을 4차 산업으로, 그리고 패션·오락 및 레저 산업을 5차 산업으로 분류하기 시작했다.

이런 분류를 기준으로 하면 4차 산업혁명은 정보·의료·교육과 같은 지식 집약적 산업에서의 비약적 발전을 뜻하는 것으로 해석할 수 있다. 2016년 1월 스위스 다보스포럼에서 4차 산업혁명이라는 용어를 처음 사용한 클라우스 슈바프Klaus Schwab, 1938~(세계경제포럼 창시자)는 클라크의 산업 분류에 포함되지 않았던 모든 산업이 가져올 세계 경제의 변화를 4차 산업혁명이라고 명명했다. 4차 산업혁명에서는 인공지능, 사물 인터넷, 빅 데이터, 모바일 등의 첨단 정보통신 기술과 3D 프린팅, 로봇공학, 생명공학, 나노기술 같은 새로운 기술이 결합하여 제품 생산과 유통 그리고 소비의 자동화가 이루어질 것으로 예상된다.

그러나 4차 산업혁명은 네 번째 산업혁명이라는 의미로도 해석할 수 있다. 19세기에 증기기관을 동력으로 사용하는 방적기가 발명되어 면공업이 급속하게 발전한 것이 1차 산업혁명이다. 1차 산업혁명의 결과 18세기 중엽에는 약 70퍼센트를 차지하고 있던 영국의 농업 인구가 1850년에는 22퍼센트로 낮아졌다. 2차 산업혁명은 19세기 후반에 석유와 전기를 사용함에 따라 산업의 중심이 소비재를 생산하는 경공업에서 부가가치가 큰 생산재를 생산하는 중화학 공업으로 전환된 것을 말한다. 2차 산업혁명으로 인해 자본주의가 고도로 발달했다. 3차 산업혁명은 1970년대에 시작된 컴퓨터 관련 기술의 발전으로 생산시스템의 자동화와 인터넷의 폭넓은 이용이 가져온 기술과 사회의 변화이다. 이런 맥락에서 보면 컴퓨터와 인공지능을 이용하여 생산과 소비를 지능적으로 제어하는 산업의 발전을 뜻하는 4차 산업혁명은 네 번째 산업혁명에 해당된다.

역사학자들은 이전의 산업혁명들이 어떻게 진행되었고, 그 결과가 사회에 어떤 변화를 가져왔는지를 연구하고 있다. 그러나 4차 산업혁명은 다양한 형태로 현재 진행 중이어서 앞으로 어떤 양상으로 전개될지, 그리고 그 결과 사회의 구조나 사람들의 생활 방식이 어떻게 변할 것인지 예단하기 어렵다. 하지만 발전된 컴퓨터 정보 처리 능력을 바탕으로 하는 4차 산업혁명이 이전에 있었던 산업혁명들보다 인류 문명에 더 큰 영향을 줄 것이라는 것은 쉽게 예상할 수 있다.

4차 산업혁명의 가장 큰 특징 중 하나는 빅 데이터를 이용한다는 것이다. 컴퓨터의 정보 처리 능력과 정보 저장 능력의 발전으로 예전에는 상상도 할 수 없을 정도로 많은 정보를 수집하여 처리하고 이용하는 것이 가능해졌다. 컴퓨터, 인터넷, 스마트폰, 그리고 CCTV의 사용이 보편화되면서 개인의 모든 활동이 정보로 저장되고 있다. 세계 곳곳에서 이렇게 저장된 개인의 정보가 빅 데이터를 구성한다. 빅 데이터에는 수치로 된 정보는 물론 문자나 영상, 음성 등 다양한 정보가 포함된다. 빅 데이터는 많은 정보(volume), 빠른 정보(velocity), 다양한 정보(variety)를 특징으로 한다.

예전에는 물건을 구매하고 기록을 남긴 경우에만 판매자가 구매자의 자료를 수집할 수 있었다. 그러나 빅 데이터 시대에는 소비자가 방문한 상점과 시간, 살펴본 물건, 인터넷을 이용하여 조회한 상품의 종류와 횟수, 금융 거래 내용, SNS 사용 횟수와 방법 등 개인의 모든 활동 내용이 자료로 수집된다. 자신도 모르는 사이에 자신에 대한 자료가 수집되어 분석되고 있는 것이다. 이렇게 수집된 방대한 자료는 기업의 경쟁력 강화, 공격적 마케팅, 기술 혁신을 위한 자원으로 활용되고 있다.

빅 데이터는 정치 분야나 공공 기관에서도 자주 이용된다. 정치가들은 여론을 파악하거나 자신을 홍보하고 선거 결과를 예측하는 데 빅 데이터를 활용한다. 빅 데이터를 분석해 유권자 맞춤형 선거 전략을 짜기도 한다. 공공 기관에서는 사용자들이 요구하는 서비스를 파악하여 적절한 서비스를 제공하기 위해 빅 데이터를 활용하고 있다.

과학자들은 빅 데이터를 이용해 실험 결과나 통계 자료를 분석한다. 구글은 방대한 자료를 분석하여 유용한 정보를 만들어 내는 빅 데이터 처리 기술의 선구자이다. 구글의 설립자 래리 페이지Larry Page, 1973- 는 독감과 관련한 검색어 빈도수를 분석해 독감 환자의 수와 유행 지역을 정확하게 예측하기도 했다. 구글에서는 또한 수천만 권의 도서 정보와 웹 사이트 자료를 이용해 64개 언어 간 자동 번역 시스템을 만들어 냈다.

빅 데이터를 수집해서 분석하고 이용하는 것은 아직 초기 단계라고 할 수 있다. 앞으로 컴퓨터의 자료 처리 능력과 정보 저장 능력이 향상되고, 새로운 자료 분석 방법이 개발되면 모든 사람들의 자료가 수집되어 정보화될 것이다. 개인을 위한 맞춤형 고객 서비스나 행정 서비스도 더욱 강화될 것이다. 한편, 빅 데이터는 사람들을 통제하기 위한 수단으로 사용될 위험성도 크다. 내가 요구하기도 전에 내가 필요한 것이 무엇인지를 파악해서 제공해 주는 세상은 편리한 세상일까 아니면 무서운 세상일까?

───────

20세기 말부터 꽃을 피우기 시작한 컴퓨터 시대는 21세기를 이전 세기와 다른 시대로 만들어 가고 있다. 컴퓨터는 사회 구조, 국가 간의 관계, 자연과 인간의 관계를 변화시켰을 뿐만 아니라 우리의 일상 생활도 크게 바꾸어 놓았다. 컴퓨터가 소형화되고 가격이 싸지면서 대부분의 제품이 컴퓨터로 작동하게 되었다. 우리 생활과 밀접한 가전제품들 역시 컴퓨터라는 두뇌를 이용해 스스로 판단하고 작동하는 전자 제품으로 진화했다.

10

우 리 생 활 을 바 꾼 가 전 제 품

그로서리 한구석에서 마주친 국산 텔레비전

결혼할 때 혼수를 장만하는 일은 예나 지금이나 가장 중요하고
어려운 일이다. 하긴 요즘에는 집을 장만하는 일이 워낙 어렵다 보니
살 곳을 마련하고 나면 살림살이 준비는 부수적인 일이 되어 버렸다.
더구나 대부분의 제품이 규격화되어 있고, 인터넷으로 여러 가지
모델을 비교할 수 있는 데다, 이미 써 본 사람들의 제품 평도 읽어
볼 수 있어 물건을 구매하는 데 드는 품이 많이 줄었을 뿐 아니라,
사람에 따라서는 쇼핑의 재미도 느낄 수 있다.

그러나 내가 어릴 때는 신부에게 가장 어려운 일이 혼수품을
준비하는 일이었다. 결혼 후에도 따로 살림을 날 때까지 부모님들과
한집에서 사는 경우가 대부분이라 집은 따로 장만할 필요가 없었다.
따라서 결혼을 할 때 신랑은 예물만 준비하면 되었지만 신부는
예물 외에도 살림살이를 준비해야 했다. 신부가 준비해야 했던
혼수품 중에 가장 중요한 것은 장롱이었다. 신부 집에서 결혼식을
끝낸 다음에 신랑 집으로 올 때는 장롱을 앞세운 혼수품도 따라
왔다. 혼수품이 들어오면 동네 사람들이 모여들어 구경하고는

유학 가서 살던 아파트에는 냉장고, 침대, 소파, 식탁,

전기 오븐과 같은 가재도구가 모두 구비되어 있었다. 우리가 마련한

살림살이는 텔레비전과 작은 전축 그리고 간단한 취사도구뿐이었다.

사진은 유학 시절 저자의 신혼집.

신랑이 장가를 잘 갔는지 못 갔는지 판단했다. 그러다 보니 신부는 시댁은 물론 동네 사람들을 만족시킬 수 있는 혼수품을 준비해야 했다. 당시에는 혼수품이 신부가 시집에서 어떤 대우를 받을지를 결정하기도 했다.

그러나 내가 결혼하던 1980년대 초에는 결혼 풍속도가 많이 변해 있었다. 핵가족이 늘면서 대부분의 경우 신랑은 집을 준비하고, 신부는 살림살이를 마련했다. 집값이 지금처럼 비싸지는 않았지만 집을 장만하는 일은 쉽지 않아서 신랑의 부담이 더 커졌다. 그때도 신부가 준비해야 하는 혼수품 중 가장 중요한 것은 역시 장롱이었다. 텔레비전과 전기밥솥 같은 가전제품이 혼수품에 포함되어 있었지만 그 종류가 많지는 않았다. 냉장고를 준비하는 신혼부부도 있었지만 세탁기나 에어컨은 아직 사치품에 속했다. 따라서 자개장롱에다 텔레비전, 침대, 소파, 식탁, 그리고 냉장고까지 준비했다면 잘한 결혼이라고 소문이 났고, 그런 것들을 '외제'(외국 제품을 줄인 말로 당시엔 수입품을 이렇게 통칭했다)로 준비하면 사람들이 모두 부러워했다.

나는 유학을 가기 직전에 결혼식을 올렸다. 이미 여권과 비자를 받아 놓고 비행기 표까지 구입해 놓은 상태였기 때문에 집이나 혼수를 준비하지 않고도 사람들의 눈총을 받지 않을 수 있었다. 우리는 간단한 시계와 반지를 교환하는 것으로 혼수 준비를 끝냈다. 유학 가서 살던, 거실과 침실이 하나씩인 원 베드룸 아파트에는 냉장고, 침대, 소파, 식탁, 전기 오븐과 같은 생활에 필요한 기본적인 가재도구가 모두 구비되어 있었기 때문에 따로 살림살이를 준비할 필요가 없었다. 우리가 마련한 살림살이는 텔레비전과 작은 전축 그리고 간단한 취사도구뿐이었다.

1980년대 초 미국에서는 일본제 전자 제품이 인기가 많았다. 어느 쇼핑센터에 가더라도 일본제 전자 제품을 파는 가게가 몇 개씩 있었다. 미국 사람들도 자국 제품보다 일제 전자 제품을 선호했다. 그러나 우리나라 전자 제품을 파는 매장은 어디에도 없었다. 우리가 미국 생활을 시작할 무렵부터 미국에서도 우리나라에서 만든 텔레비전이 팔리고 있었다. 그러나 국산 텔레비전은 전자 제품 전문점이 아니라 잡화나 식료품을 파는 그로서리에서 팔았다. 일제와는 비교할 수도 없는 싼 가격표를 달고, 그로서리에 채소나 식료품 들과 함께 진열되어 있었다.

인터넷을 검색해서 그때 미국에서 판매되던 텔레비전 사진을 구해 보니 그런대로 잘 만든 제품이었던 것 같은데 그때는 텔레비전의 붉은 색깔이 왜 그렇게 촌스러워 보였는지 모르겠다. 아마도 전자 제품 전문점이 아닌 그로서리의 야채들 틈에 끼어 있었기 때문일 것이다. 그때는 우리나라 제품이 미국 시장에서 제대로 대접받는 날은 영원히 올 것 같지 않았다. 세련된 일본 제품을 보면서 절망 같은 것을 느끼기도 했다. 나는 그때 이후로 국내에 돌아와서도 자동차건 전자 제품이건 우리나라 제품만 사서 썼다. 왠지 그래야 할 것 같았다.

귀국 후 몇 년이 지난 다음 외국에 가서 고속도로 옆에 설치된 우리나라 전자 제품의 대형 광고판을 보고는 눈시울을 적셨다. 국산 가전제품이 다른 나라 제품을 밀어낸다는 소식을 전해 듣고는 가슴이 뭉클하기도 했다. 40년 전 일제 전자 제품 가게가 즐비했던 미국 쇼핑몰과 그로서리에서 팔리던 투박한 모습의 우리나라 텔레비전을 잊을 수 없었기 때문이다. 불가능할 것이라고 생각했던 일들이 생각보다 빨리 이루어진 것이다.

나는 2010년을 전후로 아들과 딸의 혼사를 치렀다. 2010년대에는 텔레비전, 냉장고, 세탁기, 에어컨 같은 가전제품이 기본 혼수품이 되어 있었다. 하지만 2000년대 이후 외제 가전제품들로 신혼살림을 준비하는 사람들은 볼 수 없게 되었다. 경제적인 이유로 값이 싼 외국 제품을 사는 경우는 있어도, 더 좋은 것을 사기 위해 수입품을 사는 경우는 흔하지 않았다. 우리나라에서 만든 가전제품이 세계 시장을 석권하고 있기 때문이다. 불과 30여 년 동안에 일어난 변화다.

현재 우리나라에서 만든 가전제품은 전 세계 모든 나라에서 팔리고 있다. 우리가 이름도 잘 모르는 남아메리카나 아프리카, 또는 태평양에 있는 작은 나라에서도 우리나라 가전제품이 큰 인기를 끌고 있다. 40년 전에는 그로서리 한구석에서 싼값에 팔리던 국산 가전제품이 전 세계 가전제품 전문 매장의 한가운데를 차지하게 된 것이다.

국산 텔레비전의 눈부신 발전

20세기 말에 비약적으로 발전하기 시작한 전자공학 분야의 기술이 21세기가 되면서 더욱 급속히 발전했다. 예전에는 생각할 수도 없던 제품이 나왔다가 얼마 되지 않아 새로운 제품으로 대체되는 일이 빠르게 진행되었다. 지난 40년 동안에 우리나라 텔레비전이 어떻게 발전해 왔는지를 살펴보면 21세기에 전기 문명이 얼마나 빠르게 발전했는지를 실감할 수 있다.

1980년대 내가 미국 그로서리에서 본 텔레비전은 그야말로 까마득한 옛날이야기가 되었다. 영국의 시장조사 회사인 IHS 마킷이 2019년 발표한 자료에 의하면 2018년에 삼성전자가 세계 텔레비전 시장의 29퍼센트를 차지하고 있고, LG전자는 16.4퍼센트를 차지하고 있다. 두 회사의 시장 점유율을 합하면 우리나라 텔레비전의 세계 시장 점유율은 45.4퍼센트에 이른다. 3위인 소니의 시장 점유율은

1977년에 수출용으로
생산된 국산 컬러텔레비전.

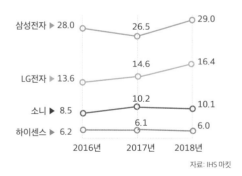

• 금액 기준(단위: %)

삼성전자 ▶ 28.0 — 26.5 — 29.0

LG전자 ▶ 13.6 — 14.6 — 16.4

소니 ▶ 8.5 — 10.2 — 10.1

하이센스 ▶ 6.2 — 6.1 — 6.0

2016년　2017년　2018년

자료: IHS 마킷

주요 TV 제조업체의 세계 시장 점유율

1966년 국내 최초로 생산한 흑백텔레비전을 포장하고 있는 금성사 직원들.

10.1퍼센트였다. 1980년대 초 소니의 시장 점유율은 알 수 없지만 당시에는 미국에서 소니 텔레비전이 가장 인기였다. 불과 40년 만에 소니 텔레비전을 멀찌감치 따돌리고 우리나라 텔레비전이 세계 시장을 석권하고 있다. 어떻게 이런 일이 가능했을까?

1966년에 우리나라에서 텔레비전을 최초로 생산한 곳은 LG전자의 전신인 금성사였다. 금성사는 일본 히타치와 기술 제휴를 통해 12개의 진공관이 사용된 흑백텔레비전을 생산했다. 이 텔레비전의 가격은 6만 원이 넘었다. 이는 도시 근로자 한 달 월급의 여섯 배가 넘는 금액이었다. 이렇게 비싼 가격에도 불구하고 구입 대기자가 많아 추첨을 통해 판매해야 했다. 금성사는 1960년대에 8종, 1970년대에 100여 종의 텔레비전을 출시하며 텔레비전 산업을 선도했다.

1967년에 우리나라에서 두 번째로 텔레비전을 생산하기 시작한 동남전자는 1974년에 우리나라 최초로 리모컨으로 채널을 돌리는 텔레비전을 출시했다. 삼성전자는 1970년부터, 대한전선은 1973년부터 텔레비전을 만들기 시작했다. 처음에는 모두 외국 회사와 기술 제휴를 통해서 텔레비전을 생산했지만 업체들 사이의 경쟁이 치열해지면서 우리나라 텔레비전 기술은 빠르게 발전했다. 1970년대부터는 진공관 대신 트랜지스터를 사용한 텔레비전이 생산되었고, 곧 IC칩을 사용하는 텔레비전을 만들기 시작했다.

아남산업이 우리나라 최초로 컬러텔레비전을 생산한 것은 아직 우리나라에서 컬러텔레비전 방송이 시작되기 전인 1974년이었다. 이후 다른 회사들도 컬러텔레비전을 만들어 수출하기 시작했다. 국산 컬러텔레비전은 1977년에 12만 대, 1978년에 50만 대의 수출 실적을 올렸다. 내가 미국 그로서리에서 본 것이 이때 생산된 텔레비전이었다. 국내에서 컬러텔레비전의 시판이 허용된 것은 1980년 8월이었고, 컬러텔레비전 방송이 시작된 것은 1981년 1월 1일이었다.

이 시기에 생산된 텔레비전은 모두 브라운관을 사용했다. 카메라가 전송하고자 하는 영상을 여러 개의 줄로 나누고 위에서부터 차례로 한 줄씩 지나가면서 빛의 밝기를 전기 신호로 바꾸어 전송하면 이 신호를 받아 전자총에서 스크린을 향해 전자를 발사하여 스크린에 영상을 만들어 낸다. 이런 일들이 아주 빠르게 진행되기 때문에 우리는 선으로 나뉜 화면이 아니라 전체 영상을 보게 된다. 영상의 밝고 어두운 정도만을 전기 신호로 바꾸어 전송하고 그것을 재생하면 흑백텔레비전이 된다. 그러나 영상의 빨간색, 녹색, 파란색의 밝기를 각각 측정하여 이를 전기 신호로 바꾸어 전송한 다음 각각의 신호를 재생해 혼합하면 컬러텔레비전이 된다. 컬러텔레비전이 등장하자 흑백

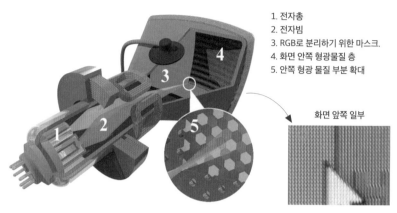

1. 전자총
2. 전자빔
3. RGB로 분리하기 위한 마스크.
4. 화면 안쪽 형광물질 층
5. 안쪽 형광 물질 부분 확대

화면 앞쪽 일부

브라운관 컬러텔레비전의 구조

텔레비전은 빠르게 자취를 감추었다.

브라운관 텔레비전은 전력 소모가 많았고, 전자기파를 많이 발생시켰으며, 크기가 크고 무거웠다. 그럼에도 불구하고 오랫동안 시장을 지배하고 있던 브라운관 텔레비전은, 텔레비전이 대형화되고 고화질을 추구하면서 위기를 맞았다. 화면이 커지면 화면 가장자리 부분의 화질이 떨어지는 것이 가장 큰 문제였다. 소형 텔레비전에서는 큰 문제가 되지 않았지만 텔레비전이 대형화되자 이것이 심각한 문제로 대두되었다. 또한, 화면이 커질수록 전자총의 길이가 길어져야 했기 때문에 텔레비전의 덩치가 점점 더 커질 수밖에 없는 것도 문제였다.

대형 고화질 텔레비전을 만들고자 고심하던 가전업체들은 플라즈마를 이용하는 PDP Plasma Display Panel 텔레비전과 액체 금속을 이용하는 LCD Liquid Crystal Display 텔레비전을 거의 동시에 출시했다. 그러나 LCD 텔레비전이 화면에 잔상이 남는 문제와 높은 가격으로 주춤

하는 사이 PDP 텔레비전이 대형 고화질 시장을 주도하기 시작했다. 1993년 오리온전자가 국내 최초로 PDP 텔레비전을 출시한 이후 여러 회사에서 40인치보다 큰 대형 PDP 텔레비전을 잇달아 출시했다.

PDP 텔레비전의 원리는 형광등이 빛을 내는 원리와 비슷하다. 원자나 분자 속에는 양성자와 전자가 같은 수로 들어 있기 때문에 전기적으로 중성이다. 우리에게 익숙한 보통 기체는 전기적으로 중성인 분자들로 이루어졌다. 그러나 기체를 이루는 분자나 원자의 일부가 전하를 띠게 되면 전기를 띤 이온이 되는데, 이온을 포함하고 있는 기체가 바로 플라즈마다. 플라즈마 속 이온들은 다시 전자와 결합하여 전기를 띠지 않은 원자로 돌아갈 때 빛을 낸다. 이때 나오는 빛은 기체의 종류에 따라 파장이 다르고, 따라서 색이 다르다. 수은 기체는 청록색, 아르곤 기체는 붉은 보라색, 헬륨 기체는 붉은 노란색, 수소 기체는 붉은 장미 색깔의 빛을 낸다. 이렇게 플라즈마를 이루는 이온들이 원래의 원자 상태로 돌아가면서 빛을 내는 것을 플라즈마 방전이라고 한다.

PDP 텔레비전에서는 주로 네온^{Ne}이나 제논^{Xe} 같은 기체의 플라즈마 방전을 이용한다. 네온과 제논 이온은 가시광선보다 파장이 짧은 엑스선을 내는데, 이 엑스선이 형광 물질에 흡수되면 형광 물질이 가시광선을 내게 된다. 가정에서 사용하는 형광등이 빛을 내는 것과 같은 원리이다. PDP 텔레비전은 두 장의 얇은 유리판 사이에 여러 개의 셀을 배치하고 셀의 아래 위에 장착된 전극을 이용해 플라즈마를 만든 뒤, 이 플라즈마가 방전할 때 나오는 빛을 이용해 영상을 만든다.

PDP 텔레비전은 얇고, 큰 화면을 만들 수 있다는 장점이 있었지만 열이 많이 발생했다. 뜨거운 열을 식히기 위해 작동하는 냉각팬의 소음과 높은 전력 소비량이 PDP 텔레비전의 발목을 잡았다. 더 중요한 문제는 화질의 한계였다. 텔레비전의 화질이 좋아질수록 더 나은 화질에 대한 요구가 점점 더 커졌다. PDP 텔레비전은 이런 요구를 수용하는 데 한계가 있었다. 따라서 2005년부터 기술 개발로 고화질을 실현한 LCD 텔레비전에 시장을 넘겨주기 시작하더니, 2010년부터는 PDP가 사라지고 LCD 텔레비전이 시장을 지배하게 되었다. LCD 텔레비전은 액체와 고체의 중간 상태라고 할 수 있는 액정을 이용하여 영상을 만들어 낸다. 액정은 액체 결정의 줄임말이며, LCD는 액정 디스플레이를 나타내는 'Liquid Crystal Display'의 머리글자를 따서 만든 말이다.

LCD는 빛의 편광 현상을 이용한다. 빛은 진행 방향과 수직한 방향으로 진동하는 횡파이다. 횡파를 편광판에 통과시키면 한 방향으로만 진동하는 빛이 되는데, 이런 빛을 '편광'이라고 한다. 편광은 빛의

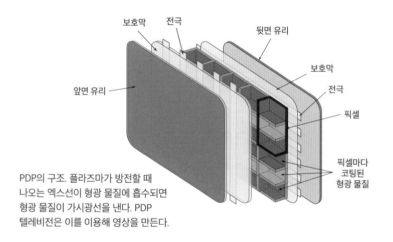

PDP의 구조. 플라즈마가 방전할 때 나오는 엑스선이 형광 물질에 흡수되면 형광 물질이 가시광선을 낸다. PDP 텔레비전은 이를 이용해 영상을 만든다.

진동 방향과 수직으로 배열되어 있는 편광판은 통과할 수 없기 때문에 두 개의 편광판을 겹쳐 놓고 하나의 편광판을 돌리면 빛이 보였다안 보였다 한다. 한 편광판을 돌리면 두 편광판 사이의 각도가 달라지기 때문이다. LCD 텔레비전의 뒤쪽에는 빛을 내는 백라이트가 있다. 백라이트에서 나온 빛은 바로 앞에 있는 편광판을 통과하면서 편광이 된다. 그리고는 액정을 통과한 뒤 마지막으로 처음 편광판과 수직으로 배열되어 있는 두 번째 편광판을 통과한다. 액정에 전기 신호가 걸려 있으면 빛이 액정을 통과하는 동안 진동 방향이 회전하게 되어 두 번째 편광판을 통과할 수 있다. 그러나 전압이 걸려 있지 않으면 첫 번째 편광판을 통과하면서 편광된 빛이 방향을 바꾸지 않고 액정을 통과하게 되어 첫 번째 편광판과 수직으로 배치된 두 번째 편광판을 통과할 수 없다. 따라서 액정과 편광판을 이용하면 전기 신호를

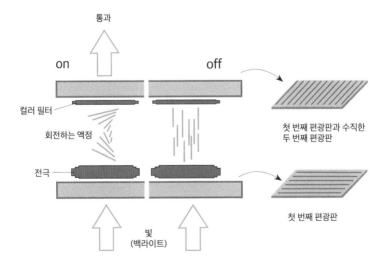

LCD의 원리. LCD는 전압이 걸렸을 때와 걸리지 않았을 때 액정 분자의 배열이 바뀌어 편광을 통과하거나 통과하지 못하는 현상을 이용한 디스플레이다.

빛의 세기로 바꿀 수 있고, 이를 이용하여 영상을 만들 수 있다.

LCD 텔레비전이 작동하기 위해서는 뒤에서 빛을 비추는 백라이트가 밝으면서도 화면 전체를 골고루 비춰 줘야 한다. 처음에는 형광등과 비슷한 발광 장치가 백라이트로 사용되었지만 2009년부터는 반도체 소자인 LED가 백라이트로 사용되기 시작했다. LCD는 선명한 영상을 얻을 수 있어 텔레비전뿐만 아니라 컴퓨터 모니터나 휴대전화의 패널로도 널리 쓰인다. 한편 휴대전화 화면과 같이 크기가 작은 영상 장치에서는 백라이트가 필요 없는 OLED 영상 장치가 사용되기 시작했는데, 이는 곧 OLED 텔레비전으로 발전했다. 2010년부터 시장에 선을 보이기 시작한 OLED 텔레비전은 LED 백라이트를 사용하는 텔레비전의 강력한 경쟁자로 부상했다.

OLED 텔레비전은 전류가 흐르면 빛을 내는 성질이 있는 유기 물질을 이용하여 영상을 만든다. 반딧불이가 빛을 내는 것은 전류가 흐르면 빛을 내는 유기물을 가지고 있기 때문이다. 과학자들은 화학적인 방법으로 여러 가지 빛을 내는 다양한 유기물을 합성해 냈다. 이런 유기물은 반도체와는 다른 물질이지만 빛을 내는 소자의 구조가 LED와 비슷하기 때문에 유기발광 다이오드OLED, Organic Light Emitting Diode라고 부른다. OLED를 이용한 디스플레이는 소자 하나하나가 직접 빛을 내기 때문에 얇으면서도 선명한 화면을 만들 수 있다.

LCD 중 백라이트를 LED로 사용하는 QLED 텔레비전과 유기발광 소자인 OLED를 이용해 영상을 만드는 OLED 텔레비전이 현재 시장에서 치열한 경쟁을 벌이고 있다. 크기나 화질뿐만 아니라 가격도 중요한 변수이기 때문에 어떤 텔레비전이 이 경쟁의 최종 승자가 될지

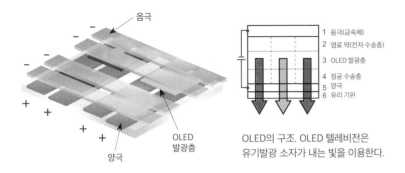

음극

－ － －
＋ ＋ ＋

양극

OLED
발광층

1 음극(금속제)
2 염료 막(전자 수송층)
3 OLED 발광층
4 정공 수송층
5 양극
6 유리 기판

OLED의 구조. OLED 텔레비전은
유기발광 소자가 내는 빛을 이용한다.

는 모른다. 하지만 적어도 두께 면에서는 OLED 텔레비전이 유리하
다. OLED를 이용한 디스플레이가 보편화되면 종이처럼 둘둘 말아서
가지고 다닐 수 있는 텔레비전이 가능해지고, 접어서 가지고 다니다
가 필요할 때 펼쳐 놓고 사용할 수 있는 컴퓨터도 가능해질 것이다.

지난 40년 동안에 있었던 텔레비전의 발전은 우리가 얼마나 숨 가
쁘게 변하는 세상을 살아가고 있는지를 잘 보여 준다. 한때 널리 사
용되었던 PDP 텔레비전이 등장했다가 사라졌다는 사실마저 기억하
지 못하는 사람들도 많다. 내가 오랫동안 사용하던 브라운관 텔레비
전을 얇은 PDP 텔레비전으로 바꾼 것은 2006년 12월이었다. 정확하
게 기억할 수는 없지만 2006년 당시 42인치 텔레비전의 가격이 300
만 원에서 400만 원 사이였다. PDP 텔레비전과 LCD 텔레비전이 함
께 전시되어 있었는데 가격은 영상이 좀 더 선명했던 LCD가 약간 더
비쌌지만 반응 속도가 느리다는 단점이 있다고 했다. 그러다가 PDP
텔레비전의 가격이 200만 원대로 떨어지자 용기를 내서 PDP 텔레비
전을 샀었다. 1년 후에는 같은 크기의 PDP 텔레비전 가격이 100만 원
대로 떨어졌다. 사용하던 PDP 텔레비전의 화면이 깨지는 고장이 나

서 LCD 텔레비전으로 바꾼 것은 2015년 12월이었다.

LCD 텔레비전의 값은 지난 몇 년 동안에 3분의 1 정도로 떨어졌다. 그러나 완전한 색감을 실현했다고 주장하는 OLED 텔레비전의 가격은 아직 백라이트를 LED로 사용하는 텔레비전보다 훨씬 비싸다. 10년 후에 우리는 어떤 텔레비전을 사용하고 있을까?

음식문화를 바꾼 냉장고

음식물을 낮은 온도로 저장하거나 냉동 보관할 수 있는 냉장고는 두 가지 면에서 우리 생활을 크게 바꿔 놓았다. 먼저, 더운 여름날에도 차가운 음식을 먹을 수 있고 시원한 음료수를 마실 수 있게 되었다. 하지만 그보다 훨씬 더 중요한 냉장고의 기능은 식품을 상하지 않게 오래 보관하는 일이다. 신선한 음식물을 섭취하는 것은 건강을 위해 매우 중요하다. 냉장고가 널리 사용되기 시작하면서 상한 식품 섭취로 인한 질병이 대폭 감소했고, 음식물의 장기간 보관과 장거리 유통이 가능하게 되었다. 20세기에 인류의 평균 수명이 크게 늘어난 데에는 냉장고의 보급이 중요한 역할을 했다.

냉장고의 역사는 매우 오래되었다. 겨울에 강에서 채취한 얼음을 땅을 깊이 파서 만든 빙고에 저장했다가 사용할 수 있게 한 것이 냉장고의 시초라고 할 수 있다. 1834년에는 미국의 발명가 제이컵 퍼킨스 Jacob Perkins, 1766~1849가 공기를 압축했다가 급하게 팽창시킬 때 온도가 내려가는 원리를 이용하여 냉장고를 개발하고 처음으로 인공 얼음을 만드는 데 성공했다. 1862년에는 스코틀랜드 출신인 인쇄공 제임스

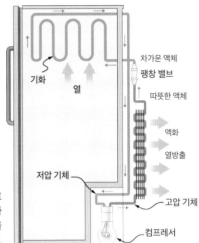

기화
열

차가운 액체
팽창 밸브
따뜻한 액체
액화
열방출

저압 기체
고압 기체

냉장고에서는 컴프레서로
고압 압축시킨 냉매가
기화하면서 내부의 열을
빼앗아 밖으로 내보낸다.

컴프레서

해리슨James Harrison, 1816~1893이 공기 대신 에테르를 냉매로 사용하는
냉장고를 만들었다.

냉장고의 원리는 간단하다. 알코올을 피부에 바르면 피부가 시원
해지는데, 이는 알코올이 증발할 때 주위의 열을 빼앗아 가기 때문이
다. 만약 증발한 알코올을 다시 모아 기계적인 방법으로 압력을 가해
액체로 만든 다음 또 다시 증발시키는 일을 반복한다면 어떻게 될까?
냉장고가 하는 일이 바로 이런 것이다. 냉장고는 대기압에서 쉽게 증
발하는 냉매를 증발시키고, 증발된 냉매를 전기에너지를 이용해 다
시 응축하는 과정을 반복해 냉장고 안의 온도를 낮춘다.

가정용 냉장고는 1911년에 개발되어 1915년부터 판매되었다. 초기
에는 연간 수십 대 정도를 생산하는 데 그쳤으나 1920년대에 프레온
을 냉매로 사용하는 냉장고가 등장하면서 대량 생산이 시작되었다.

그러나 냉매 누출의 문제와 비싼 가격으로 인해 많은 소비자를 확보하지는 못했다. 1925년에 미국의 제너럴 일렉트릭사가 이러한 문제점을 개선한 전기 압축식 냉장고를 개발해 보급하면서 냉장고가 대중화되기 시작했고, 제2차 세계대전 이후 전 세계로 확산되어 필수 가전제품으로 자리 잡았다.

냉장고의 확산은 일상생활에 큰 변화를 가져왔다. 음식물을 오래 보존하기 위해 소금에 절여 먹던 식품의 소비는 줄고 신선한 채소와 육류의 소비는 늘어났다. 세탁기와 함께 냉장고의 사용은 주부들의 가사 노동을 많이 줄여 삶의 질을 향상시키고, 가사 노동에 매여 있던 고급 인력을 생산 현장에 돌려보낼 수 있었다. 냉장고에 식료품을 보관하게 되면서 대형 마트에서 대량 구매하는 일이 많아지자 동네마다 있던 작은 구멍가게들의 매출이 감소한 것도 냉장고의 보급으로 일어난 사회적 변화 중 하나이다.

우리나라에서 냉장고를 처음 출시한 것은 1965년 금성사였다. 금성사가 출시한 '눈표 냉장고 GR-120'의 가격은 8만 6000원으로 대졸 초임 월급의 8배에 해당하는 비싼 가격이었다. 그러나 이것도 '외제' 냉장고에 비하면 저렴한 가격이었다. 1980년을 전후로 대한전선과 삼성전자도 냉장고를 생산하기 시작해 세 회사가 뜨거운 기술 경쟁을 벌였다. 그 결과 1965년도에는 1퍼센트도 안 되던 냉장고 보급률이 1986년에는 95퍼센트로 높아졌다. 냉장고를 비롯해서 2000년대 이전에 생산된 가전제품의 색깔이 대부분 흰색이었기 때문에 이들을 백색가전이라고 불렀다. 오랫동안 냉장고는 대표적인 백색가전이었지만 2000년 이후에는 다양한 외관과 색깔의 냉장고가 출시되

1979년 대한전선
냉장고 생산 공장.

어 백색가전이라는 말이 무색해졌다.

국산 냉장고가 외국으로 수출되기 시작한 것은 1981년부터였다. 2000년대에는 치열한 기술 경쟁을 통해 비약적으로 발전한 우리나라 냉장고가 전 세계 대부분의 국가에서 판매되었다. 2011년도에는 미국에서만 308만 대의 국산 냉장고가 판매되었다. 특히 양문형 냉장고 분야에서 시장 점유율이 높아 6년 연속 세계 시장 점유율 30퍼센트 이상을 차지했다.

우리나라 고유 식품인 김치를 오랫동안 맛있게 보관할 수 있는 김치냉장고도 개발되었다. 김치냉장고는 1984년에 대우전자와 금성사에서 처음으로 생산했다. 그러나 최초로 판매된 김치냉장고는 사람들의 관심을 끌지 못해 많이 판매되지 못한 채 생산이 중단되었다. 김치냉장고를 지금처럼 널리 확산시킨 제품은 1995년에 대유위니아에서 생산한 '딤채'였다. 최근에는 김치 외에 다른 음식물도 저장할 수 있도록 설계한 스탠드형 김치냉장고도 판매되고 있다. 요즘은 많은 가정이 냉장고와 김치냉장고를 따로 갖추고 있으며, 여기에 냉동고까지 별도로 가지고 있는 집들도 늘어나고 있다.

기업에서는 냉매를 사용하지 않고 반도체나 작은 자석을 이용하는 냉장고를 개발하기 위한 연구가 진행 중이다. 작은 자석들이 잘 정렬되어 있는 상태는 자석들이 흩어져 있는 상태보다 에너지가 낮다. 따라서 잘 정렬되어 있던 자석이 흩어질 때는 주변에서 에너지를 흡수하게 된다. 이런 원리를 이용하는 냉장고는 기계적으로 작동하는 부분이 없어 소음이 적고 고장이 잘 나지 않을 것으로 기대된다. 그러나 아직은 냉각 효율이 낮아 실용화되지 못하고 있다.

내가 대학에 다니던 1970년대는 우리나라에 냉장고가 막 보급되기 시작하던 시기였다. 나는 그때 자취를 하고 있었는데 자취방이 워낙 작았던 데다 아직 냉장고가 널리 보급되기 전이라, 냉장고가 내 자취방까지 오지는 못했다. 내가 냉장고를 처음 사용한 것은 1981년 미국에 갔을 때였다. 냉장고를 아파트에서 기본으로 제공했기 때문인데, 일단 냉장고를 사용하기 시작한 뒤로는 냉장고 없이 산다는 것은 생각할 수 없는 일이 되었다. 지금은 집에 냉장고와 김치냉장고를 하나씩 가지고 있고, 농막에도 냉장고와 김치냉장고가 하나씩 있다.

가사 노동을 크게 줄인 세탁기

가사일 중에 가장 힘들고 시간이 많이 드는 일이 빨래다. 따라서 세탁기의 발명은 많은 사람을 가사 노동으로부터 해방시켜 준 중요한 기술적 발전이었다. 일부 분석가들은 세탁기의 발명이 인터넷의 발명보다 인류 문명에 더 큰 영향을 주었다고 평가하기도 한다. 세탁기의 발명으로 여성이 가사 노동으로부터 해방되면서 사회 구조가 크게 변했다는 것이다.

처음 만들어진 세탁기는 손으로 손잡이를 돌리거나, 발로 발판을 밟아 작동하는 수동식 세탁기였다. 요즘도 친환경이라는 이유로 이런 세탁기들이 만들어지고는 있지만 많은 사람이 사용하지는 않는다. 19세기에 증기기관이 발달한 후에는 증기기관으로 작동하는 세탁기가 만들어지기도 했다. 그러나 진동과 소음이 컸던 증기기관 세탁기는 사람들에게 환영받지 못했다.

1908년에 전기로 작동하는 세탁기를 처음 만든 사람은 미국의 발명가 앨바 피셔Alva Fisher, 1862~1947다. 1911년에는 미국 월풀사가 자동 세탁기를 처음 선보였다. 캐나다의 비티 브라더스사는 금속 보호

1930년대 세탁기. 미국 루즈벨트 대통령 기록 박물관 소장 사진.

1950년대 중반 핀란드 로젠류(Rosenlew)사 제조 세탁기. 핀란드 국립박물관 소장.

틀을 씌운 모터로 빨랫감을 휘저어 세탁하는 봉 세탁기를 개발했다. 1930년대에는 세탁 시간을 조절하는 타이머가 부착된 세탁기가 출시되었고, 1950년대에는 탈수 기능이 추가된 세탁기가 생산되었다.

세탁기는 크게 일반 세탁기와 드럼식 세탁기로 나눌 수 있다. 입구가 위쪽에 있는 일반 세탁기는 다시 와류식 세탁기와 봉 세탁기로 나뉜다. 와류식 세탁기는 세탁기 아래쪽에 있는 날개 판이 회전하면서 만드는 물의 흐름을 이용하여 세탁한다. 봉 세탁기는 큰 봉이 휘저으면서 만들어 내는 물살로 세탁을 한다. 일반 세탁기는 세척력은 우수하지만 옷감이 손상될 수 있고 물을 많이 사용하는 편이다. 반면, 드럼 세탁기는 드럼이 회전함에 따라 발생하는 낙차로 세탁을 하기 때문에 옷감 손상이 적고 물과 세제 사용량이 적다. 대신 세척력은 일반 세탁기에 비해 떨어진다. 최근에 드럼 세탁기가 많이 보급되면서 드럼 세탁기가 더 좋은 세탁기라고 생각하는 사람들이 있지만, 사실은 둘 다 장단점이 있어서 필요에 맞게 선택해 사용하는 것이 좋다.

우리나라에서 세탁기를 처음 생산한 것은 1969년 금성사였다. 처음으로 세탁기 100만 대 생산 기록과 1000만 대 생산 기록을 달성한 것도 LG전자였다. 삼성전자는 1974년부터 세탁기 생산을 시작했고, 1975년에는 대한전선이, 1980년대에는 대우전자도 세탁기 사업에 뛰어들었다. 1980년대 후반 경제가 고도로 성장하고 여성의 사회 진출이 활발해지자 세탁기 산업은 크게 성장했다. 1990년대 들어서는 공기방울세탁기, 통돌이세탁기와 같은 혁신적인 제품이 많이 출시되었다. 세탁기의 외형보다는 성능에 중점을 두고 새로운 제품을 개발하던 1990년대와는 달리 2000년대에는 외형에도 관심을 가지기 시작

1985년 삼성전자
컬러텔레비전

1959년 금성사가 만든
국내 최초의 라디오

1970년대 초 금성사의 리모컨 없는
로터리식 흑백텔레비전

1980년대 금성사 전자레인지

1965년 금성사에서 생산한
국내 최초의 냉장고

1970년대 대한전선
무지개 세탁기

하면서 백색가전의 전통 이미지에서 벗어나 다양한 색상의 세탁기가 출시되었다. 2002년에는 LG전자와 삼성전자가 우리나라 최초로 드럼 세탁기를 출시했다. 현재 세계 세탁기 시장에서는 삼성전자와 LG전자가 치열한 선두 경쟁을 벌이고 있다.

내가 세탁기를 처음 산 것은 유학 생활을 마치고 귀국하여 새로 살림살이를 장만하던 1985년이었다. 유학 생활을 할 때는 아파트마다 공용으로 사용하는 세탁실이 있어서 따로 집에 세탁기를 구입할 필요가 없었다. 얼마 전 딸이 건조기를 사서 사용해 보라고 권했다. 사용해 보면 건조기만큼 편리한 것이 없다는 생각을 하게 될 것이라고 했다. 그러나 그 말을 들으면서도 건조기를 살 생각을 하지 않고 있다. 가끔씩 세상이 너무 편리해져 가는 게 아닌가 하는 생각을 하고 있던 차였기 때문이다. 하루가 다르게 변하는 세상을 보면서 이제 나는 이 정도에 머물러도 좋지 않을까 하는 생각이 들기도 한다.

여름을 즐길 수 있게 한 에어컨

사치품으로 취급되던 것이 그리 오래전의 일이 아닌 듯한데 에어컨이 어느 사이에 생활필수품이 되었다. 생활수준이 높아진 탓이기도 하겠지만 견뎌 내기 어려울 정도로 무더워진 여름 날씨와 아파트라는 밀폐형 생활환경 때문이기도 할 것이다. 어쨌든 이제는 에어컨 없이 여름을 난다는 것은 생각할 수 없는 일이 되어 버렸다.

대류 현상을 이용하여 실내를 쾌적한 상태로 유지하려는 노력은 고대부터 있어 왔지만 전기로 작동하는 에어컨이 처음 만들어진 것은 20세기 초였다. 1902년 7월 미국의 제철소에서 근무하던 윌리스 캐리어Willis H. Carrier, 1876~1950는 최초로 전기 에어컨을 발명하고, 1915년 에어컨을 생산하는 캐리어 주식회사를 설립했다. 캐리어가 생산한 에어컨이 널리 사용되면서 여름은 더 이상 예전의 여름과 같지 않게 되었다.

에어컨이 사용되기 전에는 극장의 성수기가 겨울이었지만, 에어컨이 설치되면서 극장은 계절에 영향을 받지 않는 업종이 되었다. 식당이나 호텔 등에도 에어컨이 설치되면서 여름은 오락과 소비의 계절로 탈바꿈했다. 회사나 생산 현장에도 에어컨이 설치되면서 여름철 업무 능률과 생산 활동이 크게 향상되었다. 이전에는 사람들이 살기 어려웠던 무더운 지역이나 사막 지역에 대도시가 건설될 수 있었던 것도 에어컨 덕분이다. 특히 고온다습한 기후의 동남아시아나 아프리카 그리고 남아메리카의 열대 지방은 에어컨이 없었다면 지금과 같은 대도시 건설이 불가능했을 것이다. 에어컨은 쾌적한 생활환경을 제공해 전염병 발생을 크게 줄이기도 했다.

에어컨의 작동 원리는 냉장고의 작동 원리와 기본적으로 같다. 다만 냉장고는 냉장고 안의 좁은 공간을 낮은 온도 상태로 유지하므로, 밖으로 방출하는 열의 양이 많지 않아 실외로 열을 배출하기 위한 장치가 따로 필요하지 않다. 그러나 에어컨은 주택 전체, 때로는 건물 전체의 온도를 낮은 상태로 유지하기 때문에 방출하는 열의 양이 많아 외부로 열을 방출하는 실외기를 설치해야 한다. 에어컨은 냉장고와 마찬가지로 끓는점이 낮고 기화열이 큰 냉매를 압축하여 액체로 만든 다음 이 액체가 기화될 때 주변의 열을 흡수하는 원리를 이용한다. 실내에서 사용하는 냉장고와 달리, 에어컨은 외부에 실외기를 설치하기 때문에 한겨울에도 얼지 않도록 어는점이 낮은 냉매를 써야 한다. 냉매로는 오랫동안 프레온(염화불화탄소CFC) 가스가 쓰이다가 오존층을 파괴한다는 사실이 알려지면서 한동안 수소염화불화탄소 HCFC가 사용되었다. 하지만 이 역시 환경 문제 때문에 다른 물질로 대체될 예정이다. 이처럼 냉매를 정할 때는 어떤 제품에 쓰일지는 물론이고 환경에 끼치는 영향까지도 고려해야 한다.

에어컨은 모양과 구조에 따라 몇 가지 유형으로 분류할 수 있다. 가장 먼저 개발되어 보급된 창문형 에어컨은 냉장고를 창문에 설치하고 열을 실외로 배출시킨 것이라고 생각하면 된다. 실외기가 따로 필요없어서 설치가 간단하고, 고장이 잘 나지 않으며, 가격이 저렴했다. 냉매는 단단히 밀봉되어 있으므로 다시 충전할 필요가 없었다. 그러나 에어컨에 내장되어 있는 컴프레서compressor(기체 압축 장치)로 인해 소음이 크다는 단점이 있었다. 요즘 가정에서 널리 사용되고 있는 스탠드형 에어컨은 원래 중소 규모 점포나 소형 강의실에 사용하기 위해 개발된 것이다. 스탠드형 에어컨은 송풍기와 실외기가 분리되어 있어 내부 구조가 단순하고, 물청소 등 유지 관리가 용이하지만, 실외기가 멀리 떨어져 있으면 냉방 효율이 떨어진다.

작은 사무실이나 방에서 주로 사용하는 벽걸이 에어컨은 창문형 에어컨과 스탠드형 에어컨의 장점을 모아 만든 에어컨이다. 벽걸이 에어컨은 실외기를 건물 외부에 떼어 놓을 수 있어 좁은 공간에 설치할 수 있고, 소음도 거의 나지 않는다. 실외기 하나에 두 개 이상의 실내기를 연결해서 사용할 수 있는 에어컨은 멀티형 에어컨이라고 부른다. 스탠드형 에어컨 실외기에 벽걸이형 에어컨을 하나 더 달아 스탠드형 에어컨을 돌리면서 벽걸이 에어컨까지 작동시키자는 것이 멀티형 에어컨의 개발 동기이다. 천장에 설치되는 천장형 에어컨은 사무실이나 교실 등에서 주로 사용된다. 최근에 지어지는 아파트는 거실과 각 방에 천장형 에어컨을 옵션으로 제공하기도 한다. 천장형 에어컨은 실내 공간 활용성이 높으며, 냉풍이 실내에 넓게 골고루 확산될 수 있다는 장점이 있다.

우리나라에서 에어컨이 최초로 설치된 곳은 경주에 있는 석굴암이다. 일제 강점기 동안에 석굴암을 해체했다가 복원하는 과정에서 시멘트를 사용하였는데 이로 인해 통풍이 되지 않자 결로 현상이 발생해 석굴암 내부가 훼손되기 시작했다. 여러 번에 걸친 복원 작업에도 문제가 해결되지 않아 1960년내에 에어컨을 수입하여 설치하게 되었다. 1970년대부터는 국내에서도 에어컨을 생산하기 시작했다. 그러나 1970년대와 1980년대에는 에어컨이 워낙 비쌌을 뿐만 아니라 전기료 부담도 커서 부유층이나 사용할 수 있는 사치품으로 인식되었다. 에어컨이 일반 가정에 널리 보급되기 시작한 건 1990년대부터였고, 2000년대에는 가정의 필수품이 되었다. 최근의 세계 시장 점유율을 보면 일본과 중국이 1위와 2위를 다투고 있다. 우리나라의 세계 시장 점유율은 다른 가전제품에 비해 낮아 LG전자가 4퍼센트 정도이고, 삼성전자는 그 이하이다. 그러나 국내에서는 LG전자와 삼성전자를 비롯한 국산 에어컨이 시장을 지배하고 있다.

내가 대학을 다니던 1970년대에는 집에는 물론 학교에도 에어컨이 없었지만 은행에는 에어컨이 설치되어 있었다. 서민들이 에어컨의 찬바람을 쐴 수 있는 곳은 은행뿐이었다. 처음 미국에 가서 가장 놀란 것은 모든 건물 전체에 에어컨이 설치되어 있는 것이었다. 그래서 학교만 가면 여름에도 더위를 전혀 느낄 수 없었다. 에어컨을 사용하면 전기 요금이 많이 나온다고 알고 있던 나로서는 건물 전체를 냉방하면 전기 요금이 얼마나 많이 나올까 하는 걱정을 하기도 했고, 이렇게 에너지를 낭비하니 환경 파괴 문제가 생길 수밖에 없는 것 아니냐는 걱정을 하기도 했다.

미국에서도 우리가 살던 대학원생 아파트에는 에어컨이 설치되어 있지 않았다. 에어컨을 달고 싶으면 관리실에 신고를 하고 직접 사서 단 다음 매달 10달러 정도의 전기 요금을 따로 내야 했다. 나는 처음 2년은 에어컨 없이 지냈지만 학교에서 에어컨에 익숙해지자 에어컨 없이 지내는 것이 어려워졌다. 그래서 중고품 파는 곳을 찾아다니며 중고 창문형 에어컨을 사서 달았다. 작은 아파트여서 창문형 에어컨으로도 충분했지만 시끄러운 소음 때문에 잘 때는 끄고 자야 했다.

국내에 돌아온 후에는 학교에서도 집에서도 다시 에어컨이 없는 생활로 돌아갔다. 1986년 말부터 타고 다니던 르망 자동차에도 에어컨이 없었다. 내 한 달 월급과 맞먹는 거금 120만 원을 들여 집에 에어컨을 설치한 것은 1992년 6월이었다. 그러나 학교 연구실에 에어컨이 설치된 것은 정년퇴직을 불과 몇 년 남겨 두고 있던 2010년쯤이었다. 지금은 집이나 농막에 에어컨을 설치해 놓고 있지만 아직도 아주 더울 때를 제외하고는 에어컨을 잘 켜지 않는다. 에어컨의 찬바람이 그다지 좋게 느껴지지 않기 때문이기도 하지만, 에어컨은 전기를 잡아먹는 하마라는 생각이 남아 있어서이기도 하다.

식생활을 변화시킨 전자레인지

다른 가전제품에 비해 가격이 저렴해 중요한 가전제품 목록에서 제외되는 경우가 많지만 어느새 우리 가정의 필수품으로 자리 잡은 전자 제품이 전자레인지이다. 전자레인지는 초단파를 이용해 음식물 안에 들어 있는 물 분자를 빠르게 진동시켜 음식물을 가열한다. 수소 원자 두 개와 산소 원자 한 개로 이루어진 물 분자는 비대칭 구조로 인해 극성을 띠고 있다. 앞서 설명했듯, 전하가 분자 내에 골고루 퍼져 있지 않고 한쪽에는 양전하가 더 많이 모여 있고 반대쪽에는 음전하가 더 많이 모여 있는 것을 극성을 띠고 있다고 한다.

극성을 띤 분자는 전기장 안에서 일정한 방향으로 배열하려고 한다. 따라서 방향이 계속적으로 변하는 전자기파를 쪼여 주면 빠르게 진동하게 된다. 물 분자는 2.45기가헤르츠나 915메가헤르츠 부근의 마이크로파를 쪼여 줄 때 크게 진동한다. 전자레인지는 초단파를 이용하여 물 분자를 진동시켜 가열하기 때문에 수분이 있는 물체라야 빨리 가열된다. 전자레인지를 이용하여 건조한 식품을 가열할 때 물

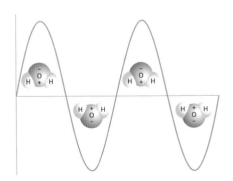

물 분자는 극성을 띤
분자여서 마이크로파에
따라 진동한다.

을 조금 뿌려 주면 빨리 가열되는 것은 이 때문이다. 전자레인지로 가열하는 동안에는 수분이 증발하기 때문에 건조해지면 맛이나 식감이 변하는 음식물을 가열할 때도 적당량의 수분을 첨가하는 것이 좋다.

전자레인지는 물 분자를 진동시켜 가열하지만, 전자레인지로 물을 끓이는 것은 좋은 방법이 아니다. 물은 100℃에서 끓지만 마이크로파로 가열하는 경우 100℃가 넘어도 끓지 않는 경우가 있다. 이렇게 과가열된 물에 약간의 충격이 가해지면 한꺼번에 기화되면서 폭발이 일어날 수 있다. 그러나 여러 가지 식재료가 포함된 국과 같은 경우에는 식재료들이 기화의 촉매 역할을 하여 과열을 방지하므로 폭발을 염려하지 않아도 된다.

전자레인지는 미국의 군수 산업체인 레이시온사의 연구원이었던 퍼시 스펜서Percy Spencer, 1894~1970가 1945년에 발명했다. 어려서 부모가 세상을 떠나 정규 교육을 받을 수 없었던 스펜서는 독학으로 전기와 무선통신을 공부했고, 18살에 해군에 입대한 후에는 레이더 관련 업무에 종사했다. 해군에 근무하는 동안 독학으로 수학, 화학, 물리학, 금속공학 등을 공부한 스펜서는 해군을 제대하고 레이시온사에 근무하면서 레이더 관련 기술을 연구했다.

스펜서는 레이더에 사용하는 마이크로파 발생장치인 마그네트론을 이용해 여러 가지 실험을 했는데, 실험할 때마다 주머니 속에 넣어 둔 초콜릿이 녹아 있는 것을 발견했다. 100개가 넘는 특허를 받을 정도로 발명에 특별한 감각이 있던 스펜서는 초콜릿이 녹은 것이 자신이 실험 중이던 마이크로파 때문이라는 것을 알아차렸다. 그는 이것을 확인하기 위해 마그네트론 위에 옥수수와 계란을 올려놓고 출력

을 높여 보았다. 그러자 옥수수는 곧 팝콘이 되었고 계란은 터져 버렸
다. 스펜서는 실험을 계속하여 마이크로파를 이용해 음식물을 가열
하는 기술을 개발했고, 레이시온사는 1945년 10월에 레이더레인지
Radarange라는 이름으로 이에 대한 특허를 받았다. 레이시온사가 1947
년에 처음으로 제작하여 판매한 전자레인지는 높이가 180센티미터
에 무게가 340킬로그램이나 되었으며 출력은 3000와트W였다. 마그
네트론을 냉각시키기 위한 냉각장치도 달려 있던 레이더레인지의 가
격은 5000달러나 해 대형 음식점에서만 사용했다. 스펜서는 전자레
인지를 발명한 공로로 2달러의 성과급밖에 받지 못했지만, 후에 레이
시온의 이사 겸 부사장으로 승진했다.

1950년대에 가격이 저렴한 가정용 전자레인지가 개발되었고,
1960년대에는 크기도 현재의 전자레인지 정도로 작아졌다. 1967년

1947년 레이시온사가
최초로 개발한 전자레인지인
레이더레인지.

에 레이시온의 특허권이 만료되자 여러 나라에서 전자레인지를 생산하기 시작했다. 이후 전자레인지는 빠르게 보급되어 필수 가전제품으로 자리 잡게 되었다. 1970년대 초반부터 전자레인지에 대한 연구를 시작한 우리나라에서는 1978년에 삼성전자에서 처음으로 전자레인지를 생산했다. 하지만 전자레인지의 가격이 39만 4000원으로 근로자의 평균 월급보다 비쌌기 때문에 널리 보급되지 못했다. 그래서 초기에 전자레인지를 생산한 삼성전자나 금성사는 수출에 주력했다. 가격이 저렴한 전자레인지가 개발되어 대부분의 가정에서 쓰이게 된 것은 1990년대부터였다.

전자레인지를 이용할 때 특히 주의해야 할 것은 금속 용기를 사용하면 안 된다는 것이다. 전자기파는 금속을 통과할 수 없어 금속 용기 안에 들어 있는 음식물이 데워지지 않을 뿐만 아니라 마이크로파가 금속에 유도 전류를 발생시켜 불꽃이 생길 수 있기 때문이다. 따라서 알루미늄 호일에 싼 음식물이나 금속이 포함된 음식물도 전자레인지로 가열하면 안 된다. 그리고 밀폐된 용기에 든 음식물을 가열하면 용기보다 안에 든 음식물이 더 빨리 가열되면서 부피가 팽창해 폭발할 위험성이 있다. 껍질을 깨지 않은 계란이나 단단한 껍질을 가진 열매를 전자레인지로 가열해도 폭발할 수 있다.

우리나라에서 판매되고 있는 가정용 전자레인지의 출력은 대부분 700와트이고, 상업용 전자레인지의 출력은 1000와트이다. 그러나 다른 나라에서 생산된 제품 중에는 이와는 다른 출력을 가진 제품들도 있다. 즉석 요리 포장지에는 조리 시간이 표시되어 있는 경우가 많은데, 대개 700와트를 기준으로 한 것이다. 따라서 출력이 다른 제품을 사용할 때는 출력에 따라 조리 시간을 증감해야 한다. 최근에는 출력을 조절할 수 있는 전자레인지도 판매되고 있다.

내가 전자레인지를 처음 사용한 것은 1990년대 중반쯤이었다. 불과 몇 초 만에 음식물을 뚝딱 데워 내는 전자레인지를 처음 보았을 때의 놀라움은 잊을 수 없다. 오랫동안 여러 가지 제품의 물리적 원리를 설명하는 것이 나의 직업이었다. 그러나 원리를 알고 설명하면서도 그것이 실제로 작동하는 것을 신기하게 생각한 것이 몇 가지 있다. 그 중 하나는 수백 명의 사람을 태운 비행기가 공기의 양력으로 하늘을 날아간다는 것이고, 다른 하나는 화성에 가 있는 로버를 지구에서 전자기파로 조종할 수 있다는 것이다. 나에게는 전자레인지 역시 그와 비슷한 놀라움을 주었다. 이제는 우리에게 익숙한 전자 제품이 되었지만, 아직도 전자레인지를 사용할 때마다 처음 썼을 때의 놀라움이 생각난다. 하지만 전자레인지로 인해 우리 집 냉장고 냉동실에는 더 많은 냉동식품이 쌓이게 되었다.

―――――――

집적회로가 발전하면서 작고 값이 싸면서도 다양한 기능을 가진 컴퓨터 칩이 개발되었다. 이에 따라 가정용 전자 제품도 컴퓨터 칩과 각종 센서를 장착한 똑똑한 기기로 진화했다. 이런 가전제품은 센서를 이용해 주변 상황을 감지하고, 감지한 결과를 바탕으로 작동을 시작하거나 중지한다. 가전제품도 인공지능을 갖추기 시작한 것이다. 가전제품의 진화는 앞으로도 계속될 것이다.

그러려면 주변을 감지하는 센서와 센서가 받아들인 자료를 저장하는 정보 저장 장치의 발전이 필수적이다. 이미 많은 전자 장비들이 인간의 감각기관과 비슷한 기능을 하는 많은 센서를 장착하고 있으며, 다량의 정보를 저장할 수 있는 정보 저장 장치를 갖추고 있다. 하지만 앞으로 전개될 인공지능 시대에는 각종 센서와 정보 저장 장치가 더욱 발전할 것이다. 다음 장에서는 이에 대해 살펴보자.

11

센 서 와 정 보 저 장

기 술 의 발 전

과학사에 빠지다

대학에서 첫 학기부터 강의한 과목 중에는 일반 학생을 대상으로
한 〈자연과학 개론〉이라는 교양과목이 있었다. 기존에는 물리·화학·
생물학 교수가 세 부분으로 나누어 분담해 가르치던 과목이었다.
첫 해에는 이전과 똑같이 우리도 세 명의 교수가 각자 맡은 분야를
돌아가며 강의했다. 그러나 다음 해부터는 나 혼자 과학의 역사를
위주로 강의하기 시작했다. 내가 그렇게 할 수 있었던 것은 대학에
다닐 때부터 과학사 공부를 꾸준히 해 온 덕분이었다.

과학사에 관심을 가지게 된 것은 대학 3학년 때 과학사 강의를
수강하면서부터였다. 연일 계속되던 반정부 시위로 휴교를 자주
하던 시절이어서 진도는 얼마 나가지 못하고 끝났지만 과학사
수업은 내가 대학에서 들은 강의 중 가장 인상적이었다. 과학사
강의를 들으면서 나는 이론이 성립하는 과정을 알지 못하면
그 이론의 의미를 충분히 이해할 수 없을 뿐만 아니라 이론을
바탕으로 창의적인 발상을 하기도 어렵다는 생각을 하게 되었다.
우리 상식으로는 이해하기 어려운 상대성이론이나 양자역학을

인터넷의 매력에 빠진 나는 1990년대 중반에 학과에 있던

소형 컴퓨터를 서버로 하여 홈페이지를 개설했다.

사진은 당시 저자가 개설한 홈페이지 메인 화면.

공부하면서 더욱더 그런 생각을 했다.

그 후 나는 시간이 나는 대로 과학사 관련 자료를 수집하고 정리했다. 따라서 〈자연과학 개론〉 강의를 시작할 때는 이미 많은 자료가 축적되어 있었다. 그러나 본격적인 과학사 공부는 이 강의를 하면서 시작되었다. 과학사 공부는 하면 할수록 사람을 끌어당기는 매력이 있었다. 다른 분야를 공부하다가도 결국은 다시 과학사로 돌아왔다. 처음 대학 입시에서도 역사학과를 지망했던 것을 보면 역사 공부가 내 적성에 맞는 모양이다. 긴 우회로를 돌아 결국은 역사를 공부하게 되었으니 말이다.

과학사 공부를 시작하고 얼마 안 되어 과학의 역사를 정리한 얇은 책을 출판했다. 그 책이 출판되고 얼마 후, 국어 연구소에 근무한다는 사람에게서 전화를 받았다. 책의 내용 중 열 쪽 정도를 중학교 3학년 국정 국어 교과서에 싣고 싶다는 것이었다. 국어책에는 문학작품들이 주로 실리지만 과학적 사실을 설명하는 글도 싣는다고 했다. 그 사람과는 글을 교정하는 문제로 몇 번 통화를 했을 뿐 직접 만난 적이 없어서 내 글이 어떤 경로로 국어 교과서에 실리게 되었는지에 대해서는 들을 기회가 없었다.

국어 교과서에 글이 실리자 몇몇 출판사에서 같이 과학책을 만들어 보자는 제안이 들어왔다. 나는 과학사와 관련된 내용이면 출판사의 제안을 대부분 거절하지 않았다. 그래서 어린이를 위한 책부터 어른을 위한 책까지 다양한 과학책을 쓰게 되었다. 내게 과학책을 쓰는 일은 과학사를 공부하는 일이었다. 자료를 정리하고 글을 쓰고 다시 자료를 보완하는 일을 계속했다. 나의 관심은

물리학의 역사에서 천문학, 화학, 생물학, 지구과학의 역사로
넓어졌다.

책을 몇 권 출판했을 무렵 한 출판사에서 번역을 의뢰했다.
과학사 관련 책이었다. 책을 번역하는 것은 그 책을 가장 확실하게
읽는 방법이었다. 그 책을 시작으로 지금까지 약 40권 정도의
과학책을 번역했다. 번역할 책을 선정하는 것은 출판사였다.
출판사에서는 외국에서 잘 팔리는 책들을 선정해서 번역을
의뢰했고, 나는 책을 번역하면서 새로운 책을 읽는 재미를 충분히
즐길 수 있었다.

처음 책을 쓸 때는 대부분의 자료를 책에서 구했다. 따라서 수십
권으로 이루어진 백과사전을 구입하기도 했고, 도서관을 수시로
들락거리면서 필요한 책을 찾아보기도 했다. 그러나 인터넷이
등장하면서 그런 수고가 많이 줄었다. 인터넷의 매력에 빠진
나는 1990년대 중반에 학과에 있던 소형 컴퓨터를 서버로 하여
홈페이지를 개설했다. 지금이야 인터넷에 올릴 문서를 만들어 주는
여러 가지 프로그램이 있어 손쉽게 인터넷 문서를 만들 수 있고 그런
문서를 올릴 수 있는 포털 사이트가 많이 있지만, 그때는 일일이
html 태그를 붙여 가면서 인터넷 문서를 작성해서 직접 관리하는
서버에 올려야 했다.

처음에는 강의와 관련된 내용을 올렸다. 그러나 강의와 관련된
내용만으로는 매일매일 새로운 내용을 올릴 수 없었다. 그래서
미국 항공우주국(NASA) 홈페이지에 매일 올라오는 '오늘의 천체
사진'을 번역해 올리기 시작했다. 몇몇 학생들과 함께 여러 해

동안 홈페이지를 운영하면서 수천 장의 천체 사진을 해설과 함께 올렸다. 그러나 인터넷이 널리 사용되면서 각종 컴퓨터 바이러스가 유행하기 시작했고, 보안에 취약한 작은 컴퓨터를 서버로 사용하는 데 문제가 생겼다. 또한 포털 사이트가 여러 개 생겨 손쉽게 홈페이지를 만들 수 있게 되면서 학과에 있던 서버를 폐쇄하고, 홈페이지도 없애 버렸다.

홈페이지에 매일 새로운 천체 사진과 해설을 올리는 일을 몇 년 동안 하면서 많은 자료가 쌓이자 이 정보를 이용할 새로운 아이디어가 떠올랐다. 홈페이지를 작성하던 방법을 이용하여 하늘 사진의 특정한 부분을 클릭하면 망원경으로 그 부분을 찍은 사진이 나타나는 프로그램을 만들기로 했다. 각 계절에 나타나는 별자리들을 보여 주고 별자리마다 표시된 부분을 클릭하면 그 자리에서 발견할 수 있는 천체 사진을 보여 주는 것이었다. 예를 들면 황소자리에서 M1이라고 표시된 부분을 클릭하면 게성운을 찍은 여러 장의 사진과 설명이 뜨게 하는 것이다. 지금은 이런 프로그램을 얼마든지 찾아볼 수 있지만 html 문서가 처음 등장하기 시작하던 1990년대 중반에는 새로운 시도였다. 나는 동료 교수와 함께 html 문서가 담긴 CD를 부록으로 제공하는 책을 만들었다.

홈페이지를 개설해서 천체 사진을 올리고 사진과 별자리를 연결시킨 프로그램을 만들면서 컴퓨터와 정보 저장 장치의 발전 과정을 직접 체험할 수 있었다.

전자 제품의 감각기관 역할을 하는 센서

인간은 감각기관을 통해 외부 세상에서 오는 신호를 받아들이고, 뇌는 받아들인 신호를 처리하여 정보로 만들어 저장한다. 그러나 우리의 감각기관은 외부에서 오는 신호의 일부만을 감지할 수 있어서 세상을 이해하는 데 한계가 있다. 지난 50년 동안에 자연과 우주에 대해 더 많은 것을 알 수 있게 된 것은 우리 감각기관이 받아들이지 못하는 신호까지 받아들일 수 있는 다양한 센서를 개발했기 때문이다. 여러 가지 자동화기기를 사용할 수 있게 된 것도 감각기관을 대신하여 외부 신호를 감지할 수 있는 센서가 있었기 때문이다. 센서로 받아들인 신호를 처리하여 정보화하는 일은 컴퓨터가 하고, 컴퓨터가 처리한 정보를 저장하는 일은 정보 저장 장치가 한다. 따라서 신호를 받아들이는 센서와 정보를 저장하는 정보 저장 장치는 현대 전기 문명에서 중요한 부분을 차지하고 있다.

신호의 형태는 매우 다양하다. 전자기파, 소리, 힘, 온도, 탄성파, 화학물질 등은 모두 그것을 발생시킨 물체에 대한 정보를 포함하고 있는 신호들이다. 이러한 신호 중에는 전자기파, 소리, 지진파와 같이 파동의 형태로 전달되는 것이 많다. 그중에서도 전자기파는 시각과 관련된 신호로, 인간이 외부 세계에 대한 정보를 얻는 데 핵심적인 역할을 한다. 물론 우리 눈은 전자기파 중에서 가시광선에 속하는 아주 좁은 범위의 전자기파만을 감지할 수 있다. 그러나 광센서를 이용하면 가시광선보다 파장이 길거나 짧은 전자기파와 세기가 아주 약해서 우리 눈이 감지할 수 없는 전자기파도 '볼' 수 있다.

광센서로 가장 널리 사용되는 장치는 광전관이다. 광전관은 금속에 빛을 비추면 전자가 튀어나와 회로에 전류가 흐르게 되는 '광전효과'의 원리를 이용한 것이다. 전자는 가시광선뿐만 아니라 적외선이나 자외선, 엑스선과 같이 우리 눈에 보이지 않는 전자기파를 쪼일 때도 튀어나온다. 따라서 광전관을 이용하면 인간의 눈으로는 볼 수 없는 전자기파도 감지할 수 있다.

최근에는 광전관 대신 반도체를 사용하는 다양한 광센서가 개발되어 쓰이고 있다. 반도체 소자 중에는 전자기파를 흡수하면 전류가 흐르거나 전압이 높아지는 소자가 있다. 따라서 반도체 소자에 흐르는 전류나 전압을 측정하면 흡수한 전자기파의 세기를 알 수 있다. 문앞에 다가서면 저절로 열리는 자동문, 사람의 접근에 따라 불이 켜졌다 꺼지는 현관 조명에는 대부분 반도체 광센서가 들어 있다. 광센서는 전자기파 발생 장치를 포함하고 있어서 자체 발생시킨 전자기파가 사람이나 물체에 반사되어 돌아오는 것을 측정하여 물체의 유무나 물체의 이동 상태를 알아낸다.

그런가 하면, 빛을 받으면 온도가 높아져서 전기 저항의 크기가 달라지는 현상을 이용하는 광센서도 있다. 금속은 온도가 높아지면 전기 저항이 커져서 전류가 잘 흐르지 못한다. 반면에 반도체는 온도가 올라가면 전기 저항이 작아져서 전류가 더 잘 흐른다. 그러므로 전류를 측정해서 전기 저항의 변화를 감지하면 온도 변화를 일으키는 빛의 세기를 알 수 있다. 카메라의 노출계, 가로등의 자동 점멸 장치 등에 이런 원리로 작동하는 센서가 사용되고 있다.

과속 단속 장치에 내장된 자동차 속력 측정 장치나 스포츠에서 공의 속력을 측정하는 장치는 도플러 효과를 이용하여 속력을 측정한다. 도플러 효과는 물체가 다가오거나 멀어짐에 따라 반사되는 전자기파의 파장이 달라지는 현상이다. 물체에 의해 반사되어 돌아온 전자기파의 파장이 처음 보낸 파장보다 짧아졌다면 그것은 물체와의 거리가 가까워지고 있다는 것을 나타내고, 길어졌다면 물체와의 거리가 멀어지고 있다는 것을 나타낸다. 이때 파장이 길어지거나 멀어지는 정도는 속력에 따라 달라지기 때문에 물체의 속력을 알 수 있다.

과학자들은 수억 광년 떨어진 은하에서 오는 전자기파를 분석하여 그 별의 구성 성분, 온도, 멀어지거나 가까워지는 속력 등을 알아낸다. 이때 사용되는 망원경이나 분광기도 전자기파 센서라고 할 수 있다. 과학자들은 이런 센서를 이용하여 우주의 역사와 구조를 연구하고 있다. 먼 우주에서 오는 신호는 오래전에 멀리 있는 천체를 출발한 것이므로 우주에서 오는 신호를 감지하는 센서는 과거를 들여다보는 센서라고 할 수 있다.

소리 역시 전자기파와 더불어 외부 세상에 대한 많은 정보를 알려주는 신호이다. 인간의 귀는 모든 소리를 들을 수 있는 것이 아니라 진동수가 20~2만 헤르츠 사이에 있는 소리만 들을 수 있다. 우리가 들을 수 있는 진동수보다 높은 진동수를 가지는 음파를 초음파라고 하는데, 초음파를 감지할 수 있는 센서가 초음파 센서다. 대개의 경우 초음파 센서에는 초음파 발생 장치가 함께 내장되어 있어서, 센서 자체가 발생시킨 초음파가 물체에 부딪혀 되돌아오는 것을 감지한다.

초음파를 발생시키거나 수신하는 데는 압전 현상이 이용된다. 압전 현상은 결정체에 일정한 방향으로 압력이 가해지면 전압이 발생하고, 반대로 일정한 방향으로 전압을 걸어 주면 결정체에 변형이 생기는 현상을 말한다. 수정水晶 같이 압전 현상을 일으키는 물질을 이용하면 전기 신호를 이용해 결정체를 진동시켜 초음파를 발생시킬 수 있고, 초음파의 진동을 전기 신호로 바꿀 수도 있어 초음파 센서로 사용할 수 있다. 초음파 센서를 이용하는 초음파 진단 장비는 사용이 간편할 뿐만 아니라 인체에 해를 주지 않기 때문에 여러 가지 질병의 진단에 널리 사용되고 있다. 또 물체를 파괴하지 않고도 내부의 결함이나 균열을 손쉽게 찾아낼 수 있어 건축물이나 구조물의 내부 진단에도 초음파 검사 장비가 쓰인다. 초음파는 물속에서도 잘 전파되기 때문에 물고기 떼를 탐지하는 어군 탐지기 및 해저 지형 탐색에도 사용된다.

기체나 액체에 들어 있는 분자를 감지하여 물질에 대한 정보를 얻는 혀나 코를 화학적 감각기관이라고 한다. 센서 중에는 혀나 코와 같이 화학물질을 감지하는 센서도 있다. 불이 난 것을 알려 주는 화재경보기나 가스의 누출 여부를 알려 주는 센서는 공기 중에 포함되어 있는 연기 입자나 가스 분자를 감지하는 센서다. 화재경보기에는 연기 입자에 의해 빛의 밝기가 어두워지는 것을 측정하는 방법과 방사성 물질이 내는 방사선에 의해 전리된 이온의 전류가 연기 입자로 인해 방해받는 정도를 측정하는 방법이 있다. 가스의 누출 여부를 탐지하는 가스 누출 탐지기는 가스의 종류와 성질에 따라 가스를 검출하는 방법이 다르다.

온도를 측정하는 온도 센서도 많이 쓰인다. 가정에서 사용하는 수은 온도계나 알코올 온도계는 온도에 따라 수은이나 알코올의 부피

가 변하는 것을 이용하여 온도를 측정한다. 하지만 아주 낮은 온도
나 높은 온도를 측정할 때는 '열전쌍'을 이용한다. 서로 다른 두 종류
의 금속을 연결하고, 한쪽 끝 점은 낮은 온도에 그리고 다른 쪽 끝 점
은 높은 온도에 두면 두 점의 온도 차이에 비례하여 전류가 흐른다.
이러한 두 금속을 '열전쌍'이라고 하는데, 측정하려는 온도 범위에 따
라 사용하는 금속의 종류가 달라진다. 최근에는 물체가 내는 적외선
의 파장을 측정하여 온도를 측정하는 적외선 온도 측정 장치가 널리
쓰이고 있다. 모든 물체는 온도에 따라 다른 파장의 전자기파를 낸다.
온도가 낮으면 파장이 긴 적외선이 나오고, 온도가 높으면 파장이 짧
은 적외선이 나온다. 따라서 물체가 내는 적외선의 파장을 측정하면
그 물체의 온도를 알 수 있다. 온도 센서는 냉장고, 에어컨, 난방장치,
요리기구 등이 제대로 작동하기 위해 꼭 필요하다.

스마트폰을 사용할 때 폰을 돌리면 화면도 따라서 회전하는 것은
중력 센서가 있어 어느 방향이 아래쪽인지를 인식할 수 있기 때문이
다. 중력 센서는 가속도 센서의 일종이다. 가속도 센서는 자동차의 갑

여러 가지 신호를 감지하여 전기 신호로 바꿔 주는 다양한 센서.
왼쪽부터 초음파 센서, 적외선 센서, 온도 습도 감지 센서.

작스러운 속력 변화를 감지하여 자동차 사고에 대비하기 위한 용도로 개발되었지만, 초소형 가속도 센서가 개발되면서 용도가 다양해졌다. 걸음 수를 세는 만보기, 손의 움직임을 감지하여 화면을 보정해 주는 카메라의 손 떨림 방지 장치, 영상의 방향을 자동으로 조정해 주는 자동 영상 회전 장치 등에도 가속도 센서가 사용된다.

공항 검색대에서 사용하는 금속 탐지기는 패러데이의 전자기 유도 법칙으로 작동하는 센서다. 금속과 같은 도체를 향해 전자기파를 발사하면 금속에 유도 전류가 흐르게 되고, 이 유도 전류가 전자기파를 발생시킨다. 금속 탐지 센서는 유도 전류가 발생시킨 전자기파를 감지하여 금속을 찾아낸다. 금속 탐지 센서는 공항 검색대뿐만 아니라 지하에 매설된 금속을 찾아내는 데도 사용되고 있다.

최근 개발 중인 자율 주행 자동차는 지금까지 설명한 여러 가지 센서를 이용하여 도로 주변과 자동차에 대한 상태를 확인하고 이를 바탕으로 주행한다. 사람처럼 행동하는 로봇 역시 다양한 센서를 이용하여 주변 상황을 인식하고 행동한다. 따라서 자율 주행 자동차나 로봇 개발 분야에서는 빠르고 정확하게 주변 상황을 감지할 수 있는 센서의 개발이 성공 여부를 결정한다.

ROM과 RAM

센서로 받아들인 신호는 전기 신호로 전환된 다음 정보 처리 과정을 거친 후 정보 저장 장치에 저장된다. 정보 저장 장치에는 어떤 것들이 있으며 어떤 원리로 작동할까?

다양한 기능을 수행하는 컴퓨터는 기본적으로 컴퓨터의 두뇌라고 할 수 있는 CPU, 정보를 입력하거나 출력하는 입출력 장치 그리고 정보를 저장하는 정보 저장 장치로 이루어져 있다. 정보 저장 장치는 말 그대로 컴퓨터가 프로그램을 수행하는 데 필요한 정보를 저장하거나 컴퓨터가 만들어 낸 정보를 저장하는 장치이다. CPU는 정보 저장 장치로부터 정보를 읽어 들여 필요한 연산을 한 다음 결과물을 다시 정보 저장 장치에 저장한다. 이렇게 CPU 가까이에서 CPU와 직접 정보를 주고받으며 연산에 참여하는 정보 저장 장치가 롬ROM, Read Only Memory과 램RAM, Random Access Memory이다.

ROM은 한번 저장된 정보가 지워지지 않는 저장 장치로, 컴퓨터를 구동하는 데 필요한 기본적인 정보가 저장되어 있다. RAM은 저장된 내용을 지우고 새로운 내용을 저장할 수 있는 메모리로, 여기에 저장되어 있는 정보는 컴퓨터를 끄면 지워진다. 컴퓨터 사양을 조사해 보

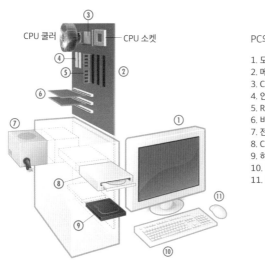

CPU 쿨러 ③ CPU 소켓
④
⑤ ②
⑥
⑦
⑧
⑨
⑪
①
⑩

PC의 구성

1. 모니터(출력 장치)
2. 메인보드
3. CPU
4. 인터페이스(주변 기기 연결)
5. RAM
6. 비디오 카드
7. 전원 공급 장치
8. CD-ROM
9. 하드디스크(HDD)
10. 키보드(입력 장치)
11. 마우스(입력 장치)

면 하드디스크의 저장 용량과는 별도로 메모리의 용량이 표시되어 있는데 이것은 RAM의 정보 저장 용량을 나타낸다. 초기의 ROM은 제조 당시 정보가 저장된 형태로 회로가 설계되어 제작되었기 때문에 일단 만들어진 뒤에는 저장된 내용을 수정할 수 없었다. 그러나 시스템을 업그레이드하는 경우와 같이 ROM에 저장된 내용을 수정할 필요가 생기자 저장된 정보를 삭제하거나 다시 기록할 수 있는 다양한 ROM이 개발되었다. 이 중 가장 발전된 형태가 오늘날 널리 사용되고 있는, 플래시 메모리를 이용한 것이다. 플래시 메모리에 대해서는 뒤에서 다시 설명할 예정이다.

RAM은 트랜지스터와 축전기로 이루어진 회로로 구성되어 있으며, 축전기에 충전된 전하를 이용하여 정보를 저장한다. 그러나 축전기의 전하는 시간이 지나면 방전되어 사라지기 때문에 주기적으로 다시 정보를 저장해야 한다. 이처럼 기억하고 있는 정보의 내용을 주기적으로 다시 저장하는 RAM을 D램Dynamic RAM이라고 부른다. 반면, 전원이 연결되어 있는 한 한번 저장된 정보가 계속 보존되는 것은 S램Static RAM이다. S램은 한 비트의 정보를 저장하는 데 여러 개의 트랜지스터로 이루어진 회로가 필요하다. 하나의 트랜지스터와 하나의 축전지만 필요한 D램은 S램에 비해 구조가 훨씬 간단해서 고집적이 가능하고 가격이 저렴하며 전력 소모도 적다. 따라서 D램이 S램보다 더 널리 사용되고 있다. 삼성전자나 하이닉스 같은 우리나라 반도체 회사들이 주로 생산하는 메모리칩은 대부분 D램이다. 그러나 빠른 정보 접근이 필요한 부분에는 S램이 사용된다.

강자성체를 이용한 정보 저장 장치

CPU가 작동하는 동안에 필요한 정보를 저장하는 RAM과는 달리, 컴퓨터가 생성한 정보를 영구적으로 저장하는 정보 저장 장치가 하드디스크, 외장 하드디스크, 플로피디스크, USB 메모리, SSD와 같은 보조 정보 저장 장치이다. 어떻게 보면 이런 정보 저장 장치는 부속품이어서 컴퓨터에 비해 그다지 중요하지 않다고 생각할 수도 있다. 그러나 정보 저장 장치가 컴퓨터 시장에서 차지하는 비중은 생각보다 크다.

정보 저장 장치가 처음 사용되기 시작한 것은 음성을 저장하기 위해서였다. 처음 등장한 정보 저장 장치는 한번 자화되면 그 상태가 보존되는 강자성체를 이용했다. 강자성체가 발라진 테이프나 디스크가 정보를 기록하거나 읽어 내는 헤드를 통과하는 동안 전류 신호에 따라 변하는 자기장에 의해 자화되면서 정보가 저장된다.

1944년 9월에 산화철과 같은 강자성 물질이 발라져 있는 자기 테이프를 개발해 특허를 받은 사람은 독일의 기술자 에두아르트 쉴러 Eduard Schüller, 1904~1976였다. 1950년대 초반에는 플라스틱 틀에 감긴 순환식 테이프가 등장해 네 시간 동안 녹음하고 재생하는 것이 가능해졌다. 그러나 아직 음질은 그다지 좋지 못했다. 1958년에는 RCA사가 후에 널리 사용된 카세트테이프와 비슷하지만 크기는 훨씬 컸던 사운드 테이프 카트리지를 개발했다.

1964년에는 카세트테이프와 카세트 플레이어가 특허를 받았고, 다음 해부터 음악 카세트테이프가 시중에서 팔리기 시작했다. 1966

일반 카세트테이프와 1958년 RCA사가 개발한 사운드 테이프 카트리지.

년에는 잡음을 줄이는 돌비 시스템dolby system이 개발되었다. 잡음이 강한 고음역의 녹음 강도를 높여 잡음 대 신호의 비율을 개선한 이 시스템은 개발한 회사의 이름을 따라 돌비 시스템이라고 부르게 되었다. 카세트테이프가 등장하기 전에는 레코드판으로만 음악을 감상할 수 있었다. 레코드판이나 레코드플레이어는 휴대가 불편해서 야외나 움직이는 차 안에서는 이용할 수 없었다. 그러나 카세트테이프와 간단한 카세트 플레이어가 등장하자 언제 어디에서나 쉽게 음악을 감상할 수 있게 되었다. 카세트테이프의 등장은 언어 교육에도 큰 변화를 가져왔다. 이전의 외국어 교육은 읽고 쓰는 것 위주다 보니, 오랫동안 공부하고도 정작 외국인을 만나면 입을 떼지 못하는 사람이 많았다. 그러나 카세트테이프가 등장하면서 듣기와 말하기 공부가 훨씬 수월해졌다.

나는 대학에 다닐 때 처음으로 작은 카세트 플레이어를 하나 샀다. 쉽게 녹음을 할 수도 있고 음악을 들을 수도 있었던 그 플레이어를 얼마나 애지중지했는지 모른다. 한번은 여름 방학 때 고향에 내려와 있는 동안 큰 홍수가 난 적이 있었다. 한밤중에 자고 있는데 누가 문을 두드리면서 강둑이 곧 터질 것 같으니 급히 피신하라고 했다. 서둘러 일어난 나는 카세트 플레이어 하나만 들고 높은 곳으로 피신했다. 그때 나에게는 휴대용 카세트 플레이어가 귀중품 1호였다. 만약 지금 자다가 급히 피신해야 할 일이 생긴다면 무엇을 들고 나갈까?

1970년대 중반, 내가 대학생 때 샀던 것과 같은 모델의 카세트 플레이어.

카세트테이프와 마찬가지로 강자성체를 이용하여 컴퓨터가 사용하는 정보를 저장하는 장치가 플로피디스크와 하드디스크이다. IBM사는 1960년대에 지름이 20센티미터(8인치)인 플로피디스크를 처음 개발했다. 가운데 구멍이 뚫려 있는 얇은 비닐 원반 위에 강자성 물질을 바른 이 디스크는 유연해서 쉽게 구부러졌기 때문에 플로피디스크floppy disk라고 부르게 되었다. 반면 컴퓨터 안에 내장되어 있는 자기 디스크는 단단한 케이스 안에 들어 있었기 때문에 하드디스크hard disk라고 불렀다. 이름이나 저장 용량은 달랐지만 플로피디스크와 하드디스크가 정보를 저장하는 원리는 같았다.

1971년에 처음 개발된 8인치짜리 플로피디스크의 저장 용량은 81킬로바이트밖에 안 됐다. 그러나 1976년도에는 8인치 디스크의 용량이 568킬로바이트로 일곱 배까지 커졌다. 1976년에 처음 등장해 한동안 개인용 컴퓨터에 널리 사용되던 5.25인치 플로피디스크의 저장 용량은 처음에는 110킬로바이트였지만 곧 360킬로바이트로 커졌고,

1982년에는 1.2메가바이트까지 커졌다. 1990년대에는 한글 프로그램이나 게임 프로그램을 여러 장의 5.25인치 플로피디스크에 담아서 팔았기 때문에 컴퓨터에 설치하려면 몇 번이나 디스크를 갈아끼워야 했다. 그런 이유로 컴퓨터 곁에는 늘 플로피디스크가 몇 박스씩 쌓여 있곤 했다.

1982년에는 단단한 케이스로 포장되어 있는 3.5인치짜리 디스크가 등장했다. 단단한 케이스에 들어 있어서 더 이상 플로피하지는 않았지만 플로피디스크로 분류됐다. 3.5인치 디스크의 저장 용량은 처음에는 264킬로바이트였지만, 1986년에는 1.44메가바이트로 커졌다. 그 후 저장 용량이 240메가바이트나 되는 3.5인치 디스크도 출시되었다. 크기는 5.25인치 디스크보다 작으면서도 용량은 더 컸던 3.5인치 디스크는 한때 큰 인기를 끌었다. 그러나 저장 용량이 훨씬 큰 CD와 DVD가 등장하면서 플로피디스크는 사양길로 접어들었다.

플로피디스크와 같은 원리로 정보를 저장하지만 여러 장의 플래터로 이루어져 있어 많은 양의 정보를 저장할 수 있는 하드디스크가 처음 개발된 것은 1956년이었다. IBM사가 처음 개발한 라맥^{RAMAC}이라는 이름의 하드디스크는 지름이 24인치인 플래터 50장으로 이

다양한 크기의 플로피디스크.
왼쪽부터 8인치, 5.25인치,
3.5인치.

루어져 있었으며 저장 용량이 4.8메가바이트였다. 이 하드디스크의 가격은 5만 달러 정도였다. 그 뒤 하드디스크의 용량이 커지고 가격이 싸지자 1980년대 이후 생산된 컴퓨터에는 하드디스크가 필수 부속품이 되었다. 처음부터 플로피디스크를 대체할 목적으로 만들었기 때문에 하드디스크 드라이버의 규격은 플로피디스크 드라이버의 규격과 같이 8인치나 5.25인치 혹은 3.5인치였다. 그러나 현재는 2.5인치, 1.8인치, 1인치짜리 하드디스크도 있다. 저장 용량도 크게 증가해 현재는 2테라바이트TB(1테라바이트는 약 1조 바이트)짜리 하드디스크도 저렴한 값에 구입할 수 있다. 플로피디스크가 CD와 DVD를 거쳐 USB 메모리에 빠르게 그 자리를 내준 것과는 달리 하드디스크는 아직도 컴퓨터에 많이 쓰인다. 하드디스크가 비용이 가장 적게 드는 정보 저장 장치이기 때문이다. 그러나 정보 접근 속도가 빠른 플래시 메모리가 등장하면서 하드디스크의 사용량도 크게 줄어들고 있다.

CD와 DVD

강자성체를 이용하여 정보를 저장하는 플로피디스크나 하드디스크와는 달리 CD와 DVD는 매끄러운 표면에 홈을 파 빛의 반사를 다르게 하는 방법으로 정보를 저장한다.

CDcompact disk는 원래 음악을 저장하기 위해 개발되었지만 음악뿐만 아니라 컴퓨터 정보를 저장하는 데도 널리 사용되었다. 1970년대에 개발되어 1980년대부터 본격적으로 쓰이기 시작한 CD는 폴리카본이라는 플라스틱 위에 얇은 알루미늄 막을 입히고 그 위에 보호막을 입힌 뒤 표면에 작은 홈을 파 정보를 저장했다. 홈 하나의 너비는 500나노미터이고, 길이는 850나노미터에서 3500나노미터 정도이며, 깊이는 약 100나노미터 정도였다. 표준 CD의 지름은 120밀리미터이고, 저장 용량은 700메가바이트로 80분 동안 연주하는 음악을 저장할 수 있도록 고안되었다.

CD에 저장된 정보를 읽을 때는 가시광선보다 파장이 긴 적외선을 사용했다. 반도체 레이저에서 발생하는 파장이 780나노미터인 적외선을 CD 표면에 비추면 홈이 있는 곳과 없는 곳에서 반사하는 적외선의 양이 달라진다. 적외선 센서가 CD 표면에서 반사되는 빛을 받아 CD에 저장된 정보를 읽어 낸다.

초기에 만들어진 CD는 사용자가 정보를 저장할 수 없고 읽을 수만 있었기 때문에 CD-ROM이라고 불렸다. 이런 CD는 정보의 내용이 새겨진 형틀에 빈 CD를 넣고 압력을 가해 찍어서 만들었다. 사용자가 정보를 기록할 수 있는 CD-R은 폴리카본 위에 빛을 받으면 색깔이 변하는 염료 층을 입혀서 만들었다. 레이저를 염료에 비추면 레이저를 받은 부분의 색깔이 변해 반사율이 달라지기 때문에 홈이 파인 것과 같은 효과가 나타났다. CD-R은 한번 기록한 내용을 지울 수 없기 때문에 다시 다른 정보를 저장할 수는 없었다. 이후 CD에 저장된 정보를 지우고 다시 새로운 정보를 저장할 수 있는 CD-RW도 개발되었다. CD-RW는 염료 층 대신 열을 받으면 원자의 배열 상태가 달라지는 금속 층을 입혀 만들었다. 금속 내의 원자 배열 상태가 달라지면 표면에서의 반사율이 달라졌다.

CD가 음악을 저장하기 위해 개발되었던 것과는 달리 DVD는 영상 정보를 저장하기 위해 개발되었다가 다양한 정보 저장 장치로 사용되었다. DVD라는 말은 처음엔 디지털 영상 디스크Digital Video Disk라는 뜻의 영어 머리글자를 따서 만든 것이었지만, 후에 DVD가 영상은 물론 다양한 정보를 저장하는 매체로 사용되자 디지털 범용 디스크 Digital Versatile Disk를 뜻하는 말로 다시 정의되었다.

CD와 DVD는 모두 레이저를 이용하여 정보를 읽어 내고 표면에 작은 홈을 파서 정보를 저장한다는 공통점이 있다. 하지만 CD가 파장이 780나노미터인 적외선을 이용해 정보를 읽어 내는 것과는 달리 DVD에서는 파장이 650나노미터인 붉은색 가시광선을 이용해 정보를 읽어 냈다. 따라서 DVD는 홈의 크기를 더 작게 만들 수 있었고, 같은 면적에 더 많은 정보를 저장할 수 있었다. 시중에서 팔리던 DVD의 저장 용량은 4.7기가바이트나 되어 CD 저장 용량의 일곱 배에 가까웠다. 파장이 405나노미터인 푸른색 빛을 이용하여 정보를 저장하거나 읽어 내는 블루레이Blue-ray DVD도 개발되었다. 블루레이 DVD

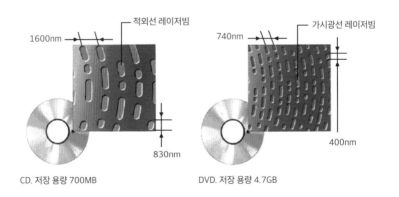

CD. 저장 용량 700MB   DVD. 저장 용량 4.7GB

CD와 DVD의 표면 비교

는 기존의 DVD에 비해 훨씬 더 많은 정보를 저장할 수 있었다. DVD에도 기록된 정보를 읽을 수만 있는 DVD-ROM, 사용자가 정보를 기록해 사용할 수 있는 DVD-R, 저장된 정보를 지우고 다시 새로운 정보를 저장할 수 있는 DVD-RW가 있었다.

DVD가 등장한 후에는 플로피디스크 드라이버와 CD 드라이버를 모두 장착한 컴퓨터가 생산되었지만 차츰 CD 드라이버만 남게 되었다. 자동차에도 카세트 플레이어 대신 CD 드라이버가 장착되기 시작했다. 하지만 CD와 DVD의 시대는 오래가지 못했다. CD보다 작으면서도 훨씬 큰 저장 용량을 가진 플래시 메모리가 등장했기 때문이다. 지인들 중에는 샀다가 미처 사용하지 못한 DVD를 아직도 서랍 속에 가지고 있는 경우가 많다. 이런 DVD들은 빠르게 왔다가 빠르게 가버린 DVD 시대의 유물이다. CD나 DVD에 저장되었던 모든 정보는 USB 메모리로 옮겨졌고, 컴퓨터에서 더 이상 DVD 드라이버를 발견할 수 없게 되었다.

플래시 메모리

USB^{Universal Serial Bus} 메모리라고도 부르는 플래시 메모리^{Flash memory}는 전계효과 트랜지스터를 이용하여 정보를 저장한다. p-형 반도체와 n-형 반도체를 npn 또는 pnp의 순서로 접합하여 만든 트랜지스터는 가운데 연결된 반도체에 흐르는 작은 전류의 변화로 전체 회로에 흐르는 전류를 크게 변화시킬 수 있다. 이러한 트랜지스터를 개량한 것이 전계효과 트랜지스터^{FET, Field Effect Transistor}이다. 소스와 드레인 그리고 게이트로 이루어진 FET에서는 전류가 아니라, 게이트에 걸리는 전압이 소스와 드레인 사이에 흐르는 전류의 크기를 변화시킨다. 따라서 트랜지스터와 마찬가지로 증폭작용을 하면서도, 전류의 흐름을 최소화할 수 있어 전력 손실을 크게 줄일 수 있다. 이러한 장점 때문에 FET가 트랜지스터 대신 널리 쓰이고 있다. FET 중에서 금속 산화물을 이용한 FET를 모스 전계효과 트랜지스터MOSFET 또는 모스MOS, Metal Oxide Semiconductor라고 부른다.

플래시 메모리는 FET의 게이트 아래에 부도체로 둘러싸인 플로팅 게이트를 설치하고 여기에 정보를 저장한다. 플로팅 게이트가 전하로 대전되어 있느냐 아니냐에 따라 소스와 드레인 사이에 흐르는 전류의 세기가 달라진다. 플래시 메모리에 정보를 저장하기 위해서는 플로팅 게이트를 대전시키거나 방전시키면 된다. 그런데 플로팅 게이트는 부도체로 둘러싸여 있어 전자가 쉽게 안으로 들어가거나 나올 수 없다. 그런 플로팅 게이트를 어떻게 대전시키거나 방전시킬 수

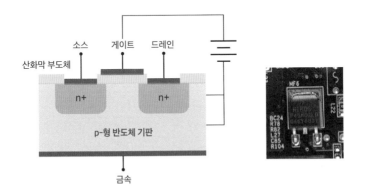

금속 산화물을 이용한 모스 전계효과 트랜지스터(MOSFET). 소스와 드레인 사이에 설치된 게이트에 걸리는 전압으로 전류를 제어한다.

있을까? 부도체의 장벽을 뚫고 플로팅에 전자를 주입하여 대전시키거나 전자를 빼내 방전시킬 수 있는 것은 양자역학으로 설명되는 터널링 효과tunneling effect 때문이다.

뉴턴역학에 따르면 에너지 장벽이 있는 경우 이 장벽을 넘어갈 수 있는 충분한 에너지가 있어야만 에너지 장벽을 지나갈 수 있다. 그러나 양자역학에 의하면 에너지 장벽을 넘을 정도로 에너지가 충분하지 않아도 에너지 장벽을 통과할 가능성이 있다. 에너지 장벽보다 낮은 에너지를 가진 입자가 에너지 장벽을 통과하는 현상이 터널링 효과이다. 입자가 에너지 장벽을 통과할 확률은 에너지 장벽의 높이와 모양 그리고 입자가 가진 에너지의 크기에 따라 달라진다.

양성자와 중성자가 강한 핵력으로 결합하여 만들어진 원자핵에서 방사선 입자들이 밖으로 나올 수 있는 것도 터널링 효과 때문이다. 원자핵을 이루고 있는 입자들이 강력에 의한 에너지 장벽을 넘을 만큼 큰 에너지를 갖고 있지 않아도 터널링 효과로 인해 에너지 장벽을 통과할 확률은 0이 아니다. 따라서 시간이 지나면 강력의 에너지 장벽

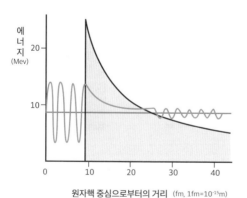

원자핵이 붕괴하는 것은 핵 안에 잡혀 있던 중성자나 양성자가 터널링 효과를 통해 에너지 장벽을 뚫고 핵을 빠져나올 수 있기 때문이다.

에너지 (Mev)

20

10

원자핵 중심으로부터의 거리 (fm, 1fm=10⁻¹⁵m)

0   10   20   30   40

을 통과해서 핵 밖으로 탈출하는 입자들이 생긴다. 이것이 바로 원자핵의 방사성 붕괴이다.

부도체로 둘러싸여 있는 플로팅 게이트의 전자들은 쉽게 밖으로 나올 수 없기 때문에 전원을 끈 다음에도 저장된 정보가 지워지지 않는다. 그러나 플로팅 게이트에 일정한 전압이 걸리면 에너지 장벽이 낮아져 전자가 플로팅 게이트로 들어가거나 나올 수 있다. 따라서 저장된 정보를 지우고 새로운 정보를 저장할 수 있다.

오래전 어떤 강의에서 플로팅 게이트에 정보가 저장되는 원리를 설명했는데 강의가 끝난 후 한 수강생이 도저히 이해할 수 없다는 표정을 지으며 질문을 했다. 그 수강생은 하나의 플로팅 게이트에 많은 정보가 저장되는 것으로 생각했던 모양이다. 그러니 플로팅 게이트를 이용해서 정보를 저장한다는 내 설명을 도저히 이해할 수 없었던 것이다. 하나의 플로팅 게이트에는 한 비트의 정보가 저장된다. 따라서 32비트로 이루어진 한 바이트의 정보를 저장하기 위해서는 32개의 플로팅 게이트가 있어야 하고, 1기가바이트의 정보를 저장하기 위해서는 320억 개의 플로팅 게이트가 필요하다. 손톱만 한 플래시 메모리에 이렇게 많은 플로팅 게이트를 만들어 넣을 수 있는 것은 집적 기술의 발전 덕분이다.

2000년 11월에 처음 개발된 플래시 메모리의 저장 용량은 가장 큰 것이 32메가바이트였다. 작은 크기를 감안하면 이 정도의 메모리 용량도 적은 것이 아니었지만 수십만 원이나 하는 비싼 가격 때문에 강자성체를 이용하는 하드디스크나 DVD의 경쟁 상대가 될 수 있을 것 같지 않았다. 그러나 저장 용량이 빠르게 증가하는 한편 가격은 하락

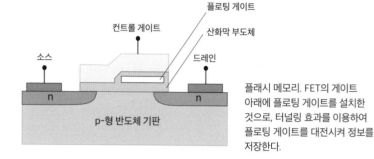

컨트롤 게이트

플로팅 게이트

산화막 부도체

소스

드레인

n

n

p-형 반도체 기판

플래시 메모리. FET의 게이트 아래에 플로팅 게이트를 설치한 것으로, 터널링 효과를 이용하여 플로팅 게이트를 대전시켜 정보를 저장한다.

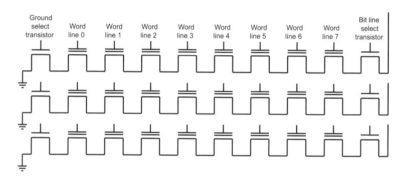

여러 개의 플로팅 게이트로 이루어진 플래시 메모리의 구조.

여러 가지 형태의 플래시 메모리.

하기 시작했다. 2010년대 중반에는 8기가바이트짜리 USB 메모리의 가격이 만 원 이하로 떨어졌고, 256기가바이트나 되는 플래시 메모리도 시중에서 쉽게 찾아볼 수 있게 되었다. 현재는 저장 용량이 1테라바이트 이상인 플래시 메모리도 판매되고 있다.

작은 크기, 저렴한 가격 그리고 USB 포트에 꽂기만 하면 어느 컴퓨터에서나 작동한다는 특성 때문에 USB 메모리는 가장 널리 쓰이는 정보 저장 장치가 되었다. 크기가 작고 물리적 충격에 강하다는 점에 착안해서 인형, 손목시계, 목걸이, 키홀더, 명함 등 다양한 제품에 USB 메모리를 결합한 상품이 판매되고 있다. 크기가 작은 만큼 분실할 위험도 크다는 것이 USB 메모리의 단점이기도 하다. 또한 플래시 메모리 자체는 물리적 충격에 강하지만 플래시 메모리를 감싼 플라스틱이나 금속은 깨지거나 변형되기 쉬우므로 조심해서 다뤄야 하고, 전기 충격에 약한 편이므로 정전기에 의해 정보가 손상되지 않도록 주의해야 한다.

한편, 강자성체를 이용하는 하드디스크는 안정적인 정보 저장 장치로 아직까지도 사용되고 있다. 그런데 하드디스크가 작동하려면 디스크가 회전해야 하고, 그로 인해 정보를 저장하거나 읽을 때 시간이 많이 걸리고 소음과 열이 발생한다. 이러한 문제를 해결하기 위해 하드디스크 대신 사용할 수 있는 SSD Solid State Drive가 개발되었다.

SSD는 강자성체가 아닌 반도체 메모리를 이용한 저장 장치이다. SSD에는 집적회로로 이루어진 RAM을 사용하는 SSD와 플래시 메모리를 사용하는 SSD가 있다. RAM을 사용하는 SSD는 작동 시간이 빠르다는 장점은 있지만 전원을 끄면 정보가 사라지기 때문에 컴퓨터를 끈 다음에도 SSD에 전기를 공급해 주는 별도의 전원이 필요하다. 이런 단점을 보완한 것이 플래시 메모리를 이용하는 SSD이다. 플래시 메모리, 인터페이스, 컨트롤러, 버퍼 메모리를 갖춘 SSD는 전원을 꺼도 정보가 사라지지 않고 안정적으로 작동하기 때문에 널리 사용되고 있다.

SSD의 등장에도 불구하고 아직도 하드디스크를 사용하는 컴퓨터가 많이 팔리고 있는 것은 가격 때문이다. 현재는 128기가바이트의 용량을 가진 SSD의 가격이 2테라바이트의 용량을 가진 하드디스크의 가격과 비슷하다. 따라서 아직까지는 하드디스크가 가장 저렴하고 안정적인 정보 저장 장치이다. 아마 앞으로도 한동안은 SSD와 하드디스크가 함께 사용될 것으로 보인다.

반도체 메모리를 이용하는 저장 장치인 SSD와
삼성전자의 SSD 생산 라인.

전자결합소자와 디지털 카메라

1839년에 프랑스의 루이 다게르가 화학반응을 이용하여 영상을 저장하는 사진 기술을 발전시킨 이래 오랫동안 카메라는 화학적 방법으로 영상을 저장해 왔다. 1960년대의 흑백사진도, 1980년대의 컬러사진도 모두 마찬가지다. 1980년대 실험실에서 실험 결과를 찍은 사진도 모두 필름을 이용하여 찍은 것이었다. 그러나 전자결합소자 CCD, Charged Coupled Devices라고 하는, 영상 정보를 전기 신호로 바꾸어 저장할 수 있는 소자가 개발되면서 화학적 방법이 아니라 전기적인 방법으로 영상을 저장하는 디지털 카메라가 급속히 확산되기 시작했다. 1969년에 CCD를 처음 개발한 사람은 미국의 응용 물리학자로 벨 연구소에서 일하던 조지 엘우드 스미스George E. Smith, 1930~ 와 윌러드 보일Willard S. Boyle, 1924~ 이었다. 이들은 CCD를 개발한 공로로 2009년에 노벨 물리학상을 받았다.

많은 수의 광다이오드로 이루어진 CCD에 빛이 비치면 빛의 세기에 비례하여 전자가 발생한다. 이 전자의 수를 읽어 내면 영상 신호를 전기 신호로 바꿀 수 있다. 각각의 셀에 만들어진 전자의 수를 읽어 내는 방법에는 여러 가지가 있는데 그중 하나인 인터라인 트랜스퍼 interline transfer 방법에서는 셀을 여러 줄로 나누고 한 줄에 있는 전자 수를 차례로 읽은 뒤, 셀의 다음 줄에 있는 전자의 수를 읽어 낸다. 읽어 낸 전자의 수는 증폭 과정을 거쳐 저장된다.

인터라인 트랜스퍼 방식으로 전자의 수를 읽어 내는 것은 양동이로 빗물을 받는 일에 비유할 수 있다. 양동이는 픽셀을 나타내고, 빗물은 전자를 나타낸다. 일정한 면적의 각 지점에 내리는 비의 양을 정확하게 측정하기 위해서는 가능한 많은 양동이를 촘촘히 늘어놓고 빗물을 받은 다음, 각 양동이에 고인 물의 양을 측정하여 기록해야 한다. 이 일을 빠르게 진행하기 위해서는 일정한 시간 동안 빗물을 받고, 컨베이어 벨트를 이용하여 빗물이 담긴 양동이를 측정 장치로 이동시킨 다음, 각 양동이 속 빗물의 양을 측정하고 각각의 양동이가 있던 위치와 빗물의 양을 기록하면 된다. 이와 마찬가지로 CCD는 각 픽셀에 발생한 전자를 차례대로 측정 장치로 옮겨 전자의 수를 측정한 다음, 그 값을 픽셀의 위치와 함께 기록한다.

CCD를 이용하는 전자식 카메라가 처음 개발된 것은 1975년이었다. CCD는 각 셀의 전기 신호를 디지털 신호로 저장하기 때문에 이런 카메라를 디지털 카메라라고 불렀다. 디지털 카메라는 CCD의 픽셀 수가 많을수록 화질이 좋다. 처음 개발될 무렵에는 주로 군사용이나 연구용으로 사용되었으나 차츰 일반용 디지털 카메라도 생산되기

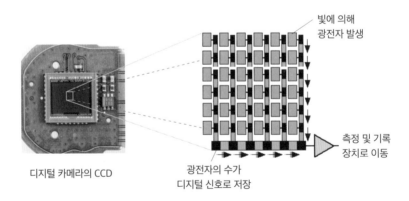

디지털 카메라의 CCD

빛에 의해
광전자 발생

측정 및 기록
장치로 이동

광전자의 수가
디지털 신호로 저장

CCD에서는 각 셀에 도달하는 빛의 세기를 전기 신호로 바꾸어 저장하는데, 그 방법 중 하나가 인터라인 트랜스퍼 방식이다.

시작했다. 본격적인 디지털 카메라 시대가 열린 것은 1991년에 미국의 코닥에서 DSC100이라는 디지털 카메라를 생산하면서부터였다. 1990년대 중반에 널리 퍼지기 시작한 디지털 카메라는 2002년부터 수요가 급격하게 증가해 기존의 필름 카메라를 추월했다. 우리나라에서도 2002년에 디지털 카메라의 매출액이 필름 카메라의 매출액을 넘어섰다. 디지털 카메라가 널리 사용되면서 필름 카메라는 자취를 감추었다. 요즘은 필름을 구하기도 어렵고, 어렵게 구해 사진을 찍는다 해도 현상이나 인화를 해 줄 곳을 찾기가 어렵다.

그러나 필름 카메라를 밀어낸 디지털 카메라도 스마트폰에 밀려나기 시작했다. 우리나라에서 디지털 카메라를 장착한 휴대전화가 처음 생산된 것은 2001년이었다. 초기에는 사진의 화질이 떨어져 휴대전화와 함께 디지털 카메라를 사용하는 사람들이 많았으나 휴대전화 카메라의 화질이 좋아지면서 디지털 카메라는 물론 동영상 촬영 장치의 수요도 크게 줄었다.

사진 찍는 것을 좋아하는 나는 대학에 다닐 때 아르바이트로 번 돈을 아껴 필름 카메라를 샀다. 1990년대까지 이 카메라를 사용하다 디지털 카메라가 나오면서 디지털 카메라를 사용하기 시작했다. 초기에는 화질이 좋지 않아 실망스러웠지만 곧 화질이 좋은 카메라가 나왔다. 크기가 작고 값이 싸면서도 화질이 좋은 디지털 카메라를 사서 써 보고, 나는 마치 카메라 외판원이라도 되는 것처럼 주위 사람들에게 내가 산 카메라를 소개했다. 필름 매수를 신경 쓰지 않고 얼마든지 많은 사진을 찍을 수 있고, 컴퓨터를 이용해 쉽게 지우거나 편집할 수 있는 디지털 카메라가 무척이나 편리하고 실용적이었기 때문이다.

내가 지금까지 구입해서 사용한 디지털 카메라는 우리나라에서 처음 출시된 디지털 카메라를 포함해 여섯 개나 된다. 그러나 언제부터인가 디지털 카메라 대신 휴대전화를 사용하게 되었다. 지금도 서랍 속에는 디지털 카메라가 네 대나 있지만 디지털 카메라로 마지막 사진을 찍은 것은 2년도 더 전이다. 한때 좋은 시절을 구가했던 디지털 카메라가 이제는 서랍 속에서 과거의 유물이 되어 가고 있다.

———

1980년대에 저장 용량이 10메가바이트인 하드디스크를 장착한 컴퓨터를 구입하고 좋아했던 일이 바로 얼마 전의 일 같은데 지금은 저장 용량이 100기가바이트가 넘는 손톱 크기의 USB 메모리도 쉽게 발견할 수 있다. 이런 메모리에는 수천 권의 책에 들어 있는 정보가 모두 저장된다. 그러나 점점 더 용량이 큰 정보 저장 장치가 개발되고 있다. 화질이 더 선명한 동영상들이 만들어지면서 저장해야 할 정보의 양도 그만큼 늘어나고 있기 때문이다.

앞으로 인공지능이 발전해 컴퓨터가 세상을 움직이게 되면 다양한 기능의 센서와 이런 센서들이 수집한 정보를 저장하는 정보 저장 장치가 더욱 중요한 역할을 하게 될 것이다. 실제로 우리 주변에는 인공지능의 기능을 가진 첨단 제품이 하나 둘 늘어나고 있다. 우리는 이미 스마트폰, GPS를 이용한 내비게이터, RFID 카드 등을 통해 앞으로 전개될 고도 전기 문명 시대를 경험하기 시작했다.

고 도 전 기 문 명 시 대

어린이를 위한 과학책을 쓰다

　대학에 근무하기 시작하던 해에 딸이 태어났고, 올림픽이 열리던 해에는 아들이 태어났다. 아이를 키우다 보면 기대하지도 못했던 말을 해서 부모를 놀라게 하는 일이 종종 있다. 그래서 부모들은 자신의 아이가 혹시 천재가 아닐까 생각한다. 그러나 아이가 커 버린 다음에는 언제 어떤 말을 했는지를 까맣게 잊곤 한다. 딸의 경우도 그랬다. 어릴 때는 깜짝깜짝 놀라게 하는 말을 많이 했는데, 어느 정도 크니까 아이도 나도 어떤 말을 했었는지 기억이 가물가물해졌다.

　그래서 아들이 클 때는 그때그때 하는 말들을 적어 놓았다. 한 2년 동안 그렇게 기록을 하다 보니 분량이 꽤 되었다. 연구실을 방문한 출판사 직원에게 그 글을 보여 주었더니 책으로 만들어 보겠다고 했다. 그렇게 해서 아들이 했던 말들이 책으로 출판되었다. 모든 집 아이들이 하는 평범한 말들을 엮은 거라서 그리 특별할 게 없는 책이었지만 이 책이 나에게는 커다란 전환점이 되었다.

　그 책을 보고 어느 날 한 출판사 직원이 연구실로 찾아왔다.

'전기 문명은 이렇게 시작되었다'라는 전시 코너가 공개된 뒤,

패러데이가 했던 크리스마스 강의를 흉내 내어 일반인들을 대상으로

전기 문명의 발전 과정을 소개하는 강연을 했다.

강연 중인 저자. 국립과천과학관 제공.

그리고 출간을 준비하고 있는 유아용 전집에 창작 동화를 써 달라고 했다. 전래 동화, 글자 공부, 숫자 놀이, 창작 동화 등으로 이루어진 세트에 포함될 책이라고 했다. 과학에 관한 글만 쓰던 나로서는 난감한 일이었다. 처음에는 거절했지만 그쪽에서도 쉽게 물러서지 않았다. 아들 이야기를 쓴 것으로 보아 시작만 하면 쓸 수 있을 것이라고 밀어붙였다. 거절하는 일에 서툰 나는 결국 그 일을 맡게 되었고, 두 권의 과학 동화를 썼다. 지금 그 책을 들춰 보면 어린이용 동화를 너무 논리적으로 설명해 놓아 딱딱하다는 느낌이 든다. 지금 다시 쓰라고 하면 앞뒤 이야기가 논리적으로 맞지 않더라도 좀 더 부드러운 이야기를 만들 것이다.

그 책이 나오고 한 1년쯤 지나, 같은 출판사의 다른 직원이 찾아와 유치원 어린이용 과학책을 써 달라며 준비해 온 기획안을 보여 주었다. 기획안이라고 했지만 이미 내용 구상이 다 끝나 있었다. 동화를 썼던 것에서 용기를 얻은 나는 그 일을 하기로 했다. 그림을 위주로 한 과학책이어서 내용은 원고지 20매 정도밖에 안 됐다. 그러나 그 책을 완성하는 데 거의 1년이 걸렸다. 단어 하나하나를 넣고 빼기를 반복하면서 내용을 조율하다 보니 시간이 많이 걸렸다. 그 책은 30권으로 이루어진 시리즈 중 한 권이었는데, 결국 30권 중 7권을 내가 쓰게 되었다. 그 후 다른 출판사에서도 어린이용 과학책을 출간하게 되었고, 청소년들을 위한 과학책도 썼다.

2006년에서 2015년 사이에는 중학교 과학 교과서, 고등학교 1학년 과학 교과서 그리고 고등학교 2학년이 배우는 물리 교과서 집필에도 참여했다. 여러 저자와 함께한 작업이어서 내가 써야 할 분량이 많지는 않았지만 교과서를 쓰는 일은 쉽지 않았다. 수없이 많은 집필 회의, 원고 쓰기, 서로 돌려 보며 검토하고 교정하기 등의 과정을 거치다 보니 교과서 하나를 만드는 데 2년 정도가 걸렸다. 내용별로 쪽수까지 결정되어 있어서 새로 만드는 것이 아니라 이미 만들어진 책에 색칠을 하는 것과 같은 일이었지만 교과서를 만드는 데 참여한 것은 내게 새로운 경험이었다.

과학사를 공부하고 과학과 관련된 책을 쓰거나 번역을 하다 보니 역사적으로 유명한 실험들을 직접 해 보면 좋겠다는 생각이 들었다. 특히 전기와 관련된 실험은 모두 재현해 보고 싶었다. 하지만 마음만 있다고 쉽게 할 수 있는 일은 아니었다. 그러려면 당시 실험 장치에 사용된 부품들부터 모두 직접 제작해야 하기 때문이다. 그런데 뜻밖의 기회가 찾아왔다. 서울 근교에 있는 국립 과학관에서 전기 문명의 역사에 대해 강의했던 것이 계기가 되어, 과학관의 전시물 설치 작업에 참여하게 된 것이다. 전기 문명 발전에 기여했던 중요한 실험 장치들을 재현하여 전시하고 소개하는 프로젝트였다. 나는 자문을 맡아 실험 종류와 전시품을 선정하는 단계에서부터 참여했다. 기획을 할 때는 과학관 직원들이 일주일 동안이나 내 연구실로 출근하기도 했다. 프로젝트가 마무리되어 '전기 문명은 이렇게 시작되었다'라는 제목으로 관람객들에게 공개되기까지는 약 1년이 걸렸다.

전시물에는 게리케가 만들었던 유황 구를 돌려서 마찰전기를 발생시키는 장치, 쿨롱의 비틀림 저울, 전류의 자기작용과 패러데이의 전자기 유도 관련 실험 장치 등이 포함되어 있었다.

맥스웰 방정식을 설명해 주는 동영상도 설치했고, 전자기파를 발견한 헤르츠의 실험 장치도 만들어 전시했다. 다이오드나 트랜지스터의 구조와 기능을 보여 주는 전시물도 있었다. 내가 직접 실험 기구를 제작하진 않았지만 이 프로젝트를 통해 나는 전기 문명의 발전 과정을 책을 통해서가 아니라 실제 실험을 통해 경험할 수 있었다. 전시 코너가 공개된 뒤에는 패러데이가 했던 크리스마스 강의를 흉내 내어 일반인들을 대상으로 4회에 걸쳐 전기 문명의 발전 과정을 소개하는 강연을 했다.

프로젝트를 진행하며 전기 문명의 역사를 다시 한번 정리할 수 있었다. 전기 문명 발전에 기여한 실험 장치를 실제로 제작하여 실험해 보면서 지금까지 70년 가까이 살아온 삶의 모습이 전기 문명의 발전과 함께 많이 변했다는 것을 다시금 실감했다. 그것은 나만이 아니라 우리 세대가 함께 겪은 경험이었다. 전기 문명의 기초를 포함해 우리 세대가 겪은 전기 문명 이야기를 책으로 만들 생각을 할 수 있었던 것도 이 프로젝트 때문이었을 것이다.

이제 숨 가쁘게 달려온 전기 문명 이야기를 끝낼 때가 되었다. 마지막 장에서는 앞으로 전개될 고도 전기 문명 시대를 엿볼 수 있는 몇 가지 중요한 기술에 대해 알아보려고 한다.

RFID를 사용하는 신용카드와 교통카드

2000년을 전후로 등장한 교통카드와 IC칩이 내장된 신용카드는 우리 생활을 크게 바꿔 놓았다. 카드를 대기만 해도 요금이 결제되는 교통카드, 마트에서 물건을 사고 리더기에 읽히기만 하면 물건 값이 계산되는 신용카드는 어떻게 작동하는 것일까?

신용카드와 교통카드에는 요금을 계산하는 데 필요한 정보가 담긴 메모리칩이 들어 있다. 교통카드가 메모리에 저장된 정보를 전파를 이용하여 리더기에 전송하면 리더기와 연결되어 있는 컴퓨터가 요금을 계산한다. IC칩이 내장된 신분증이나 여권도 이러한 방식으로 작동한다. 이처럼 전파를 이용하여 메모리에 저장되어 있는 정보를 주고받는 것을 전파 주파수 식별RFID, Radio Frequency Identification이라고 한다. 간단히 RFID라고 하며 '전자태그'라고도 부른다.

RFID의 역사는 제2차 세계대전 중 비행기에 부착해 적과 아군을 식별하는 데 사용하던 1939년까지 거슬러 올라간다. 1960년대에는 미국에서 핵 시설 관련 장비 및 작업자를 식별하는 데 RFID 기술을

교통카드와 신용카드에는 필요한 정보가 담긴 메모리와 유도 전류를 발생시키는 코일이 내장되어 있다.

활용했다. 현재 우리가 사용하고 있는 RFID 기술이 등장한 것은 1973년이었다. 1980년대부터는 육우용 소의 귀에 전자태그를 부착하기 시작했고, 1991년에는 미국 오클라호마주 고속도로에 RFID를 이용한 하이패스 시스템이 개통되었다. 1998년에는 사람의 팔에 RFID 칩을 이식하기도 했다.

교통카드나 신용카드에 내장된 정보를 전파를 이용해 리더기에 전달하기 위해서는 전기에너지가 필요하다. RFID 카드는 자체 전원이 없지만 패러데이의 전자기 유도 원리를 이용해 통신에 필요한 전기를 만들 수 있다. 전자기 유도 법칙에 따르면, 도선 주위에서 자기장이 변하면 전류가 흐른다. 자기장을 변화시키려면 도선 주위에서 자석을 움직이든지 자석 주위에서 도선을 움직여야 한다. 하지만 이 방법 외에도 변하는 자기장을 만들어 낼 수 있는 방법이 있다. 전자기파는 계속적으로 변하는 전기장과 자기장이 공간을 통해 퍼져 나가는 것이다. 따라서 전자기파가 도선을 지나가면 도선에 전류가 흐르게 된다.

RFID 카드 가장자리에는 코일이 감겨 있다. 리더기에서 전자기파를 보내면 카드 가장자리에 감겨 있는 코일에 유도 전류가 흐르고, 카드에서는 이 전류를 이용해 메모리에 저장되어 있는 정보를 리더기에 보낸다. 그러나 이때 발생하는 전류는 매우 약하기 때문에 강한 전파를 발사할 수는 없다. 따라서 카드를 리더기에 가까이 대야만 카드와 리더기가 정보를 교환할 수 있다.

카드에 전원이 연결되어 있는 경우에는 좀 더 강한 전파를 발사할 수 있어 멀리 떨어져 있는 리더기와도 통신할 수 있다. 자동차에 사용되는 하이패스는 자동차의 전원을 이용하여 멀리 떨어져 있는 리더기에 정보를 보내 통행료를 계산한다. 이렇게 별도의 전원을 이용하여 좀 더 멀리 있는 리더기와 통신할 수 있는 RFID를 능동형 RFID라고 한다.

버스에는 통행요금 정산을 위해 승객들의 교통카드를 읽는 수동형 RFID 리더기 외에 버스의 위치 정보를 정류장의 리더기에 보내는 능동형 RFID도 부착되어 있다. 버스가 정류장이나 특정 지점을 통과하면 그 정보가 정류장에 설치되어 있는 리더기로 전달되어 버스를 기다리는 사람들에게 그 버스가 언제 도착할지 알려 준다. 택배로 물건을 보낼 때 그 물건이 지금 어디에 있는지를 실시간으로 검색할 수 있는 것도 RFID 덕분이다. 물품이 중간 기착지에 도착할 때마다 일일이 기록하는 것은 가능하지 않다. 그러나 물품에 부착되어 있는 RFID 칩이 리더기 앞을 지날 때마다 그 내용이 자동적으로 기록되므로 이 정보를 조회하면 물품이 지금 어디쯤 오고 있는지를 확인할 수 있다.

상점에서 물건 값을 계산할 때는 아직까지 주로 바코드를 이용한다. 바코드는 굵기가 다른 막대들의 조합으로 정보를 저장하는 방법이다. 막대 굵기에 따라 다르게 반사되는 빛을 판독기로 감지해서 바코드가 나타내는 숫자를 읽어 내고, 이 숫자를 판독기가 가지고 있는 자료와 비교해 제조 국가나 제조사 및 가격 등의 정보를 알아낸다. 그러나 바코드에 저장할 수 있는 정보의 양에는 한계가 있기 때문에 더 많은 정보를 저장할 수 있는 RFID로 대체되고 있다. RFID 기술이 발전하면 물건을 일일이 판독기에 대지 않고 물건을 실은 카트가 리더기 앞을 지나가기만 해도 물건 값이 계산되므로 계산과 재고 관리가 빠르고 편리해진다. 이미 우리 생활을 크게 바꿔 놓고 있는 RFID가 앞으로는 또 어떤 변화를 가져올까.

GPS와 내비게이터

내비게이터는 지도 위에서 내가 있는 위치와 가고 있는 방향을 알려 준다. 요즘 우리는 내비게이터 없이 모르는 길을 찾아갈 엄두를 내지 못하게 되었다. 내비게이터가 없던 시절에는 어떻게 길을 찾아다녔나 싶다. GPS 수신기로 작동하는 내비게이터는 이제 길 찾기뿐 아니라 목적지까지 남은 거리와 도착 예정 시간을 알려 주고, 교통 상황을 감안해 가장 빠른 길을 일러 주며, 주변 관광지나 편의시설의 위치도 알려 준다. 골프장에서 앞에 있는 핀까지의 거리는 물론 벙커나 해저드까지의 거리를 알려 주는 것도 GPS 수신기를 갖춘 기기들이다.

GPS 수신기는 어떻게 이러한 일들을 할 수 있을까? GPS는 'Global

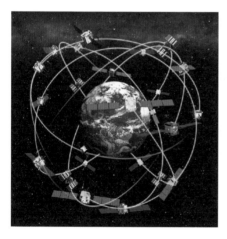

GPS 수신기는 지구 궤도를 돌고 있는 30개의 GPS 인공위성 중 4개 이상의 인공위성이 보내는 신호를 받아 자신의 위치를 계산한다.

Positioning System'의 머리글자로, 지구 위치 결정 시스템이라는 뜻이다. GPS는 2만 183킬로미터 상공에서 여섯 개의 다른 궤도를 따라 지구를 돌고 있는 인공위성들로 이루어져 있다. 미국에서 군사용으로 사용하기 위해 발사된 이 위성들은 처음에는 스물네 개였으나 정확도를 높이고 사고에 대비하기 위해 현재는 총 삼십 개로 운용되고 있다. GPS가 내보내는 전파 신호는 라디오를 듣는 것처럼 누구나 수신 장치만 있으면 수신할 수 있다.

GPS 수신기는 GPS 위성들이 내는 전파 신호를 수신하여 자신의 위치를 계산하고 그 결과를 지도 위에 표시해 보여 주는 정보 처리 장치이다. GPS 수신기는 GPS 위성에서 보내는 전파를 받아들이는 안테나, 정밀한 시계, 수신된 신호를 처리하여 위치를 계산하는 정보 처리 장치, 계산된 결과를 보여 주는 모니터로 이루어져 있다. GPS 위성이 보내는 신호를 받아 분석하면 수신기가 그 위성으로부터 얼마나 멀리 떨어져 있는지 알 수 있다. 위성까지의 거리에 따라 전파가 수신기에 도달하는 시간이 다르기 때문이다.

GPS 수신기가 위치를 결정하기 위해서는 적어도 세 개 이상의 위성으로부터 전파 신호를 수신해야 한다. 하나의 위성 신호로는 그 위성으로부터 일정한 거리만큼 떨어져 있는 구 위의 한 점이 결정되고, 두 개의 위성으로부터 전파를 받아 계산하면 두 위성으로부터 각각 일정한 거리에 있는 원 위에 있다는 것을 알 수 있다. 수신기의 위치를 결정하기 위해서는 세 번째 위성으로부터 신호를 받아야 한다. 세 번째 위성으로부터 일정한 거리만큼 떨어진 구와 앞의 두 위성에 의해 만들어진 원이 만나는 것은 두 점이다. 그러나 수신기는 지구 표면에 위치해 있으므로 두 점 중 지구 표면에 위치한 점이 수신기가 있는 지점이다. 따라서 삼십 개의 위성이 보내는 신호 중에서 세 개의 위성이 보내는 신호만 받으면 수신기가 있는 지점을 계산할 수 있다. 하지만 보다 정확하게 위치를 결정하기 위해 네 개 이상의 위성이 보내는 신호를 이용한다. 초기의 수신기는 네 개나 다섯 개 정도의 위성 신호를 이용했지만 현재는 열 개가 넘는 위성들로부터 신호를 받아 위치를 결정하고 있다.

GPS 위성 신호를 이용하여 위치를 결정하는 데는 여러 가지 원인으로 인한 오차를 감안해야 한다. 오차에는 전파가 수신기에 도달하는 경로에 따른 오차, GPS 위성과 수신기에 내장된 시계의 오차, 수신기 내부 회로에서 발생하는 오차, 대기와 전리층에서 반사되는 반사파로 인한 오차 등이 있다. 따라서 GPS 수신기를 개발하는 사람들은 이런 오차를 보정하여 정확한 위치를 결정할 수 있게 하기 위해 노력하고 있다.

아인슈타인이 제안한 특수상대성이론에 의하면 빠른 속력으로 달리고 있는 인공위성에서는 시간이 천천히 간다. 반면, 일반상대성이론에 따라 지상보다 중력이 약한 지구 궤도에서는 시간이 빠르게 간다. 따라서 지구 상공에서 빠른 속력으로 지구 궤도를 돌고 있는 인공위성에서의 시간은 지상에 있는 시계가 측정한 시간과 같지 않다. 특수상대성이론과 일반상대성이론에 의한 이런 오차를 감안하지 않으면 오차가 쌓여 수신기가 쓸모없게 된다. 특수상대성이론과 일반상대성이론에 의한 오차를 감안하여 설계한 GPS 수신기가 정확하다는 것은 상대성이론이 잘 맞는다는 증거이기도 하다.

GPS 수신기가 가지고 있는 여러 오차에도 불구하고 내비게이터가 비교적 정확하게 달리는 자동차의 위치를 표시할 수 있는 것은 컴퓨터 프로그램을 이용하여 오차를 최소화하고 있기 때문이다. GPS 수신기가 계산을 통해 위치를 알아내면 내비게이터 프로그램이 계산된 위치에서 가장 가까운 곳에 있는 도로 위를 자동차의 위치로 결정한다. 자동차는 도로 위로만 달린다는 것을 감안하여 프로그램을 만들었기 때문이다. 갈림길에서 내비게이터가 알려 주는 길이 아니라 다른 길로 가면 어느 정도 지난 다음에야 다른 길로 가고 있다는 것을 알아차리는 것은 이 때문이다.

처음 내비게이터가 등장했을 때 사람들은 인공위성이 내비게이터로부터 신호를 받아 위치를 알려 준다고 생각했다. 그러려면 지상의 모든 내비게이터가 자신의 위치 정보를 인공위성에 전달해야 하고, 인공위성은 그 정보를 처리하여 위치를 결정한 다음 다시 내비게이터에 보내야 한다. 하지만 우리가 사용하는 내비게이터는 인공위성에 신호를 보낼 수 있을 만큼 전파 송신 장치가 강력하지 않을 뿐만 아니라, 인공위성이 그 많은 내비게이터가 보내는 정보를 처리할 수도 없다. 그러므로 GPS 위성은 일방적으로 자신의 정보를 포함한 신호를 발사하고 있을 뿐이고, 이 신호를 이용하여 자신의 위치를 결정하는 것은 내비게이터 안에 들어 있는 컴퓨터가 하는 일이다.

모든 내비게이터가 다 똑같은 GPS 신호를 받지만, 수신기의 정보 처리 능력에 따라 위치의 정확도는 크게 달라진다. 내비게이터가 얼마나 자세한 정보를 제공해 줄 수 있느냐 하는 것은 GPS의 문제가 아니라 얼마나 세밀한 지도를 사용하느냐에 달려 있다. 내비게이터용

지도 개발자들은 도로는 물론 교통 표지판, 교통 시설물, 중요한 지형 지물에 대한 정보를 포함한 지도를 다양한 방법으로 보여 주고자 노력하고 있다. 최근 내비게이터는 단순히 길을 안내해 주는 기계에서 종합 관광 가이드로 진화 중이다.

GPS와 내비게이터의 발전으로 달라진 것 중 하나는 택시를 이용하는 방법이다. 예전에도 전화를 걸어 택시를 부르는 콜택시가 있긴 했지만, 길에 나가 기다리다가 지나가는 빈 택시를 잡아서 타는 것이 일반적이었다. 그러나 이제 스마트폰에 설치되어 있는 앱application을 이용해 택시를 부르면 내가 있는 위치를 따로 설명해 주지 않아도 택시가 알아서 찾아온다. 그뿐 아니라 택시가 얼마 후에 도착할지, 지금 어디쯤 오고 있는지도 알 수 있고, 목적지까지 걸리는 시간이나 요금도 미리 알려준다. 따라서 택시 기사의 승차 거부나 요금 흥정은 옛이야기가 되었다. 점점 더 발전하고 있는 내비게이터는 스스로 달리는 자율 주행 자동차의 시대를 앞당기는 데 크게 기여할 것이다.

무선호출 시스템에서 스마트폰까지

1983년에 서비스를 시작한 무선호출 시스템을 사람들은 일명 '삐삐'라고 불렀다. 012와 015로 시작되는 번호로 메시지를 보내면 수신자가 휴대하고 다니는 수신기에 메시지를 보낸

'삐삐'로 불렸던 무선호출기.

사람의 전화번호가 뜨고, 전화번호를 확인한 수신자는 주변에 있는 전화기로 달려가 메시지를 보낸 사람에게 전화를 걸어 통화했다.

처음에는 긴급한 호출이 필요한 사업가나 의사들이 삐삐를 사용했지만, 차츰 일반인들도 사용하기 시작하면서 사용자 수가 크게 늘어 1997년에는 무선호출 서비스 가입자가 500만 명을 넘어섰다. 당시에는 삐삐를 받고 달려온 사람들이 전화를 걸기 위해 공중전화 앞에 늘어서서 차례를 기다리는 모습을 쉽게 발견할 수 있었다. 테이블마다 전화기가 있는 카페도 많았다. 그러나 2000년대 들어와 휴대전화가 널리 사용되면서 삐삐는 찾아보기 어렵게 되었다.

1990년대에 삐삐가 널리 사용된 것은 언제 어디서나 원하는 사람과 자유롭게 통신할 수 있는 통신 체계에 대한 요구가 얼마나 큰지를 잘 말해 준다. 그런 통신 체계는 오랫동안 상상 속에서나 가능한 꿈이었다. 그런데 그 꿈이 빠르게 실현되었다. 처음으로 무선전화가 등장한 것은 1973년이었다. 미국 모토로라에서 근무하던 마틴 쿠퍼Martin Cooper, 1928~와 그의 연구팀은 벨연구소의 조엘 엥겔Joel S. Engel, 1936~이 경찰의 무선통신을 위해 개발했던 카폰을 개량하여 무게가 850그램 정도인 무선전화기를 만들었다. 경찰차 안에서 사용되던 무선전화를 차량 밖으로 끌어낸 것이다.

무선전화기로 통화하기 위해서는 무선전화기와 무선전화기 사이의 통신을 중계해 주는 통신 시스템이 필요하다. 원격 통신 시스템을 갖춘 무선전화기 서비스를 처음 시작한 곳은 1979년 일본 도쿄였다. 1981년에는 미국 워싱턴에서도 시험이 이루어졌고, 1982년에 미국 연방통신위원회가 무선통신 서비스를 허가했다. 미국 시카고에서 무선통신 서비스가 시작된 것은 1983년으로, 같은 해에 모토로라가 휴대전화를 생산하기 시작했다. 우리나라에서는 1984년에 한국이동통신(현 SK텔레콤)이 휴대전화 서비스를 시작하며 휴대전화 시대의 막이 올랐다.

1990년대 초에 사용되던 휴대전화는 크기도 컸지만 매우 비싸서 소형차 한 대 가격에 근접했다. 그래서 대부분의 사람들은 휴대전화 대신 삐삐를 사용할 수밖에 없었다. 그러다가 1990년대 후반에 휴대전화의 가격이 크게 떨어지면서 본격적인 휴대전화 시대가 시작되었다. 휴대전화는 기능에 따라 세대를 나누어 구분한다. 음성 통신만 가능했던 1세대(1G), 문자 송수신이 가능했던 2세대(2G), 영상의 송수신이 가능했던 3세대(3G), 동영상을 포함한 각종 멀티미디어를 사용할 수 있는 4세대(4G), 컴퓨터로 할 수 있는 거의 모든 일을 할 수 있는 5세대(5G)가 그것이다. 멀티미디어를 사용할 수 있고, 컴퓨터 기능을 갖춘 휴대전화는 스마트폰이라고 부른다. 2010년까지는 3세대 휴대전화가 널리 사용되었지만 2009년에 애플 아이폰 3GS가 수입되고, 2010년 삼성전자가 갤럭시S를 출시하면서 스마트폰 시대가 시작되었다. 통화는 물론 전자 우편, 인터넷, 카메라, 음악이나 영상의 감상과 같은 기능을 갖추고 있는 스마트폰은 한마디로 말해 전화 기능을 포함하고 있는 소형 컴퓨터라고 할 수 있다.

우리나라에서는 삼성전자와 LG전자가 휴대전화에 초소형 컴퓨터를 결합하여 이동 중에 무선으로 인터넷 및 PC 통신, 팩스 전송 등을 할 수 있는 스마트폰을 개발했다. 2007년과 2009년에 삼성전자는 윈도우모바일을 기반으로 한 옴니아와 옴니아2를 출시했고, 2009년에 안드로이드를 기반으로 하는 갤럭시를 출시했으며 2010년에는 갤럭시S를 출시했다. 2019년에는 OLED 디스플레이를 채택해 접을 수 있

1973년에 자신이 개발한
최초의 무선전화기를 들고 있는
마틴 쿠퍼. 2004년 사진.

1984년 모토로라   1989년 모토로라   1998년 노키아

2000년대
삼성 애니콜

2007년 애플
3G 아이폰

2020년 삼성 갤럭시 폴드

1984년부터 2020년까지 발전해 온
다양한 모양의 휴대전화와 스마트폰.

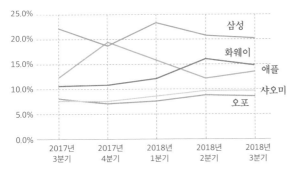

시장조사 회사인 IDC가
2018년 11월 1일
발표한 스마트폰의 세계
시장 점유율 변동 추이.

는 갤럭시 폴드가 등장했다. 우리나라 스마트폰은 국내에서는 물론 세계 시장에서도 각광을 받고 있다. 시장조사 기관인 IDC가 2018년 11월 1일에 발표한 자료에 따르면 2018년 3분기의 스마트폰 세계 시장 점유율 1위가 삼성전자(20.3%), 2위는 중국의 화웨이(14.6%), 3위는 미국의 애플(13.2%)이었다. 워낙 기술 경쟁이 심한 분야여서 새로운 기술이 개발될 때마다 세계 시장 점유율이 크게 출렁이고 있다.

휴대전화와 스마트폰의 등장은 우리 생활을 크게 바꿔 놓았다. 우선 사람과 사람 사이의 공간적 거리가 크게 줄었다. 이웃이라는 말의 의미도 달라졌다. 예전에는 공간적으로 가까이 사는 사람이 이웃이었지만 이제는 자주 서로 통화를 하거나 스마트폰을 이용하여 정보를 주고받으며 대화를 하는 사람이 이웃이 되었다. 반면, 공간적으로 가까이 있는 사람과의 사이는 예전보다 멀어졌다.

휴대전화로 통화를 하기 위해서는 기지국을 통해 상대방과 연결해야 한다. 이를 위해 휴대전화는 사용하지 않는 동안에도 주기적으로 기지국과 통신하고, 따라서 휴대전화를 지니고 있는 사람의 움직임이 기지국에 기록된다. 이 기록을 조사하면 그 사람이 어디에 있는지 그리고 어디에 있었는지 행적을 알 수 있다. 이런 정보는 실종자 수색이나 범죄자 추적에 이용된다. 그러나 그만큼 개인의 정보가 노출될 위험이 커졌다.

스마트폰의 등장은 유비쿼터스 시대를 앞당겼다. 한동안 널리 사용되던 유비쿼터스ubiquitous라는 말은 '언제 어디서나 존재한다'라는 뜻의 라틴어에서 유래했다. 요즘은 모든 컴퓨터 자원을 연결해 언제 어디서나 필요한 정보나 서비스를 받을 수 있게 한다는 뜻으로 유비쿼터스라는 말을 쓴다. 자동차 안에서 인터넷을 검색할 수 있고, 메일을 보내거나 받을 수 있으며, 밖에서도 집에 있는 가전제품이나 주방 기기를 작동시킬 수 있는 세상이 유비쿼터스 세상이다. 유비쿼터스가 가능하려면 우선 우리가 쓰는 전자 제품들이 컴퓨터와 연결되어야 한다. 다양한 기능의 집적회로를 장착한 전자 제품이 늘어나면서 컴퓨터로 제어 가능한 전자 제품의 종류가 많아지고 있다. 전기밥솥이나 전자레인지, 냉장고, 에어컨, 제습기, 청소기, 세탁기와 같은 가전제품들이 컴퓨터와 연결되고 있다. 그러나 정작 이런 것들을 언제 어디서나 사용할 수 있도록 하는 것은 스마트폰이다. 따라서 스마트폰은 유비쿼터스 세상에서 핵심적인 역할을 한다.

한편, 휴대전화 사용이 늘면서 휴대전화 번호는 기존에 주민등록 번호가 하던 신분 증명의 역할까지 대신하고 있다. 은행과 거래하거나 인터넷 상거래를 위해 새로 회원 가입을 할 때면 휴대전화로 인증번호를 보내 본인 여부를 확인하는 것이 보편화되었다. 그러다 보니 휴대전화로 전화를 걸기만 해도 내 정보와 연결되는 경우가 많다. 이밖에도 스마트폰의 사용으로 달라진 것이 많다. 필요한 정보를 즉석에서 확인할 수 있게 된 것도 그런 변화 중 하나다. 처음 만나는 사람에게 받은 명함을 보고 그 사람이 맞는지 검색해 보기도 하고, 뉴스에 등장하는 인물들의 인적 사항을 검색해 보기도 하며, 속담의 정확한 뜻을 확인하기도 한다. 여행이나 물품에 대한 자세한 정보도 쉽게 찾아볼 수 있다. 따라서 정확하지 않은 기억 때문에 생기는 사람들 사이의 논쟁은 많이 줄었다.

1990년대 초에 삐삐가 인기를 끌었지만, 나는 삐삐에는 별 관심이 없었다. 주위 사람들 대부분이 삐삐를 차고 다녀도 그것을 갖고 싶다는 생각을 해 본 적이 없다. 하지만 휴대전화는 등장하자마자 샀다. 그 뒤 평균 2년 주기로 휴대전화를 바꾼 것 같다. 매년 새로운 모델이 출시되기도 했지만, 약정 기간이 2년이었던 것도 휴대전화를 자주 바꾼 이유 중 하나였다. 하지만 무엇보다 가장 큰 이유는 새로운 제품이 나오면 그것을 사지 않고는 견디지 못하는 나의 성격 때문이었을 것이다. 얼마나 정확한 분석인지는 모르겠지만, 우리나라가 휴대전화와 스마트폰 분야의 발전을 견인하게 된 데에는 나와 같은 소비자들이 많기 때문이라는 말에도 일견 수긍이 간다.

가상현실과 증강현실

1999년에 미국에서 제작된 영화 〈매트릭스〉에서는 인간의 두뇌마저 인공지능에 의해 지배를 받는다. 사람들은 목 뒤에 있는 플러그를 통해 컴퓨터에 연결되어 있고, 인공지능은 그런 사람들에게 진짜보다 더 진짜 같은 가상현실을 보여 준다. 컴퓨터에 매달려 살아가는 사람들은 인공지능이 보여 주는 가상현실과 실제 세상을 구별하지 못한다. 영화와 비슷하게, 우리도 거실 소파에 앉아서 가상현실 헤드셋을 통해 전 세계 관광지를 여행하고, 높은 산에 올라가고, 바닷속을 여행할 수 있게 되면 어떨까? 그냥 그림으로만 보는 것이 아니라 소리를 듣고 냄새를 맡을 수 있으며 만질 수도 있다면 어떨까? 맹수의 공격으로 인한 공포를 실제처럼 체험하고 추위로 인한 고통을 느낄 수 있다면 또 어떨까?

가상현실VR, Virtual Reality은 컴퓨터를 이용하여 환경이나 상황, 또는 영상을 실제처럼 경험할 수 있도록 하는 것을 말한다. 현재는 주로 영상이나 소리를 통해 가상현실을 체험하게 되어 있지만 기술이 발전하여 냄새와 촉각 등 모든 감각을 느낄 수 있다면 현실과의 차이는 줄어들 것이다. 사용자가 가상현실을 체험하는 것에서 한 발 더 나가 가상현실과 상호작용하여 새로운 가상현실을 만들어 내는 데 직접 참여하게 될 수도 있다. 예를 들어 가상현실 속에서 운전을 하면서 사고를 낼 수도 있고, 사고로 인한 고통을 느낄 수도 있게 되는 것이다.

가상현실은 시스템이 사용되는 환경에 따라 몰입형 가상현실, 원거리 로보틱스, 데스크톱 가상현실, 삼인칭 가상현실로 나눌 수 있다.

몰입형 가상현실은 가상현실 헤드셋, 데이터 장갑, 데이터 옷 등의 특수 장비를 이용해서 사용자가 실제로 보고 만지는 것 같은 효과를 통해 가상현실을 실제처럼 느끼도록 하는 시스템이다. 이때 컴퓨터가 제공하는 가상현실은 상상 속 세계나 외계인을 만나는 등 실제 세상에는 없거나 불가능한 가상의 세계와 실제로 가능한 세상으로 나눌 수 있다. 컴퓨터가 만들어 낸 완전히 가상적인 공간이나 환경의 가상현실에서는 사용자가 가상현실 속 상황과 상호작용하여 얼마든지 새로운 가상현실을 만들어 낼 수 있다. 주로 3D 게임에서 이런 가상현실을 이용한다. 반면에 거실에 앉아서 멀리 있는 도시를 여행하거나 높은 산을 등산하거나 하는 것은 현실 세계에 실제로 존재하는 정보나 상황을 제공하는 가상현실이다. 이런 가상현실에서는 사용자가 여행할 순서를 정한다든지 주위를 둘러보는 것과 같은 일은 할 수 있지만 현실의 물리적 한계를 넘어설 수는 없다.

[왼쪽] 가상현실을 통해 우주를 탐험하고 있는 NASA 직원. [오른쪽] 가상현실 시스템으로 훈련을 받고 있는 미군.

원거리 로보틱스는 몰입형 가상현실에 먼 곳에서 작동하는 로봇을 더하여, 로봇이 있는 공간의 상황을 사용자가 실제로 경험하거나 로봇을 조종하여 그 상황과 상호작용할 수 있게 한 것이다. 사용자는 로봇을 이용해 여러 가지 일을 할 수도 있고, 로봇이 전해 주는 정보를 통해 활동 계획을 수정할 수도 있다. 그러나 로봇이 처해 있는 환경의 물리적 한계를 넘어설 수는 없다. 조종사가 직접 비행기를 몰고 적진에 들어가 폭격 임무를 수행하는 대신, 안전한 지역에 있는 벙커에서 원격 조종으로 미사일을 조종해 적진을 폭격하는 것도 원거리 로보틱스의 예다. 최근에는 미사일뿐만 아니라 적군의 이동을 감시하거나 적군을 살상하는 데도 원격 조종이 가능한 드론이 사용된다. 어쩌면 미래의 전쟁은 군인들의 직접적인 전투가 아니라 원거리 로보틱스를 이용한 기술 전쟁이 될는지도 모른다.

데스크톱 가상현실은 집에 있는 컴퓨터 모니터에 입체안경이나 마우스 또는 조이스틱 같은 간단한 도구를 추가하여 손쉽게 구현할 수 있는 가상현실 시스템을 말한다. 책상 앞에 앉아서 컴퓨터를 통해

증강현실의 예. 현실의 건물을 바탕으로 가상의 공간을 체험하는 증강현실 게임. 게임 속에서 건물을 없애거나 추가로 지을 수 있다.

극장에서처럼 영화를 감상하는 것이 여기에 해당한다. 컴퓨터가 내장된 헤드셋을 이용하여 공연을 관람하는 것도 데스크톱 가상현실이라 할 수 있다.

삼인칭 가상현실은 카메라로 촬영한 사용자 자신의 모습을 컴퓨터가 만들어 내는 가상공간에 나타나게 하여 사용자가 가상공간에 존재하는 것처럼 느끼게 하는 방법이다. 오락용 가상현실에 이런 종류가 많이 사용되고 있다.

가상의 공간과 사물에 사용자가 몰입하도록 하는 가상현실과는 달리, 증강현실AR, Augmented Reality은 현실 세상과 가상현실을 합성하여 현실 세계에서는 경험하기 어려운 것들을 체험할 수 있도록 하는 것이다. 가상현실이 현실 세계와 동떨어져 있는 새로운 세상을 보여 준다면, 증강현실은 현실 세계와 가상현실이 복합된 세상을 보여 준다. 예를 들어 도심에 있는 사무실에 앉아 창밖으로 바다 풍경을 감상한다거나, 길을 걸으면서 가로수의 나뭇잎을 뜯어 먹고 있는 공룡을 발견할 수 있다. 증강현실에서는 우리가 살아가는 공간에 실제로 존재하는 대상과 컴퓨터가 만든 인공적인 대상이 함께 존재하므로 물리적 공간의 성격이 변한다. 증강현실은 다양한 현실 환경에도 응용할 수 있다. 예를 들면 스마트폰으로 주위의 건물을 비추면 그 건물들이 무엇을 하는 곳인지, 거기에 있는 사람들이 누구인지와 같은 정보가 입체 영상으로 나타나는 것도 증강현실이라고 할 수 있다.

증강현실을 실외에서 구현하기 위해서는 착용이 가능한 컴퓨터가 필요하다. 헤드셋 형태의 컴퓨터 화면 장치는 주위에 있는 실제 환경에 컴퓨터 그래픽, 문자, 소리 등을 겹쳐 실시간으로 보여 준다. 따라서 증강현실 연구자들은 이른바 웨어러블 기기라고 하는 착용 가능한 컴퓨터의 개발에 집중하고 있다.

가상현실과 증강현실 기술이 발전하면 특히 교육이나 의료 분야에 큰 변화가 생길 것이다. 강의를 듣거나 실험을 하기 위해 강의실이나 실험실까지 갈 필요가 없게 되는지도 모른다. 그런가 하면 멀리 화성에서 이루어지는 탐사 활동에 많은 사람들이 동참할 수도 있을 것이다. 지금까지 가상현실이나 증강현실은 주로 게임에 응용되었다. 그러다 보니 게임을 별로 좋아하지 않는 나는 가상현실을 직접 경험할 기회가 많지 않았다. 그런데 몇 해 전 간단한 헤드셋을 구한 뒤로 영화나 다큐멘터리 영상을 감상할 때 가끔씩 사용한다. 가상현실 헤드셋을 사용하면 같은 영상을 컴퓨터로 보는 것보다 더 실감나게 감상할 수 있다. 특히 잠이 안 올 때 가상현실 헤드셋으로 다큐멘터리 영상을 보면 금방 잠이 들 수 있어 수면용으로 사용하고 있다. 중간에 잠이 들어 버리기 때문에 다큐멘터리 한 편을 끝까지 다 본 적이 거의 없다.

어디서나 전기를 쓸 수 있게 하는 태양전지

초창기 우리나라에 건설된 발전소는 대부분 수력발전소였지만 1969년 10월 서울 화력발전소의 5호기가 준공되면서 수력발전소 위주에서 화력발전소 위주로 바뀌었다. 그러나 1970년대 국제 석유 가격이 폭등하여 화력발전소가 어려움을 겪게 되자 원자력발전소를 건설하기 시작했다. 1978년 4월 준공된 우리나라 최초의 원자력발전소인 고리원자력 1호기를 시작으로 월성, 영광, 울진에 원자력발전소가 차례로 건설되었고, 1980년대 말에는 우리나라 전력 수요의 많은 부분을 원자력발전소에서 공급하기에 이르렀다.

그러나 2011년 일본 대지진으로 인한 후쿠시마 원전 사고를 지켜보면서 원자력발전소 건설을 우려하는 목소리가 높아졌고, 안전성에 대한 논란이 지속되면서 안전한 새 에너지원을 찾기 위한 노력이 전개되었다. 여기에 정부의 재정 지원이 더해지면서 최근에는 풍력발전소나 태양광발전소 같은 신재생 에너지를 이용하는 발전 설비가 꾸준히 늘어나고 있다. 요즘은 태양 빛을 받기 좋은 남향 산기슭에 설치된 태양광발전소는 물론이고 주택이나 공장의 옥상, 주차장 등에 설치된 태양광 발전 설비도 흔히 볼 수 있다. 그런가 하면, 도서 지방이나 높은 산에는 풍력발전소가 많이 세워졌다. 조수 간만의 차를 이용하는 조력발전소나 지열을 이용하는 지열발전소도 새로운 에너지원으로 검토되고 있다. 하지만 가장 대표적인 신재생에너지는 역시 태양에너지이다.

태양에너지를 전기에너지로 전환하는 방법에는 두 가지가 있다.

하나는 햇볕의 열에너지를 전기에너지로 바꾸는 태양열 발전 장치이고, 하나는 햇빛의 빛에너지를 전기에너지로 바꾸는 태양광 발전 장치이다. 태양열 발전과 태양광 발전은 모두 태양 빛을 이용하지만 발전 원리는 전혀 다르다. 그런데 간혹 태양열 발전과 태양광 발전을 같은 것을 이르는 다른 이름이라고 잘못 알고 있는 사람들이 있다. 인터넷에서 태양열 발전을 검색하면 태양열 발전이 아니라 태양광 발전 관련 내용이 주로 검색되기도 한다.

태양열 발전소에서는 빛을 반사하는 거울을 이용해 태양 빛을 중앙에 있는 탑으로 모아 기체나 액체를 가열시키고 가열된 기체나 액체를 이용해 발전기를 돌려 전력을 생산한다. 태양열 발전 장치는 열을 저장했다가 사용할 수 있어 태양 빛이 없는 밤이나 흐린 날에도 발전이 가능하다는 장점이 있다. 우리나라에는 연구용으로 사용되는

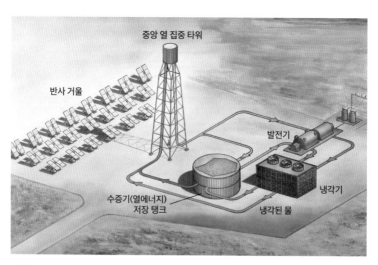

중앙 열 집중 타워

반사 거울

발전기

수증기(열에너지) 저장 탱크

냉각기

냉각된 물

태양열 발전소에서는 여러 개의 반사경으로 모은 태양열로 물을 끓여 발전기를 돌린다.

소형 태양열 발전소가 설치되어 있지만 대형 태양열 발전소는 없다. 그러나 미국을 비롯한 다른 나라에는 대형 태양열 발전소가 많이 건설되었다.

태양열 발전 장치 중에는 두 금속 접합부의 온도 차이로 인해 전류가 흐르는 열전현상을 이용하여 전력을 생산하는 장치도 개발되어 있다. 열전발전기TEG, ThermoElectric Generator라고도 부르는 이 장치는 온도 차이가 있는 곳이면 어디에서든 전력을 생산할 수 있다. 직사광선이 비치는 곳과 그늘진 곳 사이는 물론이고, 자동차의 머플러나 굴뚝과 같이 주위보다 온도가 높은 부분을 이용하여 전력을 생산할 수도 있다. 그러나 아직 가격이 비싸고, 효율이 낮아 제한적인 용도로만 쓰이고 있다.

주위에서 쉽게 발견할 수 있는 태양전지는 대부분 빛에너지로 전력을 생산하는 태양광 발전 장치이다. 태양전지는 빛을 비추면 전류를 발생시키는 p-n 접합 다이오드로 이루어져 있다. 전자나 정공이 빛에너지를 흡수하면 들뜬 상태가 되는데 이런 전자나 정공은 다시 에너지를 방출하고 원래의 상태로 돌아가거나 금속 전극까지 이동해 가게 된다. 금속 전극에 도달한 전자나 정공이 도선을 따라 반대편 전극으로 이동하면 도선에 전류가 흐른다. 하나의 p-n 접합 다이오드에서 생산되는 전기에너지는 크지 않지만, 많은 다이오드를 병렬로 연결하면 큰 전류를 발생시킬 수 있다. 주위에서 흔히 볼 수 있는 태양전지 패널은 실리콘 웨이퍼에 수많은 다이오드를 심은 다음 도선으로 연결한 것이다.

태양전지 패널의 앞면에는 빛을 통과시키면서도 패널을 보호할 수 있는 유리 보호막이 입혀 있고, 그 아래에는 반사 방지 코팅 층이 있어 가능한 많은 빛이 태양전지에 도달하게 한다. 패널을 이루는 태양전지들은 높은 전압을 발생시키기 위해 직렬로 연결되어 있다. 태양전지들을 병렬로 연결하면 큰 전류를 발생시킬 수 있지만 태양 빛이 적게 도달하는 태양전지에는 역방향의 전압이 걸려 전지가 손상될 수도 있다.

태양전지를 처음 만든 사람은 아버지의 실험실에서 일하던 프랑스 물리학자 에드몽 베크렐Alexandre Edmond Becquerel, 1820~1891이었다. 베크렐은 열아홉 살이던 1839년에 빛에너지를 이용해 전류를 발생시키는 태양전지를 만들었다. 1883년에는 미국의 발명가 찰스 프리츠Charles Fritts, 1850~1903가 금의 얇은 막으로 코팅한 셀레늄 반도체를 이용해 태양전지를 만들었다. 프리츠가 만든 태양전지의 효율은 1퍼센트밖에 안 됐다. 1946년에는 펜실베이니아 대학 교수로 있던 러셀 올Russell S. Ohl, 1898~1987이 현재 사용되고 있는 것과 비슷한 p-n 접합 다이오드를 이용하는 태양전지를 만들어 특허를 받았다. 이런 일련의

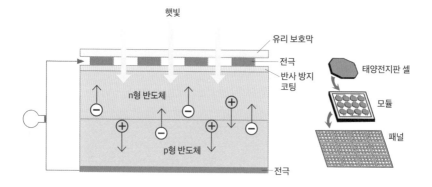

태양전지의 구조. 태양전지 패널은 수많은 태양전지로 이루어져 있다.

실험과 연구 결과를 이용하여 미국의 벨연구소는 1954년에 최초로 실용적인 태양전지를 만들었다.

태양전지를 가장 잘 활용하고 있는 곳은 미국 항공우주국NASA이다. NASA는 인공위성을 개발하기 시작할 때부터 태양전지를 적극 활용했다. 우주에서는 다른 전원을 확보하는 것이 어려울 뿐만 아니라, 대기의 장애 없이 태양 빛을 받을 수 있어서 태양전지의 효율을 극대화할 수 있기 때문이다. 1960년대부터 태양전지는 지구 궤도를 도는 인공위성의 주 에너지원이 되었고, 멀리 화성에 착륙하여 활동한 오퍼튜니티 같은 로버들이나 태양계 외곽을 탐사한 보이저 탐사선에서도 태양전지가 에너지를 공급했다.

그러나 우주용으로 개발된 태양전지는 지상에서 사용하기에 적당하지 않았다. 우주에서 사용하는 태양전지는 무게가 작고 효율이 좋아야 했지만, 가격은 문제가 되지 않았다. 그래서 초기에 개발된 태양전지는 가격이 매우 비쌌다. 보다 경제적인 태양전지를 개발했다고 해도, 1970년대 석유 파동 이전의 값싼 석유 가격과는 경쟁이 되지 못했을 것이다. 그러나 1970년대에 석유 파동을 겪으면서 에너지의 가격이 상승하고, 집적회로를 비롯한 전자공학 관련 기술이 발전하면서 부품 가격이 내려가자 태양전지가 경쟁력을 갖기 시작했다. 그 결과 2000년대부터 태양전지가 널리 사용되기 시작했다.

태양전지가 외부로부터 받은 빛에너지를 얼마나 많이 전기에너지로 전환하느냐를 나타내는 태양전지의 효율은 반사율, 열역학적 효율, 전하 분리 효율, 전도 효율과 같은 여러 가지 요소에 의해 결정된다. 초기에 만들어진 태양전지의 효율은 1퍼센트 정도였지만 2014년

태양전지가 부착된
인공위성.

에는 25.6퍼센트로 향상되었고, 2015년 이후에는 에너지 효율이 30
퍼센트를 넘는 다양한 형태의 태양전지가 개발되었다. 그러나 기술
적인 문제와 경제적인 이유로 이런 고효율 태양전지들은 아직 실용
화되지 못하고 있다. 현재 널리 사용되고 있는 태양전지 패널의 에너
지 효율은 15퍼센트 내지 18퍼센트 정도이다.

　태양 빛을 이용해 전력을 생산하는 태양광 발전은 오염 물질을 배
출하지도 않고, 에너지원이 고갈될 염려도 없는 그야말로 이상적인
에너지이다. 그러나 태양광 발전에도 문제가 없는 것은 아니다. 가장
큰 문제점은 태양이 비치지 않는 밤이나 흐린 날에 전기를 생산할 수
없다는 것이다. 태양광 발전으로 발전한 전기를 효과적으로 저장했
다가 사용할 수 있는 방법이 없는 현재로서는 이 문제가 쉽게 해결될
수 있을 것 같지 않다. 현재 가동 중인 태양광 발전소들은 낮에 발전
한 전기를 전기회사에 팔고 밤에는 전기회사에서 전기를 사서 쓰는
방법으로 이 문제를 해결하고 있다.

　우리나라에 태양광 발전 설비가 본격적으로 설치되기 시작한 것

년도	발전량	석탄	가스	유류	원자력	신재생	양수	합계
2010	발전량(GWh)	200,974	101,507	12,634	148,596	8,160	2,790	474,661
	비중(%)	42.3	21.4	2.7	31.3	1.7	0.6	100
2011	발전량(GWh)	202,856	112,646	11,245	154,723	12,190	3,233	496,893
	비중(%)	40.8	22.7	2.3	31..1	2.5	0.7	100
2012	발전량(GWh)	202,191	125,285	15,501	150,327	12,587	3,683	509,574
	비중(%)	39.7	24.6	3.0	29.5	2.5	0.7	100
2013	발전량(GWh)	204,196	139,783	15,832	138,784	14,449	4,105	517,149
	비중(%)	39.5	27.0	3.1	26.8	2.8	0.8	100
2014	발전량(GWh)	207,214	127,472	8,364	156,407	17,447	5,068	521,972
	비중(%)	39.7	24.4	1.6	30.0	3.3	1.0	100
2015	발전량(GWh)	211,393	118,695	10,127	164,762	19,464	3,650	528,091
	비중(%)	40.0	22.5	1.9	31.2	3.7	0.7	100
2016	발전량(GWh)	213,803	121,018	14,001	161,995	25,836	3,787	540,440
	비중(%)	39.6	22.4	2.6	30.0	4.8	0.7	100
2017	발전량(GWh)	238,799	126,039	5,263	148,427	30,817	4,186	553,531
	비중(%)	43.1	22.8	1.0	26.8	5.6	0.8	100
2018	발전량(GWh)	238,967	152,924	5,740	133,505	35,598	3,911	570,645
	비중(%)	41.9	26.8	1.0	23.4	6.2	0.7	100
2019	발전량(GWh)	227,384	144,355	3,292	145,910	36,392	3,458	560,791
	비중(%)	40.5	25.7	0.6	26.0	6.5	0.6	100

자료 출처: 한국전력공사 연도별 전력 통계

은 2010년부터였다. 2010년 이전에는 자급용 태양광 발전이 주를 이루었지만 2010년 이후에는 본격적으로 전력을 생산하기 위한 사업용 태양광 설비가 크게 늘어났다. 이로 인해 2017년에는 2010년에 비해 태양광 발전 설비가 9.1배나 증가했다.

한국전력공사의 연도별 발전량 통계(위의 표 참고)에 의하면 2019년 우리나라의 총 발전량은 56만 791기가와트시^{GWh}였다. 이 중 석탄, 가스, 유류를 연료로 사용하는 화력발전이 37만 5031기가와트시로 66.8퍼센트를 차지하고 있으며, 원자력 발전은 14만 5910기가와트시로 26.0퍼센트를, 태양광 발전을 포함한 신재생에너지 발전량은 3만 6392기가와트시로 6.5퍼센트를 차지하고 있다. 전년도와 비교하면, 화력과 원자력을 합한 전통 에너지의 발전량은 전체 발전량의 93.1퍼

태양전지를 이용하는
태양광 정원 등이
농막을 환하게 밝히고
있다.

센트에서 92.9퍼센트로 줄어든 반면 신재생에너지 발전량은 6.2퍼센트에서 6.5퍼센트로 늘었다. 태양광 발전을 포함한 신재생에너지 발전 비율을 높이기 위한 많은 노력과 투자에도 불구하고, 이처럼 신재생 에너지가 전체 발전량에서 차지하는 비중은 아직 매우 낮다. 우리나라는 2030년까지 신재생 에너지 발전량을 20퍼센트로 높이고, 이 중 3분의 1을 태양광 발전에서 충당할 계획을 가지고 있다.

나는 농장을 시작하면서 태양전지를 처음 사용했다. 태양전지라고 해야 손바닥 크기의 패널로 정원의 등을 밝히는 정도지만 사방이 어둠으로 둘러싸인 농장에서는 매우 유용하다. 처음에는 출입구와 주차장에 하나씩 태양전지로 작동하는 정원 등을 설치했는데, 이제는 10여 개로 늘려 농장 주변을 밝히고 있다. 처음 태양전지 정원 등을 설치할 때만 해도 나는 3~4만 원 정도인 소형 태양전지 등이 제대로 작동할까 의구심이 들었다. 하지만 출입구와 주차장에 달아 놓은 태양전지 등은 1년이 지나도록 아무 문제 없이 잘 작동했다. 그래서 안심하고 농장 둘레에 십여 개의 태양광 정원 등을 설치했다. 캄캄한 골짜기에 밤새도록 불을 켜 놓는 것이 좀 유난스럽게 보이는 것 같아 등 설치를 망설이기도 했지만, 1년 내내 추우나 더우나 우리가 집에 있거나 없거나 낮에는 충전하고 밤에는 불을 밝히는 태양광 정원 등이 신기하기도 하고 대견해 보이기도 한다.

태양광 정원 등 매력에 빠진 아내가 전기 요금이 더 나오는 것도 아닌데 농장 전체를 환하게 비출 수 있도록 더 많은 정원 등을 달자고 졸라 대고 있지만 이보다 더 밝으면 전원 분위기를 망칠 것 같아 건성으로 그러자고 대답만 하고 버티고 있다. 나는 이왕이면 농막에서 사용할 수 있는 전기를 생산하기에 충분할 만큼 많은 태양전지 패널을 설치하여 외부에서 전기를 공급받지 않는 자연형 전기 문명 생활을 시도해 보면 어떨까도 생각해 보았다. 그러나 전기를 효과적으로 저장했다가 사용할 수 있는 기술이 아직 없는 상황에서 태양전지로는 전깃불과 같은 간단한 전기기구를 사용하는 것만 가능할 것이다.

다시 농부가 되다

2012년에 나는 환갑을 맞았다. 평균 수명이 길어진 요즘에는 환갑이 그저 또 하나의 생일에 불과하지만 나는 조금은 진지한 마음으로 환갑을 맞았다. 지난 60년 동안에 참으로 많은 것을 경험했구나 싶었다. 그 경험은 대부분 우리 아버지 세대는 상상하지도 못한 일들이었다. 내가 살아온 시대가 짧은 기간 동안에 엄청난 변화를 가져온 격변의 시대였기 때문이다.

초등학교를 졸업한 후 내가 겪은 일들은 대부분 직접 경험하기 전에는 생각하지도 못한 것들이었다. 그런 일들을 겪으면서 나는 인생의 다음 모퉁이를 돌면 지금은 상상하지도 못하는 일들이 기다리고 있을지 모른다는 생각을 하게 되었다. 내 인생이 나의 계획이나 바람과는 관계없이 흘러간다는 느낌도 들었다. 그래서 나는 앞날의 계획을 세운다는 것이 별 의미 없는 일이라는 생각을 많이 한다. 살아오는 동안에 우여곡절이 많았지만 크게 실망하지도 않았다. 다른 사람들도 다 이 정도의 어려움은 겪으면서 살아간다고 여겼기 때문이다. 그래서 좀 어려운 일이 있어도 어떻게 되겠지 하면서 떠밀리듯이 60년을 살아왔다.

그러나 환갑을 맞이하자 나머지 인생은 내가 설계하고 싶어졌다. 몇 년 후에 정년퇴직을 하고 나면 조용하게 그동안 하지 못했던 일을 하고 싶었다. 시간에 쫓기느라 할 수 없었던 공부를 하고 싶었고, 출판사와의 약속에 떠밀려 서둘러 쓰던 글 대신에 내가 쓰고 싶은 글을 여유를 가지고 쓰고 싶었다. 그러기 위해서는 우선 정년퇴직을 한 다음 마음 편히 시간을 보낼 장소를 마련해야 했다. 오랫동안 물색한 끝에 환갑이 되던 해에 고향 부근에 조그만 밭을 하나 마련했다.

그 후 시간이 나는 대로 밭에 내려가 돌을 골라내고 나무를 심었다. 조그만 원두막도 하나 짓고, 울타리도 쳤다. 전기를 끌어오고, 지하수도 파고 나니 내가 계획했던 일들이 반쯤 이루어진 것 같았다. 주말마다 다니며 고구마, 옥수수, 고추, 참외, 야콘 들을 심고 가꾸는 재미도 쏠쏠했다. 오랫동안 농사일을 잊고 살았지만 밭을 가꾸다 보니 어릴 때 했던 일들이어서 그런지 쉽게 손에 익었다. 정년퇴직을 한 다음에는 이곳을 새로운 직장처럼 이용하기로 했다. 직장을 그만둔 후 늘 집에만 들어앉아 있으면 매우 답답할 것 같았다. 일주일에 두세 번은 집을 나와 망설이지 않고 달려갈 수 있는 장소가 있어야 할 것 같았다. 나는 밭을 그런 장소로 만들기로 했다. 이곳으로 이사를 오면 여기가 답답한 장소가 될 것 같아 이사를 오지는 않기로 했다.

처음에는 힘든 농사일은 절대 할 수 없다고 하던 아내도 차츰 밭에 꽃을 가꾸는 일에 재미를 붙이기 시작했다. 모든 것이 순조롭게 진행되었다. 이제 정년퇴직만 하면 또 다른 인생이 기다리고 있을 것만 같았다. 정년 후의 일을 걱정하는 사람들과는 달리 나는 정년퇴직을 기다리게 되었다. 환갑이 지났지만 건강에는 아무 문제가 없었다. 2년마다 받는 보험공단의 정기 건강검진에서 나는 항상 만점을 받았다. 사람들은 내게 나이가 들어서도 건강을 유지하는 비결이 무엇이냐고 묻기도 했다. 나는 아마 내가 촌놈이어서 그럴 것이라고 대답하곤 했다. 조금만 몸이 부실해도 살아남기 어려웠던 시골에서 살아남았으니 건강 체질을 타고난 것이 아니겠냐는 뜻이었다. 전쟁이 끝난 직후였던, 내가 어렸을 적에는 아이들이 대수롭지 않은 병으로도 죽는 일이 많았으니까 이것이 아주 틀린 말은 아닐 것이다.

정년퇴직을 2년 반 남겨 놓은 2015년 2월, 봄 학기를 시작하기 전에 동네 내과에서 위 내시경 검사를 포함한 건강검진을 받았다. 특별히 몸에 불편한 곳이 있어서가 아니라 정기적인 건강검진이었다. 검진을 받고 며칠 후 병원에서 연락을 받았다. 가능하면 빨리 병원으로 오라고 했다. 위암이었다. 어머니가 위암으로 돌아가셨기 때문에 은근히 위암을 걱정하고 있었는데 결국은 나에게도 위암이 찾아온 것이다. 그동안 건강검진에서 좋은 점수를 받은 것은 아무 의미 없는 일이 되었다. 마치 항상 100점을 받았다고 좋아하다가 낙제를 한 꼴이었다.

처음 위암이라는 말을 들었을 때 나는 이제 죽음으로 가는 과정이 시작되는구나 하는 생각을 했다. '수술을 한 다음 퇴원해서는 다 나았다고 좋아하다가, 재발하여 다시 입원하고, 퇴원하고, 입원하는 일을 몇 번 하다가 결국은 죽게 되겠지. 그런 과정을 거치는 데는 2년이 걸릴까 아니면 3년이 걸릴까?' 그러나 크게 슬프지도 크게 당황스럽지도 않았다. 그동안 참으로 많은 일을 경험한 것만으로도 내 인생은 그런대로 의미 있는 인생이었다는 생각도 했다. 암 판정을 받고 나는 담담한 마음으로 아들과 딸에게 문자로 그 소식을 알리고, 아내에게 앞으로는 한동안 막걸리를 못 먹을 것 같으니 막국수에 막걸리나 먹으러 가자고 했다. 아들과 딸이 나보다 더 놀랐던 것 같다.

얼마 동안 수선을 피운 후에 나는 서울에 있는 대학 병원에서 위 절제 수술을 받았다. 다행히 초기이고 전이가 없어 위를 3분의 2 절제하는 것으로 치료는 끝났다. 수술을 한 의사는 자기가 수술한 초기 위암 환자의 완치율이 100퍼센트에 가깝다며 안심시켰다. 수술을 한 다음에는 위암 수술을 한 사람들의 이야기를 많이 들을 수 있었다. 그동안 내가 모르고 살아서 그렇지 위를 잘라 내고 살아가는 사람들이 의외로 많았다.

위암 수술로 한 학기 강의를 쉬고 2년 동안 더 강의를 한 뒤에 정년 퇴직을 했다. 그리고는 애초 계획대로 많은 시간을 농장에서 보내고 있다. 아무래도 건강을 돌보는 데는 조용한 시골이 좋을 것 같아 밭 한구석에 조그만 농막을 지어 놓고 3월부터 11월까지는 대부분의 시간을 농장에서 보낸다. 이제 수술하고 5년이 지났으니 나는 법적으로 더 이상 암 환자가 아니다. 법적으로 암 환자가 아니라는 것은 중환자 등록 기간이 끝나 5퍼센트만 내던 진료비를 제대로 내야 한다는 뜻이다.

나는 자연 속에서 살아가는 사람들의 생활 모습을 보여 주는 텔레비전 프로그램을 자주 본다. 자연 속에서 자연을 벗 삼아 걱정 없이 살아가는 모습이 좋아 보여 나도 그렇게 살아 보고 싶다는 생각을 하기도 한다. 그러나 전기만 있으면 시골에 살아도 도시에 사는 것처럼 모든 전기 문명의 혜택을 누릴 수 있는데 굳이 불편하게 사는 것이 이해가 되지 않기도 한다. 나는 시골로 오면서 반만 그들의 흉내를 내기로 했다. 여러 가지 농작물을 가꾸는 재미를 맛보면서도 도시에서와 똑같이 전기 문명의 이기들을 사용하기로 했다.

나는 비좁은 농막에서도 연구실에서 했던 일들을 그대로 할 수 있도록 준비했다. 멀리서 보면 작고 초라한 농막이지만 나는 이곳에서 예전에 연구실에서 지내던 것처럼 똑같이 지내고 있다. 랜선이 연결되어 있지 않아 스마트폰을 통해 인터넷에 연결해야 해서 데이터 요금이 조금 많이 나오는 것을 제외하면 불편한 것이 거의 없다. 나는 지금 전기 문명과는 별 관계가 없어 보이는 농부로서의 생활과 전기 문명의 이기를 활용하는 생활을 병행하고 있다.

지난 50년 동안 우리 세대는 참으로 많은 것을 경험했다. 하루가 다르게 발전해 가는 시대를 살아갈 우리 손주 세대들은 우리보다 더 많은 변화를 겪을 것이다. 지금부터 50년 후 우리 손주들이 자신들의 경험을 이야기하면서 할아버지 세대가 겪은 변화와 비교하는 데 우리 세대가 경험한 전기 문명 이야기가 도움이 되길 바란다.

이 책을 쓰면서 지난 일들을 정리하다 보니 지금까지 살아오는 동안에 나에게 도움을 주었던 많은 사람들이 생각난다. 인생의 한 모퉁이를 돌 때마다 내가 상상하지도 못했던 곳으로 이끌어 준 여러 사람들 덕분에 나는 참으로 많은 것을 경험하면서 살아올 수 있었고, 내가 경험한 전기 문명 이야기를 책으로 출간하게 되었다.

도서출판 세로의 이희주 대표가 없었다면 이 책이 만들어질 수 없었을 것이다. 20여 년 전 어린이 과학 그림책 기획안을 가지고 내 연구실을 찾아와 내가 어린이들을 위한 과학 그림책 세계에 발을 들여놓게 한 출판사 직원이 이희주 대표였고, 5년 전쯤에 청소년 대상의 과학책을 쓰도록 권유한 사람도 이희주 대표였다. 출판사 세로를 설립한 다음에는 내가 경험한 전기 문명 이야기를 기획하고, 책으로 만들어지기까지 모든 일을 세심하게 챙겼다. 이희주 대표에게 깊이 감사드린다. 아울러 꼼꼼하게 원고를 읽고 많은 조언을 해 주었으며, 추천사까지 써 준 한국기술교육대학교의 정종대 교수님에게도 감사의 말씀을 드린다.

6년 전 갑자기 찾아온 암을 이겨 내고 내가 아직도 열심히 농사를 짓고 글을 쓸 수 있는 것은, 나의 버팀목이 되어 준 가족이 있었기 때문이다. 미국으로 유학을 떠나던 1981년에 결혼하여 이후 40년 동안 한결같이 나의 곁을 지켜 준 아내 김현옥의 헌신적인 내조 그리고 항상 큰 즐거움을 주는 지안이, 윤이, 로아의 재롱이 무엇보다 큰 힘이 되었다. 이책이 우리 손주들이 더 열심히 살아가야 할 이유 중 하나가 되었으면 좋겠다.

전기 문명 연대표

기원전 6세기	탈레스, 정전기와 자석(헤라클레스의 돌) 발견
1600년	영국의 윌리엄 길버트, 『자석에 대하여』 출판
1663년	독일의 오토 폰 게리케, 유황 구를 이용한
	마찰 전기 발생 장치 발명
1687년	영국의 아이작 뉴턴, 『자연철학의 수학적 원리(프린키피아)』 출판
1729년	영국의 스티븐 그레이, 전기 전도도 실험
1733년	프랑스의 샤를 뒤페, 전기에는 유리 전기와
	수지 전기의 두 가지 전기가 있다고 주장
1745년	독일의 에발트 폰 클라이스트, 라이덴병 발명
1746년	네덜란드의 피터르 판 뮈스헨부르크, 라이덴병 발명
1752년	미국의 벤저민 프랭클린, 구름에 연을 날리는
	실험을 통해 번개가 전기 현상이라는 것을 알아냄
1785년	프랑스의 샤를 오귀스트 드 쿨롱, 쿨롱의 법칙 발견
1791년	이탈리아의 루이지 갈바니, 동물전기에 관한 논문 발표
1800년	이탈리아의 알레산드로 볼타, 볼타전지 발명
1820년	네덜란드의 한스 크리스티안 외르스테드, 전류의 자기작용 발견
	프랑스의 앙드레 마리 앙페르, 앙페르의 법칙 발견
1827년	독일의 게오르크 옴, 옴의 법칙 발견
1831년	영국의 마이클 패러데이, 패러데이 전자기 유도 법칙 발견
1844년	미국의 새뮤얼 모스, 모스 부호를 이용한 전신에 성공
1860년	미국의 토머스 에디슨, 영국의 조지프 스원, 백열전구 발명
1873년	영국의 제임스 클러크 맥스웰, 맥스웰 방정식이
	포함된 『전자기론』 출판
1874년	맥스웰, 맥스웰 방정식으로부터 전자기파의 파동
	방정식을 유도하고 전자기파의 존재를 예측함
1876년	미국의 알렉산더 그레이엄 벨, 전화기 발명
1877년	에디슨, 최초의 축음기인 포노그래프 발명
1878년	영국 크레이크사이드에 최초 수력발전소 설치

1879년	에디슨과 스원이 각각 전구의 특허를 받음
1882년	에디슨 전기조명회사, 뉴욕에 직류 전기를 생산하는 화력발전소 설치
1886년	미국의 조지 웨스팅하우스, 교류 발전소 설치
1887년	경복궁에 발전기 및 조명 시설 설치
	미국과 독일에서 자동전화 교환기 개발
1888년	독일의 하인리히 헤르츠, 전자기파 발견
1895년	독일의 빌헬름 콘라트 뢴트겐, 엑스선 발견
	프랑스의 뤼미에르 형제, 최초로 영화 제작 상영
1896년	이탈리아의 굴리엘모 마르코니, 영국에서 무선 통신 특허를 받음
	우리나라에 최초로 전화기 설치
1897년	영국의 조지프 존 톰슨, 전자 발견
	독일의 카를 페르디난트 브라운, 브라운관 발명
1898년	한성전기회사 설립
1899년	동대문에서 서대문 사이 전차 운행, 동대문 발전소 설치
1900년	덕수궁에 수력발전기 및 조명 시설 설치
	종로에 3개의 가로등 설치
1901년	마르코니, 대서양 횡단 무선통신에 성공
	진고개(충무로)에 가로등 600개 설치
1902년	미국의 윌리스 캐리어, 전기 에어컨 발명
	서울과 인천 사이에 전화기 설치
1904년	영국의 존 앰브로즈 플레밍, 2극 진공관 발명하고 특허 받음
1905년	운산수력발전소 준공(설비 용량 500kW)
1908년	미국의 앨바 피셔, 전기로 작동하는 세탁기 발명
1911년	네덜란드의 카메를링 오너스, 초전도 현상 발견
1923년	한국 최초의 극영화 〈월하의 맹서〉 상영
1926년	나운규 감독의 〈아리랑〉 상영
1927년	미국에서 최초의 유성영화 〈재즈싱어〉 상영

1927년	우리나라에서 최초로 경성방송국이 라디오 방송 시작
1929년	영국 BBC에서 최초로 기계식 텔레비전을 이용한 텔레비전 방송 시작
1931년	운암수력발전소 준공(설비 용량 5120kW)
1933년	장진강수력발전소 준공(설비 용량 35만kW)
1935년	독일에서 텔레비전 방송을 시작함
1935년	우리나라에 자동식 전화 교환기 도입 우리나라 최초의 유성영화 〈일설 춘향전〉 제작
1937년	보성강수력발전소 준공(설비 용량 3120kW)
1938년	영국 컬러텔레비전 방송 시작
1941년	독일 지멘스사, p-n 접합 다이오드 개발
1943년	수풍수력발전소 준공(설비 용량 64만kW)
1944년	화천수력발전소 준공(설비 용량 10만 8000kW)
1945년	미국의 퍼시 스펜서, 전자레인지 발명
1946년	미국의 러셀 올, p-n 접합 다이오드를 이용한 태양전지 특허 받음 프레스퍼 에커트와 존 모클리, 최초의 범용 컴퓨터 에니악 제작
1947년	미국 벨연구소의 윌리엄 쇼클리, 존 바딘, 월터 하우저 브래튼, 트랜지스터 발명
1948년	5·14 단전 사건
1954년	미국의 벨연구소, 처음으로 실용적인 태양전지 개발
1956년	우리나라에서 최초로 흑백텔레비전 방송 시작
1959년	금성사, 우리나라 최초로 라디오 생산
1960년	미국에서 전자식 전화 교환기 개발
1961년	한국전력주식회사 설립
1965년	춘천댐수력발전소 준공(설비 용량 5만 7600kW) 금성사, 우리나라 최초로 냉장고 생산
1966년	금성사, 우리나라 최초로 텔레비전 생산
1969년	미국의 조지 엘우드 스미스와 윌러드 보일, 전자결합소자(CCD) 발명
1973년	미국 모토로라의 마틴 쿠퍼 연구팀, 무선전화기 개발
1974년	아남산업, 우리나라 최초로 컬러텔레비전 생산

1976년	안동댐수력발전소 준공(설비 용량 9만kW)
1978년	고리1호기원자력발전소 준공(설비 용량 580.7MW)
	삼성전자, 우리나라 최초로 전자레인지 생산
1979년	우리나라에 전자식 전화 교환기 도입
1981년	우리나라에서 컬러텔레비전 방송 시작
1982년	한국전력주식회사가 한국전력공사로 개편
1983년	고리2호기원자력발전소 준공(설비 용량 650MW)
	우리나라에서 무선호출(삐삐) 서비스 시작
1984년	한국이동통신(현 SK텔레콤)이 휴대전화 서비스 시작
1985년	고리3호기원자력발전소 준공(설비 용량 950MW)
1986년	고리4호기원자력발전소 준공(설비 용량 950MW)
1995년	대유위니아, 김치냉장고 딤채 출시
2007년	미국 애플사, 최초의 스마트폰 출시
2010년	삼성전자, 갤럭시S 스마트폰 출시

저자 약력

1952년	강원도 횡성군 갑천면 대관대리에서 태어남
1964년	당평초등학교 졸업
1968년	평창중학교와 양구중학교를 거쳐 원주 학성중학교 졸업
1972년	원주고등학교 졸업
1973년	서울대학교 자연과학대학 물리학과 입학
1973년~1976년	군 복무(육군 제1하사관학교)
1981년	서울대학교 자연과학대학 물리학과 졸업
1984년	미국 켄터키 대학교 대학원 졸업(Ph.D.)
1985년~2017년	수원대학교 물리학과 교수
1988년~1993년	주한 자메이카 명예영사
1988년	서울 올림픽 조직 위원회 자메이카 연락관
2006년~2010년	수원대학교 자연과학대학 학장
2011년~2015년	수원대학교 대학원장
2017년 8월	정년퇴직, 수원대학교 명예교수

전기 관련 주요 단위

암페어(A): 전류의 단위

1A는 1초 동안에 1쿨롱(C)의 전하량이 지나가는 전류의 크기를 나타낸다. 이렇게 보면 전하량을 나타내는 쿨롱(C)과 시간을 나타내는 초(s)가 정의된 뒤에야 암페어를 정의할 수 있을 것 같지만, 전자기학에서 가장 기본이 되는 단위는 암페어이다. 다시 말해 암페어를 먼저 정의하고, 암페어를 이용하여 다른 물리량을 정의한다. 국제단위계(SI)에서는 "진공 상태에서 1미터 떨어져 있는 무한히 가는 평행한 두 도선에 같은 전류가 흐를 때 도선 1미터에 작용하는 힘이 2×10^{-7}뉴턴(N)인 전류가 1A"라고 정의하고 있다. 1A가 이렇게 복잡한 값으로 정해진 것은 이전에 다른 방법으로 정해져 사용했던 1A와 같은 크기를 갖도록 하기 위해서이다. (본문 33쪽 참고)

쿨롱(C): 전하량의 단위

1C은 1암페어(A)의 전류가 흐르는 도선의 단면적을 1초 동안 지나가는 전하량이다. 전하량은 전하의 양이며, '전하'는 전자기적 작용을 일으키는 물질의 성질을 말한다. 그러나 전하(電荷)라는 말에 이미 전기적인 성질을 나타내는 양(量)의 의미가 들어 있으므로 전하량이 아니라 그냥 전하라고 하는 것이 맞다는 의견도 있다. 이런 의견을 따른다면 '음전하를 띤다'보다는 '음전기를 띤다'라는 표현이 더 자연스럽고, 전하라는 말은 '이 대전체의 전하는 3쿨롱이다'와 같이 양의 의미가 있을 때 사용하는 것이 적절할 것이다. 하지만 현재 전자기학책이나 교육 현장에서는 두 경우를 엄밀하게 구분하지 않고 모두 사용하고 있으며, 이 책에서도 마찬가지이다. 진공 중에서 1C의 전하가 1미터 떨어져 있는 경우, 두 전하 사이에는 9×10^{9}뉴턴(N)의 전기력이 작용한다. (본문 33쪽, 77~80쪽 참고)

볼트(V): 전압 또는 전위차의 단위

1쿨롱(C)의 전하량이 이동했을 때 1줄(J)의 일을 할 수 있는 전기적 위치에너지 차이(전위차)가 1V이다. (본문 90~93쪽 참고)

옴(Ω): 저항의 단위

1볼트(V)의 전위차가 있는 두 지점을 도선으로 연결했을 때 1암페어(A)의
전류가 흐르는 경우 도선의 저항이 1Ω이다. (본문 90~96쪽 참고)

와트(W): 전력의 단위

전력은 1초 동안 생산하거나 소모하는 에너지의 양으로, 1W는 1초에 1줄(J)의
에너지를 생산하거나 소모하는 전력을 말한다. 전력은 전기 제품의 에너지
소모량이나 발전소의 시설 용량을 나타낼 때 많이 쓰인다. 일상생활에서
사용하는 전기 제품에는 와트(W)나 킬로와트(kW, 1kW는 1000W)가
사용되지만, 발전소의 시설 용량을 이야기할 때는 메가와트(MW, 1MW는
100만W)라는 단위를 주로 쓴다. 공사 현장에서나 엔진의 출력을 언급할 때는
와트 대신 마력(HP)이라는 단위도 자주 쓴다. 짐마차를 끄는 말 한 필이 하는
일의 양을 측정한 것에서 유래한 마력에는 독일 마력(PS)과 영국 마력(HP)이
있는데 1독일마력(PS)은 736W, 1영국마력(HP)는 746W이다.

와트시(Wh): 전력량의 단위

와트시는 전력에 시간을 곱한 것으로, 전기 제품이 소모하거나 발전기가 생산한
에너지의 양을 나타낸다. 1와트(W)로 한 시간 일을 했을 때 에너지의 양, 즉
3600줄(J)이 1Wh이다. 전기 요금을 부과할 때 쓰는 킬로와트시(kWh, 1kWh는
1000Wh)는 360만줄(J)의 에너지양을 나타낸다. 1년간 발전소가 발전한
전기에너지 양을 이야기할 때는 기가와트시(GWh, 1GWh는 10^9Wh) 단위를
주로 쓴다. 반면, 전자와 같이 작은 입자의 전기에너지는 전자볼트(eV)라는
단위를 써서 나타낸다. 1전자볼트(eV)는 1볼트(V)의 전위차가 있을 때 전자
하나가 갖는 전기적 위치에너지로, 1.6×10^{-19}줄(J)을 나타낸다.

헨리(H): 인덕턴스의 단위

1초 동안에 1암페어(A)의 전류 변화가 있을 때 1볼트(V)의 전위차가 유도되는
유도인덕턴스가 1H이다. 전류 변화가 있는 그 도선에 유도 전류가 흐르는

경우에는 '자체인덕턴스', 가까이 있는 다른 도선에 유도 전류가 흐르는 경우에는 '상호인덕턴스'라고 하는데, 그 크기는 모두 H로 나타낸다.
(본문 119쪽, 135~137쪽 참고)

패럿(F): 전기 용량의 단위

축전기를 1볼트(V)의 전원에 연결했을 때 1쿨롱(C)의 전하가 저장되는 축전기의 전기 용량을 1F이라고 한다. (본문 65~67쪽 참고)

❖ 국제단위계에서는 기본 단위에 다양한 접두어를 붙여 크기를 나타낸다.
  많이 쓰이는 접두어의 의미는 다음과 같다.

접두어	크기	예
k (킬로)	10^3=1,000	1kW=1,000W
M (메가)	10^6=1,000,000	1MW=1,000kW=1,000,000W
G (기가)	10^9=1,000,000,000	1GW=1,000MW=1,000,000,000W
T (테라)	10^{12}=1,000,000,000,000	1TW=1,000GW=1,000,000,000,000W
m (밀리)	$10^{-3}=\frac{1}{1,000}$	1mA=0.001A
μ (마이크로)	$10^{-6}=\frac{1}{1,000,000}$	1μA=0.000001A
n (나노)	$10^{-9}=\frac{1}{1,000,000,000}$	1nA=0.000000001A
p (피코)	$10^{-12}=\frac{1}{1,000,000,000,000}$	1pA=0.000000000001A

사진 및 그림 자료 출처

359쪽 **마틴 쿠퍼** Rico Shen, CC BY-SA 3.0, Wikimedia Commons
       1984년 모토로라 Redrum0486, CC BY-SA 3.0, Wikimedia Commons
       애플 아이폰 herval, CC BY 2.0 Wikimedia Commons
       삼성 갤럭시 폴드 저자 제공
       나머지 전화기 국립민속박물관 제공
364쪽 **가상 우주 탐험** NASA Goddard Photo and Video, CC BY 2.0, Wikimedia Commons
365쪽 **증강현실 게임** Marc Lee, CC BY-SA 4.0, Wikimedia Commons
374쪽 **정원 등 밝힌 농장** 저자 제공